全国高等学校计算机教育研究会“十四五”规划教材

国家级一流本科课程指定教材

北京高校“优质本科教材”

中国地质大学（北京）“十四五”本科规划教材

全国高等学校计算机教育研究会“十四五”系列教材

丛书主编 郑莉

程序设计基础及应用

（C&C++语言）（第2版）

陈春丽 王振华 / 主编

清华大学出版社

北京

内容简介

本书是一本密切结合计算机语言最新发展的程序设计入门教材，专为初学者量身打造。全书系统阐述了 C&C++ 语言程序设计的基本内容、常用算法设计及应用。

全书共 12 章，内容涵盖了 C&C++ 语言的 3 种控制结构、函数、数组、字符串、自定义数据类型、文件操作和基本的面向对象程序设计。同时，本书还介绍了常用的顺序与链表结构、通用算法和 C++ STL。本书案例习题丰富，并配有在线课程与实验。

本书符合 C99 标准和 C++ 11 标准，同时适当拓展了更高版本知识点，以培养读者的计算思维为目标，注重编程能力的训练。通过数据处理和工程应用中的实际案例，引出相关知识点，有助于读者理解程序设计的思想和方法，为进一步学习 C 语言底层嵌入式应用程序编程以及 C++ 语言进行大型应用软件系统的开发奠定基础。

本书是对“新工科”教学实践的探索，是国家级一流本科课程的配套教材。面向零编程基础的读者，适合作为高校各专业低年级学生学习程序设计的入门教材。

图书在版编目(CIP)数据

程序设计基础及应用：C&C++ 语言/陈春丽，王振华主编. -- 2 版. -- 北京：清华大学出版社，2025.7.
(全国高等学校计算机教育研究会“十四五”系列教材). -- ISBN 978-7-302-69846-3

Ⅰ. TP312.8

中国国家版本馆 CIP 数据核字第 202522U5H6 号

责任编辑：谢　琛
封面设计：傅瑞学
责任校对：李建庄
责任印制：刘　菲

出版发行：清华大学出版社
　　网　　址：https://www.tup.com.cn，https://www.wqxuetang.com
　　地　　址：北京清华大学学研大厦 A 座　　　**邮　　编**：100084
　　社 总 机：010-83470000　　　**邮　　购**：010-62786544
　　投稿与读者服务：010-62776969，c-service@tup.tsinghua.edu.cn
　　质量反馈：010-62772015，zhiliang@tup.tsinghua.edu.cn
　　课件下载：https://www.tup.com.cn，010-83470236
印 装 者：三河市龙大印装有限公司
经　　销：全国新华书店
开　　本：185mm×260mm　　　**印　　张**：18.5　　　**字　　数**：453 千字
版　　次：2020 年 2 月第 1 版　　2025 年 7 月第 2 版　　　**印　　次**：2025 年 7 月第1 次印刷
定　　价：59.00 元

产品编号：104879-01

FOREWORD

前言

自2020年《程序设计基础及应用(C&C++语言)》首版问世以来,已在全国多所高校中历经万余名师生的教学实践,收获了众多宝贵反馈。其配套数字资源更是荣获2021年中国计算机教育大会计算机类教学资源建设优秀课程配套资源一等奖。2024年,本书荣获"北京高校优质本科教材"奖。作为国家级线上线下混合式一流本科课程《计算机语言程序设计》的配套教材,本书亦是教育部首批新工科项目的重要建设成果,深度展现了C&C++语言技术的最新进展,尤其是在数据处理应用领域的教学研究与改革成果。

本次改版立足于教学发展前沿趋势,以学生为中心,旨在培养新工科背景下所需的人才。通过"教-学-研-用"四位一体的创新教学模式,全面融合工程教育认证标准、课程思政理念、学科竞赛经验以及一流本科课程建设成果,实现了课程建设与数字教材的完美统一。我们的核心目标是激发学生的创新思维,提升他们解决复杂问题的能力,特别是在数据处理与大数据领域。全书在保持C语言面向过程与C++面向对象基础上,从知识体系到教材形式都进行了全面革新,以确保教材内容的时效性、准确性和教学的有效性。相较于第一版,本版的主要改动与特色包括:

1. 形态升级。通过二维码嵌入视频、文档等多媒体资源,将在线课程、在线实验与教材紧密融合,极大丰富了学习体验。

2. 章节重组。重新规划章节结构,新增函数式程序设计、匿名函数、函数对象、正则表达式等现代编程知识,深化泛型编程、C++ STL及算法内容,并通过二维码提供拓展实例和讲解,使内容更为丰富实用。

3. 实例更新。修订各章实用知识与案例,强化科学计算、文本数据处理、可视化、文件交互、算法与库等实践环节,助力读者深入理解C&C++语言在实际问题中的应用,培养编程思维和实践能力,同时为参加天梯赛、CSP、PAT等竞赛及认证的读者提供坚实基础。

4. 习题增强。大幅增加头歌与PTA平台的在线实训题目,并通过二维码与在线课程提供题解资料与视频,引导读者通过AI助力编程,提升思考与总结能力,进而增强解决问题与学习新技术的能力。

5. 代码优化。部分示例为完整程序,其余为程序段,旨在激发读者思考并自行补充完整,通过实践验证加深程序性知识理解,促进自我反思。

6. 教学支持强化。课程、教材及实验深度融合,读者可通过附录了解加入方法,教师可联系作者获得更多权限,以便在公共平台上开展混合式教学。读者亦可自主加入在线课程与实验,充分利用教材资源。

7. 知识图谱引领。本书采用知识图谱贯穿内容,将丰富资源、经典案例和代表性实践融为一体,实现线上线下资源的无缝对接,有效解决了资源分散与知识碎片化问题,满足了数智化时代师生的多元化需求。

书中个别章节加*号,通常表示该章节为选读内容,建议学生自主学习。

本教材及其丰富的在线资源,共同构建了一个全方位、多层次的C&C++教学生态系统。读者不仅能够通过课程平台的知识图谱、拓展资料和AI助教功能获得深度学习支持,还能通过在线实验编程,将理论知识转化为实践技能,享受沉浸式学习体验。

我们期待《程序设计基础及应用(C&C++语言)》(第2版)能够成为广大教师和学生教学相长的得力助手。我们相信,借助这本教材,学生将能系统掌握C&C++编程的核心知识与技能,为未来的学术深造与职业发展奠定坚实的基石。

本书的修订工作由陈春丽与王振华两位老师完成,其中,陈春丽老师精心打造了第1～7、第9～10章的内容,王振华老师负责了第8章、第11～12章的编纂。此外,中国地质大学(北京)信息工程学院计算机基础教学团队的教师们对本书的教学实践提出了诸多宝贵建议与实践案例,并积极参与了国家级一流本科课程“计算机语言程序设计”的建设,共同促使本版教材为一套配套齐全、形态新颖的教学用书。

本书获得中国地质大学(北京)“十四五”本科规划教材立项支持。此外,还要特别感谢全国高等学校计算机教育研究会和全国高等院校计算机基础教育研究会对本书修订工作的立项支持。同时,也向清览、超星、PTA、头歌等平台表达诚挚的谢意,感谢它们为本书在线资源的发布提供了有力的技术支持与广泛的传播渠道。

国家级一流本科课程“计算机语言程序设计”的课程网站为https://www.xueyinonline.com/detail/245126882,所有内容免费。欢迎广大读者多提宝贵意见和建议,指出书中错误,可以直接发送邮件至ccl@cugb.edu.cn,作者非常感谢并会及时回复。

作　者

中国地质大学(北京)信息工程学院计算机基础教学部

2025年4月

CONTENTS

目录

第1章 计算机语言程序设计概述

计算机程序设计语言，也称为计算机语言或编程语言，是用于编写计算机程序的一系列符号和规则。这些语言允许程序员以人类可读的形式表达指令，这些指令随后被转换成计算机可以直接执行的机器代码。本章简单介绍程序设计语言的类别和高级语言程序的处理方式，并用几个简单的 C&C++ 程序实例介绍程序的基本框架和组成。

1.1 程序设计语言发展

1.1.1 机器语言到高级语言

计算机程序设计语言的发展是一个不断演化的过程，从最开始的机器语言到汇编语言，再到各种结构化高级语言，最后到支持面向对象技术的高级语言，逐渐把计算机能够理解的语言提升到能够很好地模仿人类思考问题的形式。

机器语言是由计算机能够理解的指令组成的，每条指令用一串 0 和 1 组成。汇编语言的实质和机器语言是相同的，都是直接对硬件操作，指令采用英文缩写的标识符，更容易识别和记忆。用汇编语言编写的源程序经汇编生成的可执行文件不仅比较小，而且执行速度很快。高级语言是目前绝大多数编程者的选择，它去掉了与具体硬件环境有关的细节，如使用堆栈、寄存器等，简化了程序中的指令；同时，它的语法比较接近自然语言，容易阅读和学习。一些高级语言增加了面向对象的特点，更易表达现实世界。

高级语言有很多，C 和 C++ 应用广泛，可用于系统底层开发、嵌入式设备、网络通信协议、图像处理以及游戏和算法等，Java 主要应用于网络应用系统，C# 主要用于 Windows 程序设计和网络应用系统等，Python 则是一种脚本语言，是目前大数据和人工智能的主要语言之一。从表 1-1 所示的世界编程语言排行榜中可以看到，由于大数据和人工智能的迅猛发展，Python 快速成为目前最火热的语言；而 C 和 C++ 则稳健占据排行榜前五名，一直是专业编程者主要使用和关注的语言。

表 1-1 世界编程语言排行榜

编程语言	2024 年	2019 年	2014 年	2009 年	2004 年	1999 年	1994 年	1989 年
Python	1	4	8	6	10	28	22	-
C	2	2	1	2	2	1	1	1
C++	3	3	4	3	3	2	2	2
Java	4	1	2	1	1	15	-	-
C#	5	6	5	7	8	25	-	-

来源于：http://www.tiobe.com/tiobe-index/。

1.1.2 高级语言翻译成机器语言

计算机只能理解二进制的机器语言,因此高级语言必须翻译成机器语言后才能被计算机执行。翻译主要分为编译和解释两种方式,大多数高级语言使用编译方式。

编译是将高级语言编写的源程序(source file)代码转换成目标代码(机器语言),以后在执行程序时直接执行可执行文件,因此执行速度较快。以 C&C++ 语言为例,C++ 源程序文件的扩展名是.cpp,C 源程序的扩展名是.c,源程序需要经过以下 3 个步骤,如图 1-1 所示。

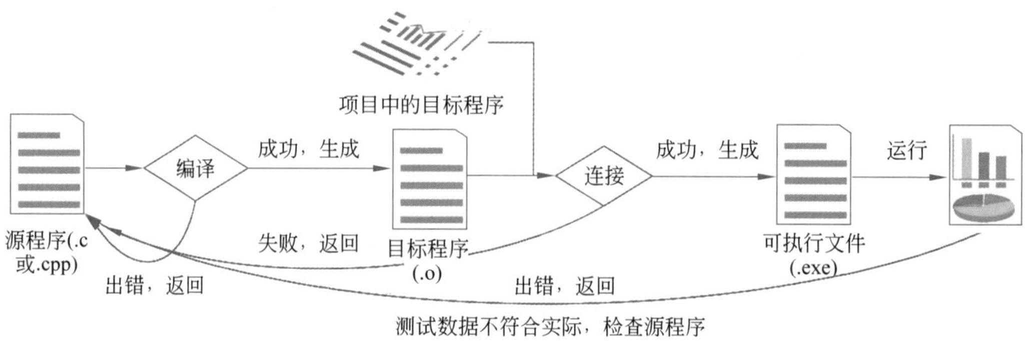

图 1-1 C++ 程序的编译过程

(1) 编译(compile)。对源程序文件执行编译命令,编译器会检查代码是否正确,如果正确就翻译成二进制目标文件(object file),其文件名与源程序名相同,扩展名是.o;如果出错,会返回源程序,并给予一些提示性信息。

提示:初学者刚刚写程序时,经常会出现编译错误,如名字大小写错误、少写字母、漏写分号等。要熟悉常见错误的提示信息,并且在提示信息中给出的代码行或前面一行逐步向上寻找错误,修改一处后就重新编译,直到编译成功。

(2) 连接(link)。一个程序项目(project)由一个或多个文件组成,包括用户编写的一个或多个源程序以及系统内置的库文件。将目标文件和库文件连接在一起,组成一个可执行文件(execute file),其文件名与源程序名相同,扩展名通常是.exe。如果连接失败,也会返回源程序。

(3) 运行(run)。运行可执行文件。如果运行中测试结果不正确,也需要检查源程序,判断逻辑上是否出错。程序能够运行,并不代表一定正确,要多运行几次,测试不同数据下的结果是否都正确,特别是边界类数据。

1.2　C&C++ 语言概述

1.2.1　C&C++ 语言的发展

C 语言是 1972 年由美国贝尔实验室的 D.M.Ritchie 开发的。C 语言采用结构化编程方法，遵从自顶向下的原则，重点在于算法与数据结构。在操作系统和编译器的开发以及需要对硬件进行操作的场合，用 C 语言明显优于其他高级语言，例如 UNIX 操作系统是用 C 语言开发的。

1983 年，贝尔实验室的 Bjarne Stroustrup 在 C 语言基础上推出了 C++。C++ 进一步扩充和完善了 C 语言，引入了重载、异常处理等。C++ 不仅包含 C 语言的面向过程的特点，还包括解决复杂现实问题所需要的面向对象程序设计思想。在驱动编程、数字图像处理、大型应用软件(如网络游戏)等对硬件性能和速度有较高要求的应用领域中，C++ 依然是首选语言。

1.2.2　C&C++ 语言的特点

C 和 C++ 语言都是跨平台的，它们可以应用到任何一种操作系统。C 和 C++ 语言在很多方面兼容，学习 C++ 并不需要 C 语言的基础。

C 语言与 C++ 语言均有多种版本的标准，编写程序时要注意操作系统和开发环境所支持的版本。每个版本都有新的特性和改进。主要标准及其特点如表 1-2 所示。

表 1-2　C&C++ 语言的标准及其主要特点

C 标准	主 要 特 点
C89/C90	第一个 C 语言标准，定义了 C 语言的基本语法和库函数
C99	引入新特性，例如复数类型、变长数组、单行注释等
C11	引入匿名结构体、支持多线程等
C17/C18	引入初始化宏、线程局部存储等小范围修改
C++ 标准	**主 要 特 点**
C++ 98	第一个 C++ 标准，支持面向对象编程，引入模板、异常处理、STL 等关键特性
C++ 03	修订缺陷等小范围修改
C++ 11	引入自动类型推导 auto、基于范围的 for 循环、智能指针、Lambda 表达式、多线程等
C++ 14	拓展泛型 Lambda 表达式、返回类型推导 decltype、二进制字面量等
C++ 17	引入结构化绑定、if 语句初始化、文件系统库等
C++ 20	引入模块、概念、协程等革命性特性
C++ 23	引入明确的对象参数、多维下标运算符等

注：本书代码适用于 C++ 1X 及 C99/C1X 标准，其他版本中的新增特性会写出起始版本号。

1.3　算 法 简 介

1.3.1　算法的特点与描述

解决一个工程问题主要包括以下步骤。

(1) 理解问题。

(2) 描述问题的输入和输出信息。

(3) 设计必要的算法解决问题。

(4) 使用一种计算机语言来解决问题。

(5) 使用数据测试解决方案。

这些步骤中,只有(4)的具体实现涉及计算机语言,如 C、C++、Python、C#、Java 等。每种语言有自己的语法和应用领域,但是解决问题的方法和过程基本是一样的。

算法是解决某个问题的方法和步骤,解决不同的问题需要不同的算法,解决同一个问题可以有多种算法。一个算法应该具有以下 5 个重要的特征。

(1) 有穷性(finiteness)。算法必须能在执行有限个步骤之后终止。

(2) 确切性(definiteness)。算法的每一步骤必须有确切的定义。

(3) 输入项(input)。一个算法有 0 个或多个输入。

(4) 输出项(output)。一个算法有一个或多个输出,以反映数据加工后的结果。

(5) 有效性(effectiveness)。算法中执行的任何计算步骤都是可以被分解为基本的可执行的操作步骤。

以扑克牌抓牌排序为例,一般有多种排序算法。例如,一种是将所有的牌抓到手中后,每次选取牌中最小的值移动到最前面,然后从剩余的未排序的牌中选取最小的值移动到未排序列的最前面,一直重复,直到全部排序完成,有 n 张牌则找 $n-1$ 的最小值依次放入指定位置,这就是排序算法中的选择排序;另一种是每抓一张牌时,将这张牌插入手中已排序的一组牌中,保持手中的牌有序,重复抓牌插入过程(有 n 张牌插入 $n-1$ 次),就完成了排序,这就是排序算法中的插入排序。

描述算法实现的方法有多种,可以使用文字、伪代码或流程图等表示。流程图是算法的图形化描述。图 1-2 表示一个简单的抓牌排序流程。其中,图 1-2(a)采取全部抓牌结束后排序,图 1-2(b)采取边抓牌边排序。

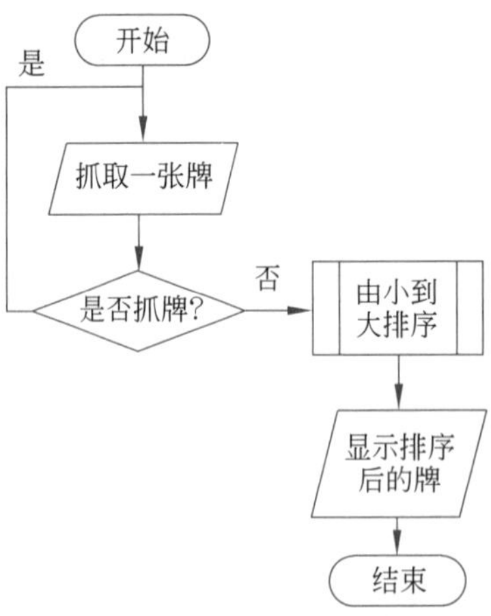

(a) 全部抓牌后排序

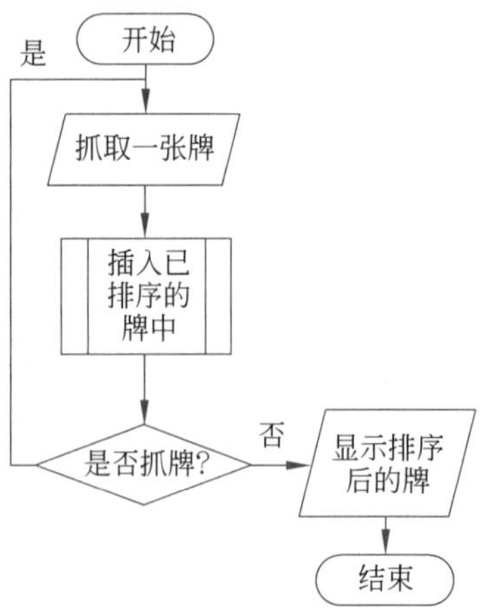

(b) 边抓牌边排序

图 1-2　扑克牌抓牌排序的流程图

问题：抓牌并排序。

输入：抓到一组扑克牌。

输出：由小到大排序的扑克牌。

算法：排序。

每个步骤的实现都可以选择一种实现方法，算法可以逐步细化，直到能够简单实现。算法是程序设计的核心，用编程语言编写的代码是具体的实现。本书会随着语法的深入，在各章中穿插介绍工程问题求解中的常用算法，如计算、排序、查找、统计等。

1.3.2 算法的评价

算法的评价可以从多个维度来进行，下面是一些常见的评价标准。

(1) 时间复杂度。衡量算法执行时间的指标，通常指基本操作执行的次数，以大 O 标记法来表示。较低的时间复杂度意味着算法执行效率更高，实际应用中应尽可能选择时间复杂度较低的算法。如图 1-3 所示，随着数据量 n 的规模不断扩大，算法时间复杂度从小到大依次为 $O(1)<O(\log n)<O(n)<O(n\ \log n)<O(n^2)$。

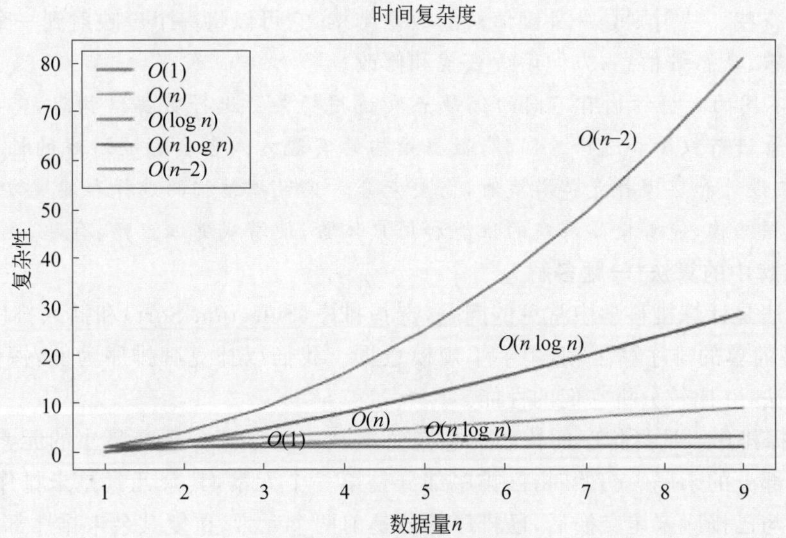

图 1-3 算法时间复杂度

(2) 空间复杂度。衡量算法执行过程所需的内存空间，反映了算法在不同输入规模下的内存占用情况，同样使用大 O 标记法来表示。

(3) 准确性。评价算法能否产生满足要求的输出结果，并且能够可靠地停止执行。

(4) 可读性。算法的结构要清晰，代码易于理解，便于其他开发人员阅读和维护。

(5) 鲁棒性。也称为健壮性，指算法对于异常情况或无效输入的处理能力，保证算法能够稳定和可靠地运行。

(6) 可用性。评价算法在实际应用中具有可操作性和实用性，能够在合理时间和资源内完成任务。

(7) 稳定性。指算法在不同数据集下要稳定输出一致的结果，不产生不明确的输出。

1.3.3 数据结构与算法“一题多解”

数据结构是组织和存储数据的方式，它定义了数据之间的关系以及数据操作的方式，主要包括线性结构(数组、栈、队列等)和非线性结构(树、图等)。实际应用中，选择合适的数据结构和算法对于提高程序的效率和解决实际问题的能力至关重要。下面以扑克牌为例，介绍扑克牌抓牌与出牌的常见数据结构与算法。

1. 扑克牌中的数据结构

在扑克牌游戏中，数据结构不仅帮助管理游戏状态，还会影响游戏性能和用户体验。

首先，数组或向量可以存储各玩家的扑克牌。每个元素代表玩家手中的一张牌，这种结构使得玩家可以轻松地遍历和查看自己的牌，进行排序、查找等操作。

其次，栈和队列可以模拟扑克牌游戏中的出牌顺序。例如，玩家需要按照特定的顺序出牌。栈遵循后进先出(LIFO)原则，适用于需要依次处理每个玩家出牌的情况；而队列则遵循先进先出(FIFO)原则，适用于需要按照玩家出牌的顺序依次处理的情况。

最后，集合和映射在扑克牌游戏中也有广泛的应用。集合用于存储唯一的元素，如玩家ID、牌面等，在判断玩家是否已经出过某张牌时，可以使用集合来存储已经出过的牌面，从而实现快速查找。映射则是一种键值对的数据结构，它可以将一个键映射到一个值，用于存储玩家的分数、状态等信息，方便后续查找和修改。

注意：*不同的数据结构有不同的优缺点和适用场景。选择数据结构时，需要根据具体的需求和场景进行权衡和选择。同时，数据结构的实现方式也会影响游戏的性能和用户体验。因此，在设计和实现扑克牌游戏时，需要充分考虑数据结构的选择和实现方式。合理选择和使用数据结构，能够提高游戏的性能和用户体验，使游戏更加流畅、有趣。*

2. 扑克牌中的算法“一题多解”

排序算法是计算机科学中常见的问题，选择排序(Selection Sort)和插入排序(Insertion Sort)是两种简单的排序算法，适用于小规模数据。我们以扑克牌排序为例，探讨这两种算法的实现方法，并比较分析它们的性能。

(1) 选择排序。选择排序的核心思想是每次从未排序部分选择最小的元素，然后将其放到已排序部分的末尾。初始时，已排序部分是第一个元素，其余元素是未排序部分，选择最小元素并与已排序末尾交换后，已排序部分是前两个元素，重复其余未排序部分选择最小值放到已排序末尾的过程，直到所有元素都排序完毕。选择排序的算法时间复杂度为 $O(n^2)$，运行时间与问题规模 n 成平方级增长。例如，当问题规模 n 为 10 时，算法大约需要进行 100 次操作；当问题规模 n 为 100 时，算法大约需要进行 10000 次操作，处理大规模数据时，选择排序可能会耗费较多的计算资源。

(2) 插入排序。插入排序的思想是将未排序部分中的元素逐个插入已排序部分的合适位置。初始时已排序部分只包含第一个元素，其余元素是未排序部分。取未排序中的第一个元素，从已排序部分的末尾开始，逐个比较并向前移动元素，直至找到合适的位置插入。重复操作，直至所有元素都排序完毕。插入排序的时间复杂度也是 $O(n^2)$。

抓扑克牌时更适合使用插入排序。因为边抓牌边插入合适位置比较简单，一次只须将一张牌从手中移动到正确的位置，适合在抓牌情况下不断调整牌的位置。而选择排序需要先找到最小的牌，再与最左边的位置进行交换，操作较复杂，不太适合实际抓牌的场景。因此，插入排序更适合抓扑克牌时使用，效率更高。

1.4　三大程序设计思想

程序设计思想是指在编写程序时所遵循的一种方法论和思维方式，它影响了程序的结构、功能、性能、重用性等方面。常见的程序设计思想主要包括面向过程、面向对象、函数式。

1.4.1　面向过程程序设计

面向过程程序设计(Procedural Programming)也称为结构化程序设计。它首先考虑的是如何通过一个过程定义对输入(或环境条件)进行运算处理得到输出(或实现过程(事务)控制)。因此，面向过程一般采用"自顶向下、逐步求精"的方法，将功能划分为若干基本模块(函数)，每个函数功能相对独立，每个模块内部由顺序、选择、循环 3 种基本结构组成。函数是公有的，程序设计者必须考虑每个细节。当程序规模较大、操作种类繁多、数据繁杂时较为困难。

程序设计通常基于 3 种基本逻辑结构：顺序结构、选择结构、循环结构。流程图如图 1-4 所示，任何复杂的程序设计流程图都可以分解为这些基本结构。

(1) 顺序结构。这是最简单的算法结构，其中的语句按照从上到下的顺序依次进行。任何一个算法都离不开顺序结构。如图 1-4(a)所示，计算机先执行语句 1，再执行语句 2。

(2) 选择结构。在算法中，经常需要根据条件判断结果来决定不同的流向，这种基于条件执行特定操作的结构，也被称为分支结构。如图 1-4(b)所示，算法根据条件是否满足来决定执行语句 1 或语句 2。

(3) 循环结构。指重复执行同一操作的结构。它基于一定条件来决定是否重复执行某一处理步骤，这个处理步骤被称为循环体。循环体中通常包含特殊的变量，其在循环开始之前被初始化，并在循环过程中被更新。当循环条件不再满足时终止循环。如图 1-4(c)所示，表达式为真时执行语句 1，重复这个过程，直到表达式为假时结束循环。

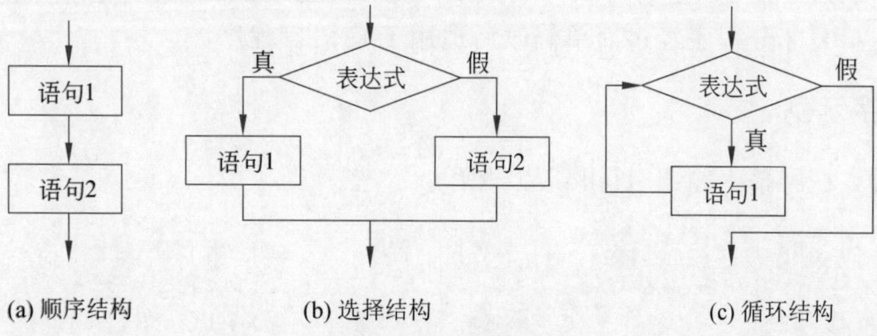

图 1-4　3 种基本结构

每种基本结构看作一条语句，一个程序是由若干语句按顺序串起来的。设计程序一般包括"输入→处理→输出"的过程(Input-Process-Output，IPO)，每种过程由一条或若干语句组成。

1.4.2 面向对象程序设计

面向对象程序设计(Object-Oriented Programming)首先考虑如何构造与问题域相对应的对象模型,以便通过获取对象状态信息来获得输出或实现过程(事务)控制。因此,通常将要处理的对象特征抽象出来,形成类。类中封装了描述对象的数据特征和数据方法,对象通过类中的方法进行创建和处理操作。封装性隐藏对象的内部实现细节使得对象成为一个“黑箱”,继承性和多态性则演示了对象之间的联系,综合运用封装性、继承性和多态性,可以提高程序的可重用性和开发效率。

1.4.3 函数式程序设计

函数式程序设计(Functional Programming)是一种基于函数的编程范式,解决了面向过程与面向对象编程中出现的问题。它将计算过程看作函数的求值,侧重于函数的输入和输出之间的关系,函数可以像变量一样被传递和赋值,提高代码的可读性和可维护性。

C语言是面向过程的编程语言,C++在面向过程的基础上增加了面向对象编程,使用STL中的函数对象(如std::function和Lambda表达式)来实现函数式编程的特点。在面向过程编程中,C++与C语言的语法大部分相同,因此代码经过简单修改(主要是输入输出)后可以在C语言环境下运行。本书主要讲解控制台程序的设计与应用,代码大部分使用C++语言,部分代码同时给出C语言和C++程序示例。此外,本书还将简单介绍面向对象编程与函数式编程,并介绍常用的C++函数库与模板库、图形程序设计,以解决更为复杂的实际问题。

1.5 认识C&C++源程序

下面通过几个示例分别给出C语言程序及C++程序的组成。在控制台程序中,C语言源程序与C++源程序的框架基本相同。在本书的叙述中,“C&C++源程序”表示在C语言和C++编译环境下都可以运行,“C++源程序”表示仅适用于C++环境。本书中的程序以C++代码为主,大部分程序经过简单修改后适用于C语言程序。

1.5.1 程序示例

【例1-1】 在屏幕上输出“Hello World!”。

C++源程序 first.cpp

```
#include<iostream>
int main(){
    std::cout <<"Hello World!";
    return 0;
}
```

C&C++源程序 first.c 或 first.cpp

```
#include<stdio.h >
int main(){
    printf("Hello World!");
    return 0;
}
```

说明:一个程序至少有一个输出,例1-1是程序的基本框架示例,所有程序都由这个基本框架逐渐扩展而成。初学者必须要熟练记住这5行的格式,注意区分大小写和适当的空格分隔,例如int不能写成INT,int与main()之间有一个空格。C语言与C++框架的主要区别在于第 1 行的包含语句和第 3 行的输出语句，C++ 使用 std 命名空间中 iostream 文件提供的 cout 方法，而 C 语言使用 stdio.h 头文件中提供的 printf 函数。C++ 的 iostream 隐式包含了 stdio.h 头文件，因此 C++ 中也可以使用 printf 函数。

【例 1-2】 在屏幕上输出下面的图形（3 行符号）。

```
***********
@          @
***********
```

C++源程序 print.cpp

```
#include<iostream>
void print();
int main(){
    print();
    return 0;
}
  void print() {
      std::cout<<"**********\n";
  std::cout <<"@ @\n";
  std::cout <<"**********\n";
  }
```

C&C++源程序 print.c 或 print2.cpp

```
#include<stdio.h >
void print();
int main(){
    print();
    return 0;
}
void print(){
    printf("**********\n");
    printf("@ @\n");
    printf("**********\n");
}
```

说明：例 1-2 展示了用户自定义的 print 函数以及调用方法。将独立的功能封装成函数，就可以反复调用该函数，修改功能也缩小到函数小范围内。main()函数被称为主函数，是程序执行的起点。一个程序由一个或多个函数组成，但必须有且只有一个主函数。函数是程序中重要的组成部分。函数就像工具，对工具掌握得越熟练，解决任务的能力越强。

【例 1-3】 输入两个整数作为分子和分母，输出商。如果分母为 0，则给出错误提示 "Divided By Zero!\n"并且商为 0。

C++源程序

```
#include<iostream>
using namespace std;
double Q(int a, int b);     //声明 Q 函数，其功能是返回 a 除以 b 的商
int main(){
    int a=0,b=0;            //定义保存整数的整型变量 a 和 b，将其值初始化为 0
    cin >> a >> b;          //输入两个整数，分别保存到分配给 a 和 b 的内存空间中
    double val = Q(a,b);    //定义浮点型变量 val，保存调用 Q 函数的结果
    cout << "quotient =" << val;          //输出商 val 的结果
    return 0;
}
double Q(int a, int b) {    //自定义函数
    double q = 0;           //定义保存商的实数到双精度实型变量 q 中
    if(b!=0)                //分母不为 0 则求商
      q = 1.0 * a / b;      //计算 a 除以 b 的结果，保留小数
    else
      cout << "Divided By Zero!\n";         //输出被 0 整除的错误提示
```

```
17      return q;                //返回 q 的值
18   }
行号   C&C++ 源程序:divide.c 或 divide.cpp
1    #include<stdio.h>
2
3    double Q(int a, int b);     //声明函数 Q,功能是返回 a/b 的结果
4    int main(){
5        int a=0,b=0;            //定义保存整数的整型变量 a 和 b,将其值初始化为 0
6        scanf("%d%d",&a,&b);    //输入两个整数,分别保存到 a 和 b 的内存空间中
7        double val = Q(a,b);    //定义浮点型变量 val,保存调用 Q 函数的结果
8        printf("quotient =%g", val);          //输出商 val 的值
9        return 0;
10   }
11   double Q(int a, int b) {
12       double q = 0;           //定义保存商的实数到双精度实型变量 q 中
13       if(b!=0)                //分母不为 0 则求商
14         q = 1.0 * a / b;      //计算 a 除以 b 的结果,保留小数
15       else
16         cout << "Divided By Zero!\n";        //输出被 0 整除的错误提示
17       return q;               //返回 q 的值
18   }
```

说明:

(1) 例1-3展示了程序与用户的交互,根据用户的输入来完成处理并输出结果,还展示了用户函数调用时传递参数和返回值的过程。自定义Q函数封装了求商的功能,当调用Q函数(第7行)时,按照函数声明的格式传递键盘输入的两个整数给Q函数的两个形式参数变量a和b,执行D函数中的语句(第12~17行)后,返回q的值并回到函数的调用点(第7行),将返回值赋给变量val中。

(2) 例1-3中的两段代码的主要区别是输入输出语句不同,而整体结构和语句基本相同。C++源程序多处要用到std::cin、std::cout方法,因此可在包含文件时增加"using namespace std;"行后在语句中直接用cin、cout方法。cin与cout适用于简单输入输出,比较容易掌握,而scanf和printf对格式有比较严格的要求,因此建议初学者使用cin和cout,在掌握程序书写格式的基础上再学习scanf和printf的用法。

(3) 第16行中的"Divided By Zero!\n"表示由若干字符组成的一个字符串,双引号内可以有若干字符,其中\n表示换行符,C++中也可以使用endl(End of Line)代替,例如,"cout <<"Divided By Zero!" <<endl;"。

1.5.2 程序代码说明

在例1-1~例1-3中,C语言源程序与C++源程序的框架及代码基本相同,它们应用在控制台程序中(命令行方式),主要包括以下7部分。

1. 预处理命令

以#开头的命令称为编译预处理命令(Preprocessing Command),是在编译之前被处理的内容。例如,#include是一个编译预处理命令,编译时,首先把另一个文件的内容插入当前#include语句的位置,再进行语法编译。

2. 库与命名空间

C&C++ 语言的输入输出都需要包含专门的文件才能实现。一个程序至少要有一条输出语句，因此，程序首行一般是＃include 行。

C 语言的输入与输出是 C 的库文件 stdio.h 提供的 scanf 和 printf 函数实现的，因此程序的最开始要包含＃include<stdio.h>。C++ 包含了 C 的标准库文件，因此在 C++ 程序中也可以直接使用 stdio.h 中的 scanf 和 printf 函数实现输入与输出。

＃include 包含的标准类库头文件都用<>括起来，文件存储在编译器的类库路径中。如果是自定义的头文件，一般放在程序运行的文件夹中，使用""包含文件名。

C++ 语言有很多标准库，这些标准库的定义分别放在不同的命名空间(name space)中。最常用的是 std 命名空间，包含了所有的标准库。如 C++ 的输入对象(cin)和输出对象(cout)定义在 std 命名空间的 iostream 文件中。因此程序的最开始一般都要包含以下两行：

```
#include<iostream>
using namespace std;
```

3. 函数

函数(function)是程序的基本组成部分，也是学习编写程序最重要的基本内容之一。函数封装了功能定义，调用函数时不需要了解其内部实现细节，只要按照函数声明的格式使用即可。系统提供了大量强大功能的库函数，也允许程序员自定义函数。

主函数是程序运行的起点，一个程序必须有而且只能有一个主函数。

int main() {return 0;}是主函数的基本结构，其中，main 是函数名，int 表示函数返回一个整数，用一对花括号({})封装了一组语句，称为函数体，执行程序就是调用 main 函数，逐步执行 main 的函数体的语句。main 函数正常执行完毕后，要向操作系统返回整数 0，如果非 0，表示程序未正常退出。因此 main 函数花括号内的最后一行是“return 0;”。

如果有其他函数，函数要先定义后调用。也可以先声明后调用，函数声明一般放在本文件的 main()函数的前面，函数定义放在 main()函数的后面，也可以将函数定义在文件外部，在文件头部加上＃include 语句。

如果函数在定义时没有参数，调用时函数名后面的圆括号也不能省略。如例 1-2 第 4 行的 print()，如果有参数，要按照函数定义时圆括号内的参数个数及顺序传递实际值给对应的变量，然后按顺序执行函数体中的语句，如例 1-3 的第 7 行 Q(a,b)。

函数执行完毕后一般会返回函数的执行结果，在函数体内遇到 return 语句结束函数调用，返回到函数调用点，并将返回值作为函数调用表达式的值，继续执行语句。例如，例 1-3 的第 7 行“double val＝Q(a,b);”，将 Q 函数调用的结果赋值给 val 变量。如果函数执行完毕后不需要返回任何值，则定义函数的返回值类型为 void，函数体中也不需要 return 语句，或者写“return;”，例如，例 1-2 中第 7～11 行的 print 函数的定义中就没有 return 语句。

4. 标识符

标识符(identifier)是表示程序中实体名字的有效字符序列，如变量名、函数名等。

标识符一般使用有意义的英文或英文缩写，如 area 表示面积，triangleArea 表示三角形面积等。

C&C++ 的标识符由字母、数字、下画线组成，并且只能由字母或下画线开头，如例 1-3

中第5行定义的标识符a和b都是用于定义程序中的变量的标识符。

C&C++的标识符是区分大小写的,注意area与Area是两个不同的标识符。

本书为了方便,许多程序采用a,b,c,i,j,k等简单变量名称。

5. 关键字

C&C++中有一些特定含义的词,如int、if、else、return等,称为关键字(Keywords),系统赋予其特定的含义,可以直接使用。用户自定义的标识符不能与关键字同名。

关键字与标识符之间、标识符与标识符之间至少要有一个空格。例如,"int a;"表明要定义一个整型变量,但是如果写为"inta;"(int和a之间没有空格),编译器会将inta当作一个标识符,出现如下编译错误提示:

```
[Error] 'inta' was not declared in this scope
```

6. 语句

除了预处理编译指令外,C++程序都由语句(sentence)组成。一般情况下,一条语句占一行;也允许将多条语句放在一行中,但每条语句必须以英文的分号(;)结尾。

语句控制程序的执行流程并计算表达式。语句分为以下几类。

(1) 表达式语句。表达式后面加上分号(;)。表达式语句是最常见的语句类型,表达式可以是赋值表达式、算术表达式、输入或输出、逗号表达式等任何一种表达式,表达式本身会被求值,但语句不返回任何值。例如:

```
int a=2, b=3;     //变量声明表达式语句,定义了两个 int 型变量 a 与 b
a=5, b=10;        //逗号表达式语句,a 的值变为 5,b 的值变为 10
```

(2) 空语句。仅有一个分号(;)的语句。无任何代码,不执行任何操作。空语句往往使用在控制语句中,表示某个条件下什么都不做。

(3) 复合语句。将多条语句用一对花括号({})括起来,逻辑上是一条语句。例如:

```
{
    int x = 5;
    x++;
    std::cout << x << std::endl;
}
```

复合语句往往使用在控制语句中,作为某个条件成立时要执行的一条语句。要注意,复合语句内定义的变量仅在复合语句中有效,语句结束后变量的内存被自动释放。

(4) 流程控制语句。选择结构语句(if、switch)、循环结构语句(for、while、do…while)等语句在逻辑上是一条语句。例如,例1-3中第13~16行是一条if语句,通过条件"b是否不等于0"来控制程序流程,条件为真则执行if后面的一条语句,为假则执行else后面的一条语句。

(5) 函数调用语句。程序中调用函数的表达式加分号组成的语句,它的作用是执行函数内部的代码,并获取函数执行完成后返回的值。例如,例1-2中第5行是调用print函数的语句,由于print函数无返回值,因此只能作为单独的一条语句出现;而例1-3中第7行是调用Q函数,由于Q函数返回一个double型的值,因此函数调用可以写到表达式中。

7. 注释

注释(note)的作用是方便阅读,注释不影响程序的执行。

C&C++ 中可以使用/* 注释内容 */进行块注释，/*代表注释的开始，*/代表注释的结束，中间包括若干行。

采用单行末尾注释时，C++ 一般使用双斜杠（//）注释，传统 C 语言使用/* 注释内容 */，C99 标准开始支持用//注释。

8. 程序书写原则

程序要方便阅读，便于调试程序。程序书写中应使用适当的注释、空格、回车、缩进等符号增加阅读性和维护性。

1.6　C&C++ 开发环境

1.6.1　常用的编译器及 IDE

编译器是将高级语言翻译成机器语言的工具，软件开发一般需要一个集成源程序的编辑、编译、连接和运行功能的开发环境，称为集成开发环境（Integrated Development Environment，IDE）。常用的编译器及 IDE 如下。

1. Dev-C++

Dev-C++ 是 Windows 环境下的 C&C++ 的 IDE，是一款自由软件，体积小。它适合初学者编写比较小而简单的程序，作为入门的 IDE，也是一些竞赛指定的 IDE。

下载地址：https://sourceforge.net/projects/orwelldevcpp/。

不同的 IDE 中会有少量函数库有区别，使用时需要注意选择支持的函数。

Dev-C++ 兼容 C99 与 C++ 11 等标准，同时有少量扩展，也可以自定义扩展到更高版本。运行代码前要注意编译选项中的支持标准版本。

2. Visual studio 与 Visual Studio Code

Microsoft Visual studio 简称 VS，是微软公司推出的 Windows 应用程序的集成开发环境，支持 C++、C#、Python 等多种语言，系统庞大，分为收费和免费等多个版本。

下载地址：https://visualstudio.microsoft.com。

Visual Studio Code 简称 VS Code，是微软公司推出的一个免费、开源的代码编辑器，支持 Windows、macOS 和 Linux 操作系统，可以安装丰富的扩展，支持 C、C++、C#、Java、Python 等几十种语言的代码编辑、调试、版本控制等功能。

下载地址：https://code.visualstudio.com/。

3. GCC

GCC（GNU Compiler Collection）是一个编译器集合，支持 C 和 C++ 等多种编程语言。GCC 是用于调试 GCC 编译器集合中的 C 编译器，而 g++ 是 GCC 编译器中专门用于编译 C++ 程序的编译器。GCC 和 g++ 在命令行选项上大体相同，但 g++ 提供了一些专门针对 C++ 的选项，例如处理模板和异常的选项。因此编译以.c 为扩展名的 C 程序时使用 GCC 命令，编译以.cpp 为扩展名的 C++ 程序时使用 g++ 命令。UNIX/Linux 操作系统支持 GCC 编译器，在命令行环境下直接运行。在 Windows 操作系统中安装 MinGW 后也可以使用 GCC 编译器。

4. CLion

CLion 是 JetBrains 公司推出的一款专为 C 和 C++ 开发的商业 IDE，提供智能代码补全、代码分析、本地和远程调试等深度支持，面向学生和教师学习提供免费教育许可证。

1.6.2 AI 助力编程

随着人工智能(AI)的不断发展，AI 作为编程助手的应用也日渐广泛。AI 编程助手能够实现代码自动补全、代码重构、代码生成、错误检测等功能，极大提高开发者的生产力和代码质量。AI 编程助手一般不单独使用，而是作为 IDE 的插件，在编辑器界面提供各种 AI 功能。常用的 AI 工具如下。

(1) MarsCode。字节跳动推出的免费 AI 编程助手，提供云端 IDE 版和支持 VS Code 及 JetBrains 等 IDE 的扩展版。具备代码补全、生成、解释功能，支持单元测试生成和文档生成。

(2) Github Copilot。由 Github 和 OpenAI 合作推出的 AI 代码辅助工具，基于 GPT 技术，提供实时代码提示和生成功能，支持多种编程语言，并能与主流 IDE 和编辑器配合使用。它支持通过函数名、类名、自然语言注释生成，也可对代码生成注释。

(3) Code GPT。一个多功能的 VS Code 插件，可以生成代码、回答问题、解释代码、重构和记录代码、查找代码问题并编写单元测试。

(4) iFlyCode。由科大讯飞推出的智能编程助手，基于科大讯飞自研的星火大模型，具备代码生成、代码补全、代码纠错、代码解释以及单元测试生成等多项功能。

此外，还有众多在线 AI 工具和插件，如文心一言、Kimi、通义千问、智谱清言、ChatGPT 插件等。要合理使用 AI 助力编程学习，可以让 AI 助手解释代码的作用来加深对编程概念的理解，不要完全依赖 AI 助手。

1.7 实用知识：常见的编译和运行错误

程序的常见错误分为编译错误和运行错误。

1.7.1 常见的编译错误

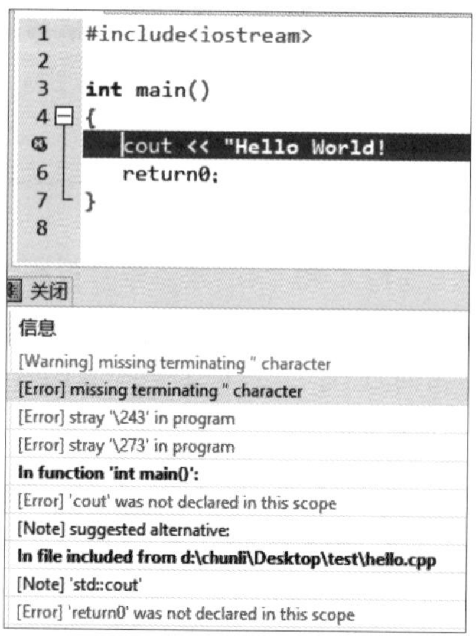

图 1-5 编译错误代码及提示信息示例

源程序在编译时要经历语法检查过程，如果发现错误，编译器会立即停止编译，并给出错误提示信息，主要包括错误的类型、可能的错误位置和错误原因。

常见的语法错误包括语句末尾缺少分号、函数调用缺少圆括号、变量名拼写错误等。例如图 1-5 的代码中有 4 个语法错误，编译时出现的提示信息如图 1-5 所示。

初学者常见的编译错误提示信息如表 1-3 所示。

修改编译错误时，单击[Error]提示信息行，源程序中会出现一个红色横条，一般是当前行或者在其前面一行出现语法错误。逐行向上寻找错误，一旦发现语法错误，立刻修改后重新编译，可能出现的错误信息会更多或者更少。

表 1-3　初学者常见的编译错误提示信息

提 示 信 息	编 译 错 误
[Error] missing terminating " character	字符串缺少一个双引号(")
[Error] stray '\243' in program [Error] stray '\273' in program	程序中出现中文字符'\243' '\243'与'\273'组成中文字符的分号(;)
[Error] 'cout' was not declared in this scope	cout 是 std 命名空间的要写成 std::cout 如果在 # include 后面加上 using namespace std;则可以直接用 cout
[Error] 'return0' was not declared in this scope	return0 未定义。变量必须先定义后使用 return 是关键字,return 0;表示函数返回整数 0,return 和 0 中间要有空格分隔
[Error] expected ';' before 'return'	return 语句前面的语句缺少分号
[Error] redefinition of 'int main()'	main()函数被重复定义。一个项目中必须有而且只能有一个 main 函数,不允许有两个及以上的 main 函数
[Error] no match for 'operator>>' (operand types are 'std::ostream {aka std::basic_ostream<char>}' and 'int')	不匹配的运算符>> >>与 cin 匹配,如果 cin>>书写格式错误,或者输出时写成 cout>>格式

1.7.2　常见的运行错误

程序能够运行,并不能代表完全正确,还需要检查逻辑性。为了保证程序的正确性,一般要多测试几组数据。例如,下面的代码能够运行,但是代码是错误的:

```
1  #include<stdio.h>
2  int main(){
3    int a = 0, b = 0;                  //定义保存整数的整型变量 a 和 b,将其值初始化为 0
4    scanf("%d%d",a,b);                 //输入两个整数,分别保存到 a 和 b 的内存空间
5    double val = a / b;                //定义浮点型变量 val,保存 a 除以 b 的商
6    printf( "quotient =%d", val );    //输出商 val 的值
7    return 0;
8  }
```

运行结果如下:

```
3 2↙
-----------------------------------
Process exited after 3.992 seconds with return value 3221225477
```

没有看到输出信息,但是显示一行提示信息,意为"3.992 秒后程序退出,返回值为 32212225477",说明 main 函数并没有正常执行到第 7 行,而是出现异常后提前退出了。

常见的运行错误包括变量数据类型错误、输入与输出格式错误、计算错误等。在程序中适当增加额外的输出语句,逐步检查程序运行中变量值的变化,进而找到问题。本例中逐步

排查的过程如下:

(1) 在第4行输入语句后面增加一句:"printf("%d,%d\n", a, b);"。运行后输入测试用例"3 空格 2",观察变量 a 和 b 是否正确接收数据,发现 a 与 b 没有输出 3 和 2。由此找到第一个错误:输入语句错误,scanf 函数要求在变量名前面加 &(地址运算符)。

(2) 修改第4行语句为"scanf("%d%d", &a, &b);"。再次执行程序,输入测试用例"3 2"后,发现 a 与 b 输出了正确值,但输出结果"quotient =0"。出错的可能性有两个:一个是数学表达式错误,计算结果为0;另一个是输出格式错误。观察第6行,找到第二个错误:输出语句错误,val 是 double 型变量,输出格式用%g 或%lf 而不是%d。

(3) 修改第6行语句为"printf("quotient =%g", val);"。再次执行程序,输入测试用例"3 2"后,发现输出结果"quotient =1.000000"。观察第5行"double val = a / b;",C&C++ 语法规定:整数除以整数的结果仍然是整数,小数部分直接舍去,因此3除以2的结果是1.5,只保留整数部分,是1。

(4) 修改第5行语句为"double val = 1.0 * a/b;"。再次执行程序,输入测试用例"3 2"后,发现输出结果 quotient =1.5,结果正确。

1.8 练习与思考

1-1 模仿例1-1或例1-2,设计并输出一个菜单。外观为:

```
*********************
1-购买水果 2-购买蔬菜
3-结账 0-退出
*********************
```

1-2 模仿例1-3,输入一个整数,计算并输出它的绝对值。例如:

```
输入: -3
输出 3
```

1-3 模仿例1-3,编写一个程序,输入一个矩形的长和宽(都是整数),计算并输出矩形的面积。例如:

```
输入: 3 5
输出: 15
```

提示:主函数内定义2个 int 型变量,用 cin 或 scanf 函数接收输入值给变量,计算得到乘积后输出结果。乘运算符是 *,可以定义 int 型变量保存乘积后输出,也可以直接输出乘积,用 cout 或 printf 函数实现输出信息。

1-4 画出例1-3的流程图。

1-5 与机器语言相比,高级语言编写的程序的特点是(　　)。

A. 计算机能直接识别和执行　　B. 执行速度快

C. 可读性好,语法更接近自然语言　　D. 依赖于具体机器,移植性差

1-6 引用C++语言标准库函数,一般要用预处理命令将其头文件包含进来,写法是#(　　)。

A. using　　B. import　　C. define　　D. include

1-7　编写 C 或 C++ 程序一般需要经过的步骤依次是(　　)。

A. 编译、连接、运行、编辑　　B. 编辑、编译、连接、运行

C. 编辑、连接、编译、运行　　D. 编译、编辑、运行、连接

1-8　标准 C++ 语言的源程序的文件名的扩展名是(　　)。

A. .c　　B. .exe　　C. .obj　　D. .cpp

1-9　把源程序文件翻译转换成目标文件的过程叫作(　　)。

A. 编译　　B. 编辑　　C. 连接　　D. 调试

1-10　计算机高级语言程序设计的 3 种基本结构是(　　)。

A. 顺序结构、选择结构、循环结构　　B. 递归结构、循环结构、转移结构

C. 嵌套结构、递归结构、顺序结构　　D. 循环结构、转移结构、顺序结构

1-11　传统流程图的画法中,用(　　)表示输入/输出。

A. 直角矩形　　B. 圆角矩形　　C. 平行四边形　　D. 菱形

1-12　一个 C/C++ 程序的执行是从(　　)。

A. 程序的 main 函数开始,到程序的 main 函数结束

B. 程序的第一个函数开始,到程序的最后一个函数结束

C. 程序的 main 函数开始,到程序的最后一个函数结束

D. 程序的第一个函数开始,到程序的 main 函数结束

1-13　编译程序时出现错误 a.cpp:7:8:error:stray '\303' in program,原因是(　　)。

A. 程序的第 7 行第 8 列出现中文字符

B. 程序的第 7 列第 8 行出现中文字符

C. 程序中第 7 行第 8 列缺少字符'\303'

D. 程序中第 7 列第 8 行缺少字符'\303'

1-14　程序设计三大思想不包括(　　)。

A. 面向过程编程　　B. 面向对象编程

C. 函数式编程　　D. 面向语句编程

1-15　要将一个 a.cpp 源程序编译并生成一个名为 a.exe 的可执行文件,下面命令中正确的是(　　)。

A. g++ a.exe a.cpp　　B. g++ a.cpp a.exe

C. g++ -o a.exe a.cpp　　D. g++ -o a.cpp a.exe

第2章

顺序结构与数学表达式

编写源程序一般按照输入→处理→输出(Input→Operate→Output,IPO)的过程依次编写。计算机按照顺序逐条执行语句,最终完成工作。本章介绍程序的顺序结构,重点是理解不同数据类型的存储与表达,利用数学运算符以及数学函数库实现数学表达式的计算,逐步实现数学计算。

2.1 顺序结构

顺序结构是最常用的程序结构,按照解决问题的顺序写出相应的语句,程序运行时按照语句的书写顺序一条条执行。假设有一个程序要求输入两个整数,输出两个整数的乘积。程序中需要定义 3 个变量分别用来保存两个整数和乘积,然后进行输入、计算和输出结果。流程图见图 2-1。

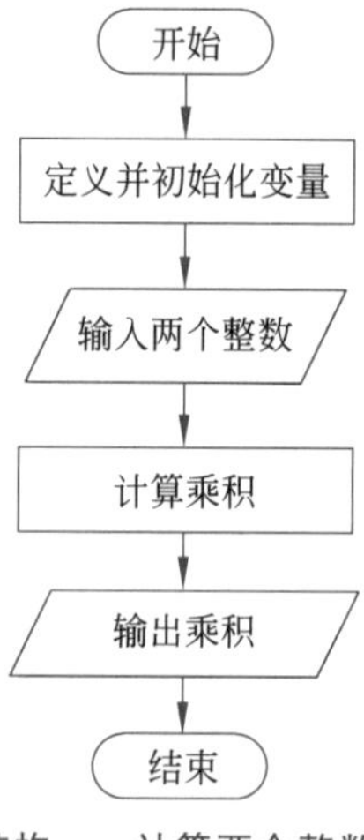

图 2-1　顺序结构——计算两个整数乘积的流程图

按照设计思路,可以快速写出源程序。每种高级语言都有定义常量和变量、运算符和表达式、语句等的基本语法。本章介绍最常用的 C&C++ 语法。如果要了解更详细的语法,请查阅相关版本语言的官方资料。

2.2　基本数据类型与变量

程序运行中，如果要保存计算值，要定义一个变量（variant），即用一个标识符表示并指明存储数据的类型，如 int（整型）、double（实型）等。计算机根据数据类型定义内存的大小，再用名字对应到该内存地址，通过名字访问或修改内存空间的值。

2.2.1　基本数据类型简介

在计算机中使用数据时，不同的数据类型（data type）有不同的存储形式，允许有不同的操作。例如在计算机内部，一字节 00001001 作为不同的数据类型会有不同的含义，作为整数输出表示 5，作为字符输出表示 ASCII 码为 5 的字符。

C&C++ 中最常用的内置数据类型见表 2-1。本书中在第一次使用某种数据类型时，会介绍该数据类型的使用特点。

表 2-1　C&C++ 中最常用的内置数据类型

数 据 类 型	C&C++ 中的定义	内存中的字节数	现实中的实例
整型	int	2 或 4	5　−3
双精度浮点型	double	8	8.8　1e-3
字符型	char	1	'A '　'0'
字符串型	字符数组或 string	字符个数+1	"good"
布尔型	bool	1	true　false

2.2.2　变量与内存的关系

变量是计算机内存中的一个空间，可以在这里存储和检索值。可将计算机内存看作一系列排成长队的文件夹，并按顺序为每个文件夹编号，那么文件夹上的编号就相当于内存地址。为了方便记忆和处理，可以给文件夹贴上标签，标明其用途，那么标签就相当于变量名，这样无须知道变量的实际内存地址（文件夹编号）就能访问文件夹。

图 2-2 显示了 int 型变量 max 在内存中的存放（假定 int 型占据 4 字节）。这段内存地址为 101～107，在编号为 104 的文件夹上贴的标签名（标识符）为 max，此时不需要知道文件夹的实际编号，只需通过标识符 max 就可以获取文件夹里的内容——数值 00000000 00000000 00000000 00001001 即十进制 9。

			max			
101	102	103	104	105	106	107
			00001001	00000000	00000000	00000000

图 2-2　int 型变量 max 在内存中的存放

调用（执行）函数时，若遇到变量定义语句，系统就为变量分配大小合适的内存空间，函数调用完毕后回收（释放）内存。下次再调用该函数时，重新为变量分配内存空间，调用完毕后回收内存空间。

2.2.3 变量定义与初始化

C&C++语言规定,变量必须定义后才可以使用。在定义变量的同时可以直接给其赋值,称为初始化,未初始化的变量值是随机值。

1. 变量的定义

变量定义的一般形式是:

数据类型 变量名;

其中:(1) 数据类型既可以是C&C++已经提供的基本数据类型,如int、double等,也可以是后面章节中介绍的自定义数据类型。

(2) 变量名是一个合法的标识符,变量名可包含任何大小写字母、数字和下画线,但数字不能作为首字母。C&C++区分大小写,例如变量Area不同于变量area。此外,不能使用关键字作为变量名。

下面给出几个变量定义的例子:

```
int max;
double area;
double width;
```

max、area、width都是变量的名称,相同类型的变量可以在一条语句中定义,用逗号分隔,如改成:

```
int max;
double area,width;
```

下面的变量名是错误的:

```
int 3a;                //不能以数字开头
int a$;                //不能有字母、数字、下画线之外的字符
inta3;                 //变量名a3和int之间要有空格
int long;              //long是关键字,不能作为变量名
```

在定义变量时,为其分配的内存中原来存在着随机的二进制值,此时,立刻使用变量会带来不确定性。因此建议在变量定义的同时将其初始化为一个明确的值。

2. 变量的初始化

在定义变量的同时给它赋初值,称为初始化变量。例如:

```
int max = 100;
```

C++提供了圆括号的初始化方法,例如:

```
int max(100);
```

C++还支持使用花括号,等号可写可不写。例如:

```
int max = {100};
int max{100};
```

2.2.4 赋值运算符与自增/自减运算符

程序运行中通过赋值运算符修改变量的值,也就是说,将新值写入分配给变量的内存空

间，覆盖旧值。

1. 赋值运算符与赋值表达式

赋值运算符(＝)是双目运算符。＝左边是一个左值(L-Value)，对应能读写的一块内存空间，如变量名；＝右边是右值(R-value)，可以是常量、变量或表达式。运算后将右值保存到左值中。

由赋值运算符组成的表达式称为**赋值表达式**，赋值表达式加上分号就组成**赋值语句**。

下面的语句定义了一个名为 highScore 的整型变量，然后用赋值语句修改变量的值。

```
int highScore;            //创建 highScore 变量并为其分配内存,变量当前的值为随机值
highScore = 100;          //向 highScore 变量的内存空间写入 100(原来的随机值被覆盖)
highScore = 5;            //向 highScore 变量的内存空间中写入 5(原来的 100 被覆盖)
```

需要注意以下几点。

(1) 赋值运算符左边必须是一个左值，不能是表达式，例如：

```
a = 3 是赋值表达式,但是 3=a 不是
```

数学中的方程式 a＋b＝3(a 的值加 b 的值等于 3) 在程序编译时会给出错误信息提示：

```
[Error] lvalue required as left operand of assignment
```

程序中只能写成 a ＝ b－3(已知 b 的值)或 b ＝ a－3(已知 a 的值)。

(2) 如果＝两边的数据类型不同，系统会将右值的数据类型自动转换成左值的数据类型。例如：

```
int a = 1.8;              //将 1.8(double 型)自动转换为 1(int 型),再赋值给变量 a
double b = 1;             //右值为整数 1,再自动转换为 double 型 1.0 后赋值给 b
```

(3) 赋值表达式的值就是左值。例如，a＝5 表达式的值就是 5。

(4) 注意＝的优先级与右结合性。＝的优先级非常低(仅高于逗号运算符)，一般都是计算右值后再按照左值的数据类型赋值。赋值运算符具有右结合性，表达式按由右向左的顺序执行。赋值表达式的值就是左值，可以继续参与到表达式中。例如：

```
int a, b;
a = b + 3;                //计算 b+3 的值,然后赋值给 a
a = b = 5;                //等价于 a = (b = 5); 该表达式首先将整数 5 赋值给整型变量 b,
                          //表达式 b = 5 的值变为 5,再执行 a = 5,将 5 赋值给整型变量 a
```

(5) 注意赋值表达式与变量初始化的区别。一个函数内部的变量不能同名，因此在一个函数内部，一个变量的定义及初始化只能有一次，以后要修改变量的值，可以用赋值表达式实现，允许多次使用赋值表达式修改值。例如：

```
int a = 3;                //定义整型变量 a,为变量 a 分配内存空间,并将其值初始化为 3
a = 4;                    //将 4 赋值给 a,即将 4 写入 a 的内存中
a = a + 2;                //a+2 的值为 6,将 6 赋值给 a
```

【例 2-1】 定义两个实数，利用初始化和赋值语句描述一个复数。

源程序如下：

```
#include<iostream>
using namespace std;
int main(){
    double real = 5, image = 0;      //定义 real 和 image 分别保存实部和虚部值
    image = 10;                      //变量可以在定义时初始化,也可以在定义后赋值
    cout<<"Complex:" << real << "+" << image << 'i';
    return 0;
}
```

运行结果如下:

```
Complex:5+10i
```

注意: C99 和 C++ 11 标准开始支持复数类型,程序中增加#include<complex.h>后,可以定义 complex 类型。

2. 自增与自减运算符

++(两个加号)与--(两个减号)是单目运算符,功能是将变量值加 1 或减 1 后再赋给自身。++放在变量前面时,称为前置自增,放到变量后面时,称为后置自增。同样,--也分为前置自减和后置自减,一般自增或自减运算是作为一条语句出现的。例如:

```
int a;
a++;  等价于  a = a +1;
++a;  等价于  a = a + 1;
a--;  等价于  a = a - 1;
--a;  等价于  a = a - 1;
```

表达式 a++与++a 作为一条语句时完全相同,都等价于 a=a+1;但是如果它们出现在一个表达式中,对表达式的值会有影响。前置自增会先执行变量自增 1,然后用变化后的值参与到表达式中,后置自增是先将变量的值参与到表达式中,然后再执行变量自增 1。例如:

```
int a = 1, b;
```

"b=++a;"等价于两条语句:"a=a+1;b=a;",执行后 a 的值是 2,b 的值是 2。

"b=a++;"等价于两条语句:"b=a;a=a+1;",执行后 a 的值是 2,b 的值是 1。

2.2.5 陷阱:变量定义与赋值的常见问题

在进行变量定义与赋值时要特别注意以下几点。

(1) 变量必须先定义后使用。

C&C++ 规定,变量必须先定义才能使用。这一点不同于有的高级语言(如 Python 中的变量不需要定义就可以直接使用)。例如:

```
int a = 1, b=2;
c = a + b;
```

编译时出现的编译错误信息如下:

```
[Error] 'c' was not declared in this scope
```

'c'未定义,c 是一个变量名,要定义后使用。改为:

```
int a = 1, b = 2, c = 0;
c  = a + b;
```

或

```
int a = 1, b=2;
int c = a + b;
```

(2) 一个局部范围内不能有重复的变量名。

在一个局部范围内，变量只能定义一次。如果有两个同名变量的定义，会出现编译错误，如图 2-3 所示，第 6 行声明了一个 int 型变量 c，第 7 行再次声明变量 c，会出现“[Error] redeclaration of 'int c'”的错误。去掉第 7 行的 int，改为“c＝a＋b;”，表示对变量 c 赋值，运行后得到正确的结果 8。

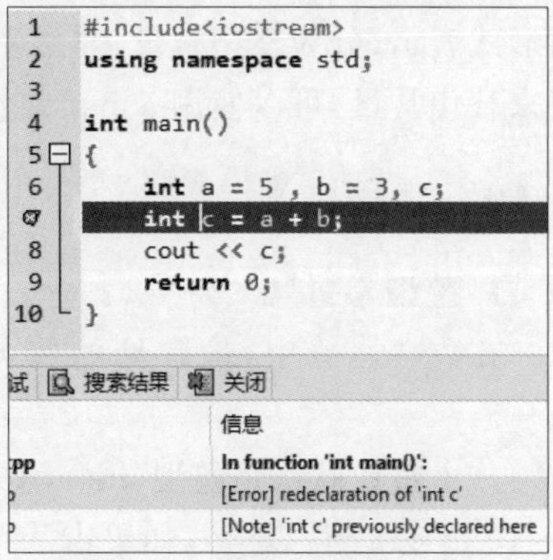

图 2-3　变量名重复定义的编译错误提示

(3) 变量使用前必须有确定的值。

当定义变量时，系统为其分配了内存，内存中可能存在一些二进制值(如图 2-2 中 101～103 中的值就是不确定的值)，如果不赋值就直接使用变量，则变量中的值就是内存中原来的随机值，会存在不确定性。因此，变量必须有明确的值后才能使用。

【例 2-2】　变量未赋值或初始化时会带来结果的不确定性。

```
1  #include<iostream>
2  using namespace std;
3  int main(){
4    int max;
5    max = max - 5;
6    cout << max;
7    cin >> max;
8    return 0;
9  }
```

运行结果如下：

```
-5(不同计算机的运行结果不同)
(光标等待用户的输入,如输入 10,回车后程序结束)
用户输入 10,为什么不能输出 10-5 的值 5 呢?
```

程序是顺序执行的，执行第 4 行时为变量 max 分配了内存单元，max 的值是随机的二进制值。执行第 5 行时读取 max 的值(max 内存空间中的二进制值)减 5 后再赋值到 max(写回到 max 的内存单元)，第 6 行输出 max 的值，第 7 行等待用户输入一个整数，并将接收到的整数写入 max 中，覆盖了 max 原来的值，第 8 行返回 0，main 函数结束。

出错原因是语句顺序不对，输入语句写在了计算后面，执行 max-5 时 max 是随机值。

将第 7 行挪到第 5 行的前面，定义变量 max 后，执行输入语句后再读取 max 的值是确定的值，这样计算和输出才是有意义的。

2.3 常 量

常量(constant)是指值不变的量。常量也具有一定的数据类型,常量的数据类型由其书写格式决定。例如,3.14是double型,365是int型,'C'是char型。

C&C++支持两种类型的常量:字面常量和符号常量。字面常量比较简单,一般由其字面形式表示,分为整型常量、浮点型常量、字符常量和字符串常量等;符号常量是用一个标识符来替代常量,可以使用const常量和#define宏定义。

2.3.1 字面常量

1. 整型常量

在数学运算中,最常见的数分为整数和实数。程序中直接书写十进制整数,如25、0、-5。

一个整数默认是整型(**int**),整数在内存中的字节数与编译平台有关,一般占2或4字节(16位或32位以上),如果占4字节,能够表示数值范围为$-2^{31}\sim(2^{31}-1)$。

一个整数后面加上后缀L或l表示长整型(**long**),如100L,一般占4字节。

整数加上前缀0或0x表示八进制或十六进制整数,如0327、0x45F。C++14开始支持二进制字面常量,以0b开头,例如0b1010。

整数类型默认是有符号整型(**signed**),对应的是无符号整型(**unsigned**),如unsigned int、unsigned long等,加上后缀U或u,如200U、300UL、0b110110u、0x45U。

C++11和C99中增加了long long和unsigned long long数据类型,能够表示更大的整数,但不是所有编译器都支持。long long占8字节,表示的数值范围为$-2^{63}\sim2^{63}-1$,一个整数后面加上后缀LL表示long long,或加上后缀ULL表示unsigned long long,如12LL、200ULL。

2. 实型常量

实型常量也称为浮点型常量,有两种形式:小数法、科学计数法。小数法是常规的数值写法,如12.5,-0.34等,科学计数法一般用于表示很大或很小的浮点数。如1.2E8(即1.2×10^{8})、-5.73E-9(即-5.73×10^{-9})。

一个实数默认是双精度型(**double**),占8字节,有效数字(精度)为15~16位,能够表示的数值范围为$10^{-308}\sim10^{308}$。

一个实数后面加上后缀F或f表示单精度型(**float**),占4字节,有效数字为6~7位,表示的数值范围为$10^{-38}\sim10^{38}$。

3. 字符型常量

字符常量是用一对单引号括起一个字符,如'Y'、'y'、'6'、'#'和' '(两个单引号中间有一个空格)等。

字符常量是字符型(**char**),占1字节,存储该字符的ASCII码值。例如,字符'A'的ASCII码值是65,因此在计算机内存中的存储形式是01000001。

注意下面的字符常量书写问题。

(1) 'ab'错误。一对单引号只能括起一个字符。

(2) 'a'与 a 是不同的。'a'表示字符常量，值是字母 a 的 ASCII 码值(整数 97)；a 未用单引号括起来时是标识符，要定义，如 int a 表示 a 是变量。

(3) '0'与 0 是不同的。'0'表示字符常量，值是字符 0 的 ASCII 码(整数 48)，而 0 表示整型常量 0。

(4) 'a'与"a"是不同的。"a"表示字符串常量，由字符常量'a'和用来标识字符串结尾的'\0'组成。

一对单引号中用反斜线(\)加上一个字符表示一个特殊的字符常量，称为转义字符，同样占 1 字节。转义字符也可以用反斜线和该字符的 ASCII 码构成。其中，字符的 ASCII 码采用 3 位八进制数(形式如\ddd)或两位十六进制数(形式如\xhh)。常用的转义字符如表 2-2 所示。

表 2-2　常用的转义字符

转义字符	ASCII 码	功　能
'\n '	10	换行(输出时起到间隔的作用，光标跳到下一行行首)
'\t '	9	水平制表符(输出起间隔的作用，相当于按 Tab 键)
'\\ '	92	一个反斜线(\)
'\ ''	39	一个单引号(')
'\ "'	34	一个双引号(")
'\ddd'	ddd	3 位八进制整数对应的字符(ddd 表示该字符的 ASCII 码的八进制值)，如'\012'表示'\n','\101'表示'A'
'\xhh'	hh	两位十六进制整数对应的字符(hh 表示该字符的 ASCII 码的十六进制值)，如'x0A'表示'\n','\x41'表示'A'

4. 布尔型常量

布尔类型通常用于表示逻辑状态，例如条件判断、标志位、开关状态、函数返回值等。在 C++ 语言中，布尔型(bool)常量只有两个，分别是 true 和 false；而 C 语言要包含 stdbool.h 文件后才能使用 bool 型的 true 和 false。

2.3.2　符号常量

符号常量是使用一个标识符保存的一个值，它的值在程序中不能被改变，是只读型。适当命名符号常量可以让程序更容易理解和修改。程序员的习惯做法是将常量名中的字母全部大写，以区分于变量。

使用 const 关键字定义符号常量，定义同时必须对其初始化，并且程序运行过程中只能读取该常量的值，不能修改常量值。形式如下：

```
const 数据类型 符号常量标识符=表达式;
```

或

```
const 数据类型 符号常量标识符(表达式);
```

例如：

```
const int MAX_VALUE = 100;                    //编译时 MAX_VALUE 的值是 100
const int MAX_VALUE (100);                    //编译时 MAX_VALUE 的值是 100
const int A = 5.5;                            //编译时将 5.5 取整,因此 A 的值是 5
const int B = 3 + 2;                          //编译时计算 3+2 的值,因此 B 的值是 5
```

const 语句必须以分号结尾。编译时首先计算表达式的值,并进行类型检查确保表达式的类型与 const 常量声明的类型匹配,防止潜在的类型错误;然后将值按照符号常量的数据类型存储(如上例中的 5.5 是 double 型,要转换成 int 型后赋给 A)。

【例 2-3】 用 const 定义符号常量,计算圆的面积和周长。

要求:计算圆的面积和周长,半径为 3,圆周率为 3.1415926。

源程序如下:

```
1    #include<iostream>
2    using namespace std;
3    const double PI=3.1415926;
4    const double R(3);
5    int main(){
6                                             //若增加 PI=3.14;编译出错
7        cout << PI * R * R << endl;          //输出半径为 R 的圆的面积
8        cout << 2 * PI * R << endl;          //输出半径为 R 的圆的周长
9        return 0;
10   }
```

运行结果如下:

```
28.2743
18.8496
```

编译时,代码第 7 行和第 8 行的语句会转化成:

```
cout << 3.1415926 * 3.0 * 3.0 << endl;
cout << 2 * 3.1415926 * 3.0 << endl;
```

程序中将多处使用的圆周率 π 定义为 const 常量可提高代码可读性。若将 π 的值改为 3.14,只需要修改第 3 行的初始化值。此外,const 常量具有只读型特点和类型安全,编译时会进行类型检查,如将第 3 行的 double 改为 int,编译时会用 3 替代 PI 的值。如第 6 行增加语句 PI=3.14;会出错,常量不能作为左值。

2.3.3 #define 宏定义

#define 宏定义,是指定一个标识符(宏名)来定义一个字符序列,类似于定义了一个常量,因此,宏名的字母一般全部用大写。形式如下:

#define 宏名 字符序列

宏定义属于编译预处理命令,一般写在程序的头部,语句结尾没有分号,编译时将程序中出现的宏名全部替换为字符序列。宏定义提高了程序的可读性,也方便修改,但是编译前只是简单替换,并不会计算表达式,也不会检查数据类型。

【例 2-4】 用 #define 符号常量计算圆的面积和周长。

要求:计算圆的面积和周长,半径为 2,圆周率为 3.1415926。

源程序如下：

```
1    #include<iostream>
2    using namespace std;
3    #define PI 3.1415926
4    #define R 3
5    int main(){
6        cout << PI * R * R << endl;     //输出半径为 R 的圆的面积
7        cout << 2 * PI * R << endl;     //输出半径为 R 的圆的周长
8        return 0;
9    }
```

运行结果如下：

```
28.2743
18.8496
```

说明：编译时首先将代码第 6 行和第 7 行的语句转化成：

```
cout << 3.1415926 * 3 * 3 << endl;
cout << 2 * 3.1415926 * 3 << endl;
```

注意：宏定义在编译前只是简单的做字符替换，不会做任何转换与检查。例如，将第 4 行的＃define R 3 改写成＃define R 1 ＋ 2，编译时第 6 行和第 7 行的语句会转化为：

```
cout << 3.1415926 * 1 + 2 * 1 + 2 << endl;
cout << 2 * 3.1415926 * 1 + 2 << endl;
```

按照算术运算的优先级，会先做乘法后做加法，结果为：

```
7.14159
8.28319
```

宏定义的末尾如果写了分号，那么分号也会作为字符序列的一部分替换到宏名中。例如，如果将第 4 行的＃define R 3 写成"＃define R 3;"(末尾多了一个分号)，编译时代码第 6 行和第 7 行的语句会转化为：

```
cout << 3.1415926 * 3; * 3; << endl;
cout << 2 * 3.1415926 * 3; << endl;
```

3 和 endl 之间多了一个分号，导致编译失败，错误提示信息如图 2-4 所示。

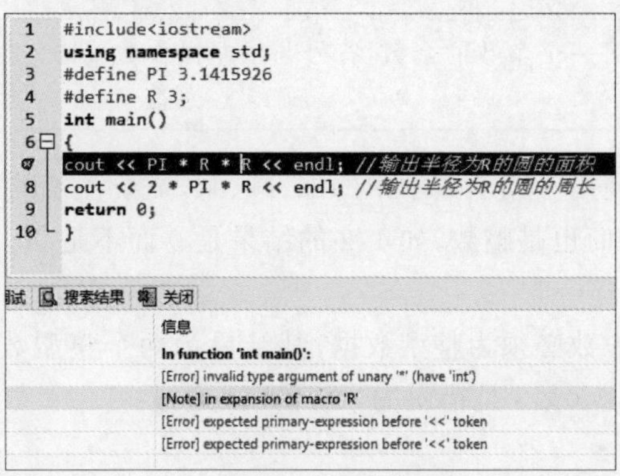

图 2-4　＃define 末尾加分号的编译错误提示信息

2.3.4 sizeof 运算符

sizeof 是一个特殊的关键字，可以获得一个数据类型占据内存的字节数。语法形式如下：

```
sizeof(数据类型)
sizeof(常量)
sizeof(变量)
```

例如：

(1) sizeof(double)和 sizeof(3.5)：都返回 double 型在计算机中的字节数，值为 8。

(2) sizeof(int)和 sizeof(5)：都返回 int 型在计算机中的字节数，不同编译平台返回值不同，一般是 2(16 位)或 4(32、64 位)。

(3) sizeof(char)和 sizeof('a')：都返回 char 型在计算机中的字节数，值为 1。

注意：sizeof 返回类型是 size_t。它通常是无符号整数类型，不同系统中的具体类型不同，例如 32 位系统中通常是 unsigned int，64 位系统中通常是 unsigned long long。size_t 没有负数，所以不要与 int 型值比较。

2.4 数学运算符与表达式

2.4.1 算术运算符

C&C++ 提供了 5 种基本的算术运算符，见表 2-3。

表 2-3 基本的算术运算符

运算符	说　明	举　例	结　果
+	两个数的和	2+3	5
-	两个数的差	5-3	2
*	两个数的乘积	2 * 3	6
/	两个数的商。如果被除数与除数都是整数，则商也是整数	5.0/3 5/3	1.66667 1
%	一个整数除以另一个整数的余数，符号与%左操作数相同	5%3 -5%3	2 -2

运算符+、-、* 的使用等同于数学中的加、减、乘，需要注意的是运算符/、%。

如果两个整数相除，商也是整数，如 1/2 的结果是 0 而不是 0.5，这是初学者经常容易犯错误之处。

参与取余运算的操作数必须为整型数据，其结果为两个整型数据相除之后的余数。例如，5%3 的余数是 2。而 5.0%3 是错误的，编译无法通过。

%的用处很多，例如：

(1) 求整数 n 的个位数：n%10。

(2) 求整数 n 的十位数：n/10%10。

(3) 求整数 n 除以 2 的余数：n%2。

2.4.2　算术表达式及优先级

算术表达式由常量、变量、函数调用、圆括号、运算符等组成。一个常量、一个已有确定值的变量、一个函数调用都是合法的表达式。例如，已知 int a=4,b=3，则下面几个表达式都是合法的：

```
3                      //表达式是常量的值,为 3
a                      //表达式是变量的值,为 4
a+b                    //表达式是算术表达式的值,为 7
sqrt(a * a + b * b)    //表达式是函数调用的返回值,为 5.0,即 √(4²+ 3²)的值
```

与数学中的算术运算符类似，*、/、%属于同一优先级，高于+、-。同一优先级的运算符组成的表达式按照从左到右的顺序进行计算。可以用圆括号来改变运算的顺序。例如：

```
sqrt((a+1) * (a+1) / (2 * b))
```

sqrt 函数中的参数是一个表达式：(a+1) * (a+1)/(2 * b)，* 与/的优先级相同，自左向右先乘后除。首先计算 * 左边的(a+1)的值和 * 右边的(a+1)的值，得到一个乘积；再计算(2 * b)的值，然后将前面求得的乘积除以(2 * b)的值，得到商；最后调用 sqrt 函数求出商的平方根。

2.4.3　复合赋值运算符

复合赋值运算符由一个算术运算符与赋值运算符组合而成。以 a+=2 为例，首先计算+=右边表达式的值，然后与+=左边的变量 a 的值相加，最后将结果赋给+=左边的变量 a。

a+=2 等价于 a=a+2，a-=3 等价于 a=a-3。类似地，还有 *=、/=、%=等复合赋值运算符，例如，a*=2+3 等价于 a=a*(2+3)。

复合赋值运算符的优先级和结合性与赋值运算符相同。

2.4.4　逗号运算符

逗号运算符是一种顺序运算符，可以用于在一个表达式中顺序执行多个操作，表达式的值是最后一个操作的值。例如：

```
int a = 0, b = 0;
int x = (a = 5, b = 10, a + b);
```

本例中，逗号运算符的优先级要低于赋值运算符，因此右值要加上圆括号。依次执行 a=5、b=10、a+b，表达式的值是 a+b 的值 15，将其赋给 x，因此执行后 a 的值为 5，b 的值为 10，x 的值为 15。

逗号表达式可以在一条语句中完成多个变量赋值和计算，代码简洁，但过度使用会降低代码可读性，应谨慎使用。逗号表达式通常用于循环语句的变量初始化等操作中。

2.4.5 陷阱：算术运算的常见问题

在进行算术运算时，应注意以下几个问题。

(1) 在程序中书写数学表达式时，要注意数学表达式与程序中的表达式不同的地方，如表2-4所示。

表2-4 数学表达式与程序中的表达式的比较

数学表达式	程序中的表达式	说明
2a+3	2*a+3	2和a之间如果没有*，会被认为是一个非法的标识符
$\frac{a+b}{2}$	(a+b)/2.0	如果写成(a+b)/2，则结果是一个整数，会丢失小数部分
a+b=3	a=3−b或b=3−a或a+b==3	=是赋值运算符，左边必须是一个变量，不能是一个表达式。如果要判断表达式a+b的值是不是等于3，要使用逻辑运算符==(第3章介绍)
$\frac{2(a+b)+a^2}{3}$	((a+b)*2+a*a)/3	复杂的表达式中使用圆括号嵌套，不用方括号。 平方或立方一般用连乘形式表示，更高多次方一般用pow()函数，如pow(a,5)表示a的5次方

(2) 进行算术运算时要考虑溢出问题。

如果两个int型数的乘积过大，超过int型能表示的整数最大范围时，会产生高位溢出(高位无法保存而丢失)，导致结果不正确。例如：

```
int n = 6000;
int p = n * n;
cout << p;                    //输出结果为-694967296
```

解决大数问题有多种方法，实际使用中要根据处理数据的范围采取合适的解决办法。例如，本例中只需要修改p的数据类型为unsigned int(无符号整数)，即

```
unsigned int p = n * n;
```

运行后的结果是3600000000。

(3) 进行算术运算时要考虑异常问题，如除数为0。

使用运算符/和%时，要注意除数不能为0，否则系统运行时将发生严重的计算错误，会提前终止程序的执行，并会显示异常的结果。例如：

```
int a = 5,b = 0, c;
c = a / b;
```

执行后的结果如下：

```
--------------------------------
Process exited after 4.118 seconds with return value 3221225620
```

程序运行没有输出值，返回一个非0值(3221225620)，说明并没有执行到main()函数的return 0;语句就退出了程序。

(4) C语言的NAN错误和isnan函数。

在数学运算中，经常会出现值异常错误，如分母为 0、负数的平方根、输入值超出变量范围等，应及时发现和处理。

C 语言用宏名 NAN 表示无效数字(Not A Number)。用 isnan 函数判断一个值是否是无效的。如果是，返回非 0 值；如果不是，返回 0。例如，sqrt(－1)的返回值是 nan(不能求负数的平方根)，因此 isnan(sqrt(－1))的返回值是 1(非 0 值)。

对于浮点数，C 语言用宏名 FP_NORMAL 表示值是一个正常的浮点数，用 isnormal 函数判断一个值是否是正常的值。如果是，返回一个非 0 值；如果不是，返回 0 值。

*2.5　位运算符和表达式

位运算是直接操作内存中的位(bit)，速度快，效率高，在单片机与嵌入式系统、网络底层驱动程序与安全应用的开发等场合中经常被应用。例如，要将某个芯片的管脚清零，可以将该位与 0 做按位与操作；让 LED 灯不停闪烁，可以将该位不断取反。

2.5.1　位运算符及功能

位运算符包括 &(按位与)、|(按位或)、^(按位异或)、~(按位取反)、<<(左移)、>>(右移)，参与位运算的变量是 int 型或 char 型。表 2-5 展示了位运算符的功能以及示例，其中，a 的值为 2，b 的值为 3。

表 2-5　位运算符的功能及示例

<table>
<tr><th>位运算符</th><th>功　　能</th><th>示　　例</th><th>计算过程</th></tr>
<tr><td>&</td><td>按位与运算。两个位都为 1 时，结果为 1，否则为 0：
0&0、0&1、1&0 的值均为 0
1&1 的值为 1</td><td>a&b 的值是 2</td><td>00000010
& 00000011
00000010</td></tr>
<tr><td>|</td><td>按位或运算。两个位中有一个为 1 时结果为 1，两个位都为 0 时结果才为 0：
0|0 的值为 0
0|1、1|0、1|1 的值均为 1</td><td>a|b 的值是 3</td><td>00000010
| 00000011
00000011</td></tr>
<tr><td>^</td><td>按位异或运算。两个位不同时结果为 1，相同时结果为 0：
0^0、1^1 的值为 0
0^1、1^0 的值为 1</td><td>a^b 的值为 1</td><td>00000010
^ 00000011
00000001</td></tr>
<tr><td>~</td><td>单目运算符，运算位取反：
~0 的值为 1
~1 的值为 0</td><td>~a 的值为 1</td><td>~ 00000010
00000001</td></tr>
<tr><td><<</td><td>操作数的各二进制位全部左移 k 位，高位丢弃，低位补 0，相当于乘以 2^k</td><td>b<<2 的值是 12</td><td>b<<2　00000011
00001100</td></tr>
<tr><td>>></td><td>操作数的各二进制位全部右移若干位，低位丢弃，高位补 0 或 1(如果数据的最高位是 0，那么就补 0；如果最高位是 1，那么就补 1)，相当于除以 2^k</td><td>b>>1 的值是 1</td><td>b>>1　00000011
00000001</td></tr>
</table>

位运算符的优先级上,位移运算符低于算术运算符但高于关系运算符,其余位运算符低于关系运算符但高于逻辑运算符。例如,1<<3-1 等价于 1<<(3-1)。

2.5.2 位运算的应用

位运算直接操作数据的二进制位,可以实现一些常用的算法应用。

1. 算术运算

利用位的逻辑运算与移位运算,可以快速实现一些特殊的算术运算。例如:

(1) 一个整数 n 的奇偶性。

```
n&1
```

判断一个整数是奇数或偶数,只需要观察其二进制的最低位,如果为 1 是奇数,如果为 0 是偶数。因此,n&1 的值若是 1 表示 n 是奇数,否则是偶数。

(2) n 乘/除以 2 的 k 次幂。

```
n<<k  /  n >> k
```

根据移位运算符特点,n 左移 1 位相当于 n 乘以 2^1,因此 $n\times2^k$ 可以用 n<<k;类似地,要计算 $n/2^k$ 可以用 n>>k。

(3) 模运算 $x\%2^k$。

```
x& (2k -1)  或  x& (1 << k - 1 )
```

$x\%2^k$ 的结果等于取 x 的最低 k 位,而掩码(2^k-1)是由 k 个 1 组成的二进制值。由(2)可知,2^k可以用 1<<k 表示。

2. 位掩码

假设用一个整数 n 的各个位表示不同的状态,例如用户权限、网络 IP 地址等。如果要提取其中某几位的状态时,通常用位运算实现。主要思想是设计一个掩码,对于要保留的位设为 1,屏蔽的其余位设为 0。将掩码与 n 做位运算得到一个新整数。例如:

(1) 保留 n 的低 k 位不变,其余高位全为 0。

```
n&((1<<k)-1)
```

(1<<k)-1 表示取最低 k 位全为 1 的整数为掩码,因此与 n 作按位与运算,仅保留 n 的最低 k 位不变,其余高位全为 0。

(2) 保留 n 的低 k 位全为 0,其余高位不变。

```
n& ~((1<<k)-1)
```

将(1<<k)-1 按位取反得到的掩码为最低 k 位为 0,其余为 1。与 n 按位相与,得到低 k 位全为 0,其余高位不变。

(3) 保留 n 的第 k 位为 0,其余位不变。

```
n&~(1<<(k-1))
```

1<<(k-1)得到只有第 k 位为 1 的整数;然后按位取反,得到仅有第 k 位为 0 的掩码;最后与 n 按位与运算,仅第 k 位为 0,其余位不变。

(4) 将第 k 位置为 1,其余位不变。

```
n|~(1<<(k-1))
```

原理与(3)类似，按位或运算使得与 0 或的位保持不变，与 1 或的位变为 1。

更多的例子，请自行实验体会。

2.6 类型转换

2.6.1 隐式类型转换

在一个数学表达式中，如果运算符两边的数据类型不同，系统会自动进行数据类型转换，主要规则是按占用存储空间小(精度低)的数据类型向占用存储空间大(精度高)的数据类型转换。

1. 自动转换为类型

运算中，char 型和 short 型自动转换为 int 型，float 型自动转换为 double 型。

例如：

```
char ch = 'a'+2;
```

'a'的 ASCII 码是 97，则表达式'a'+2 的值是 97+2=99，再将整型值 99(字符'c'的 ASCII 码)转换为 char 型，赋值给变量 ch，输出 ch 时能看到字符'c'(在屏幕上显示时不显示单引号)。

bool 型与 int 型之间存在一定的转换规则，允许它们之间进行隐式的类型转换。当 bool 型转换为 int 型时，true 会被转换为整数 1，而 false 会被转换为整数 0；当 int 型转换为 bool 型时，非 0 整数被转换为 true，0 被转换为 false。

2. 混合运算时自动转换类型

当运算符两边的数据类型不同时，整数会被转换为浮点数。例如：

```
double b = 1.0 / 2;
```

计算表达式 1.0 / 2 时，先将整型常量 2 转换为 double 型 2.0，再执行除法，得到 double 型的商 0.5，再赋值给 double 型变量 b。

2.6.2 显式类型转换

有时候，根据表达式的需要，某个数据需要被按照其他数据类型来处理，这时，就需要强制编译器把变量或常量由声明时的类型强制转换成需要的类型。传统 C 风格的强制类型转换语法是：

(数据类型)表达式 或 数据类型(表达式)

例如，%要求两边的数据类型必须是 int 型，下面的代码表示强制类型转换：

```
double b = 2.0;
(int) b % 5          //或 int (b) % 5
```

例如，/两边的数据类型都是 int 型，为了保留商的小数部分，要将任何一边的数据类型强制转换为 double：

```
int a = 5 , b = 2;
double avg = double (a + b) / 2;
```

也可以利用隐式类型转换规则,让运算中包括实型常量,如修改右值表达式为(a+b)/2.0,或 1.0 * (a+b)/2 或 1.0 * (a+b)/2.0。

传统 C 风格的类型转换简单易读,但是无任何类型检查,只是简单地从一个类型解释为另一个类型,这可能会导致运行时错误,不够安全。它适用于简单数据类型,或者用户明确知道不会出现问题。C++ 11 以后抛弃了 C 风格的类型转换。

C++ 引入 4 种特定目的的强制类型转换运算符,其中最常使用的是 static_cast。与 C 风格的类型转换相比,static_cast 在编译时会进行类型检查,可以避免一些潜在的类型错误,因此具有较好的安全性。其语法如下:

static_cast<数据类型>表达式

例如:

```
int a = static_cast<int>3.5;
```

2.6.3 C++ 的类型推导

C++ 的类型推导是一个非常有用的特性,它可以帮助程序员减轻手动指定类型的负担。主要包括 auto 关键字和 decltype 关键字。

1. auto

auto 用于自动类型推导。当声明一个变量时,如果不想或不能明确指定其类型,可以使用 auto 关键字,由编译器自动推导变量的类型。例如:

```
auto x = 10;                    //推导 x 为 int 型
auto y = 3.14;                  //推导 y 为 double 型
auto result = f();              //推导 result 为函数 f 的返回类型
```

auto 使得代码更为简洁和灵活,但过度使用它可能会使代码难以阅读和理解。

2. decltype

decltype 也能够推导出表达式的类型,并将其应用于变量的声明中。形式如“decltype (x) y;”,定义变量 y,类型由 x 类型决定。例如:

```
int k;
decltype(k) x;                  //x 的类型被推导为 int 型
decltype(2+3.5) y;              //y 的类型被推导为 double 型
```

decltype 的一个常见应用是在编写函数模板时与 auto 结合,推导出函数返回值的类型,从而避免手动指定返回类型,使代码更为灵活。函数模板的定义见 11.1 节。

2.7 输入与输出

C&C++ 中不提供内在的输入输出运算符,输入和输出是通过函数或类来实现的。C++ 中提供的 cin 与 cout 对象能自动选择最适合的数据类型输入与输出,是最为简单和方便的方法。特定情况下,使用 C 的 printf 等函数的速度比较快,代码简洁。

2.7.1　C++ 的 cin 和 cout

C++ 的输出和输入是用流(stream)的方式实现的。有关流对象 cin、cout 和流运算符的定义等信息存放在 C++ 的输入输出流库(std 命名空间中的头文件 iostream)中，因此需要如下预处理命令：

```
#include<iostream>
using namespace std;
```

1. cin 语句

cin 语句实现从键盘接收用户输入的值并保存到变量中的功能。一般的语法格式为：

cin >>变量 1 [>>变量 2 >> … >>变量 n];

例如：

```
int a, b;
cin >> a >> b;
```

执行时，屏幕上的光标闪烁，等待用户输入数据。在输入数据时，多个数据之间使用空格、制表符或回车键作为分隔符，按回车键后会将所有输入值写到缓存区中，然后逐个提取数据并保存到对应的变量中。例如：

(1) 用户输入“3 4↙”(↙表示回车符)，则提取 3 写入 a 的内存中，空格作为分隔符处理，提取 4 写入 b 的内存中，将回车符放在缓存区中。3 与 4 之间使用一个空格或多个空格或制表符，处理是一样的。

(2) 用户输入“3↙”，则将 3 写入 a 的内存中，回车符作为分隔符处理，光标闪烁，等待用户继续输入数据；输入“4↙”，则将 4 写入 b 的内存中，将回车符放在缓存区中。

使用 cin 时，要注意以下几个问题。

(1) >>(提取运算符)后面只能是变量，不能出现形如"b="或 endl 的输出信息。如果需要显示输入提示信息，需要先写一条 cout 语句，然后再书写 cin 语句。例如：

```
cout <<"输入两个整数：";
cin >> a >> b;
```

(2) cin 接收混合值输入时，整数或实数之间一般要有分隔符，字符则可以有分隔符，也可以没有分隔符。例如：

```
int n1,n2;
char c1,c2;
cin >> n1 >> n2 >> c1 >> c2;
```

执行时，输入“2↙ 3ab↙”“2↙ 3 a b↙”“2↙ 3↙ a↙ b↙”的效果一样，n1 的值是 2，n2 的值是 3，c1 的值是'a'，c2 的值是'b'，最后一个换行符放在缓存区中，中间的换行符或空格等分隔符被抛弃。

(3) 输入的值要符合变量的数据类型的赋值兼容规则。例如上例中输入“23ab↙”，n1 的值是 23，因'a'无法写入 n2 中，cin 语句提前终止，n2、c1 与 c2 均未获得输入值。

(4) cin 可以输入带格式的数字。例如：

```
int n;
cin >> n;                  //默认输入的是十进制整数
cin >>hex>> n;             //输入的十六进制整数保存到 n
cin >> oct >> n;           //输入的八进制整数保存到 n
cin>> dec >> n;            //输入的十进制整数保存到 n
```

2. cout 语句

cout 语句实现输出到屏幕上。其一般的语法格式为：

cout<<表达式 1[<<表达式 2 <<…<<表达式 n];

其中：(1) 表达式可以由变量、常量、运算符、函数调用等组成。

(2) 用一对双引号("")包含 0 个或多个字符组成一个字符串常量,输出时原样输出。

(3) cout 后通过<<(流插入运算符)可以连接一个或多个表达式。

例如：

```
int score=100;
cout<<"你的分数是: ";        //输出字符串常量的值
cout<<score;                //输出变量 score 的值
cout<<"分";                  //输出字符串常量的值
```

语句运行后的结果是在屏幕上输出“你的分数是：100 分”。

上面的 3 条输出语句等价于下面的一条输出语句：

```
cout << "你的分数是: " <<score<< "分";
```

为了使代码清晰易读,可以将一条语句写成多行。例如：

```
cout << "你的分数是: "
   <<score
   << "分";
```

在 C++ 的输出语句中,可以使用字符常量'\n'表示换行,也可以使用特殊符号 endl(End of Line)。例如：

```
int a = 1, b = 2;
cout << "a=" << a << "\nb=" << b << "\n";
```

等价于

```
cout << "a=" << a << endl << "b=" << b << endl;
```

输出结果是：

```
a=1
b=2
```

3. cout 控制格式化输出

cout 输出浮点数值时,默认会根据数值的实际情况输出值,不同编译器可能会有所不同,如下面的语句：

```
double b1=100.0, b2 = 100.5, b3 = 10/3.0, b4 = 1000000;
cout << b1 << ", " << b2 << ", " << b3 << ", " << b4;
```

在 Dev-C++ 中的输出为：

```
100, 100.5, 3.33333, 1e+006
```

如果不希望输出指数形式，可以用 fixed 关键字指定用固定的小数位数形式输出。例如：

```
double x =1000000;
cout << fixed << x;        //输出 1000000.000000
```

如果对输出有一些特殊的要求，例如输出实数只保留两位小数，输出数据左对齐等，则需要特殊的格式化输出控制。C++ 的 std 命名空间中 iomanip 文件提供了 cout 输出流中使用的控制符，见表 2-6。

表 2-6　输出流中使用的控制符

控　制　符	说　　明
setfill(c)	设置填充字符 c，c 可以是字符常量或字符变量
setw(n)	设置字段宽度为 n 位
fixed	设置浮点数以固定的小数位数显示，等价于 etiosflags(ios::fixed)
scientific	设置浮点数以科学记数法显示，等价于 setiosftags(ios::scientific)
setprecision(n)	设置浮点数的精度为 n 位(有效数字位数)。在 setiosflags 以 fixed(固定小数位数)形式和 scientific(科学计数法)形式输出浮点数时，n 为小数位数
left	输出数据左对齐，等价于 setiosflags(ios::left)
right	输出数据右对齐，等价于 setiosflags(ios::right)
skipws	忽略前导的空格，等价于 setiosflags(ios::skipws)
uppercase	以十六进制形式输出时字母以大写表示，等价于 setiosflags(ios::uppercase)
lowercase	以十六进制形式输出时字母以小写表示，等价于 setiosflags(ios::lowercase)
showpos	输出正数时给出“+”号，等价于 setiosflags(ios::showpos)
dec	设置数值的基数为 10
oct	设置数值的基数为 8
hex	设置数值的基数为 16

【例 2-5】 以多种格式输出双精度数 a 的值。

```
#include<iostream>
#include<iomanip>                          //格式控制头文件
using namespace std;                       //上面的头文件都定义在 std 命名空间
int main(){
    double a=123.456789019345;         //定义 double 型变量 a 并且初始化
    cout << a << endl;
    cout<< setprecision(9) << a <<endl;
    cout << setiosflags(ios::fixed) << setprecision(8) << a << endl;
    cout<< a <<endl;
    cout << resetiosflags(ios::fixed);
```

```
11        cout << a << endl;
12        cout<<setiosflags(ios::scientific)<< setprecision(8) <<a<<endl;
13        cout<< setprecision(4) << a <<endl;
14        return 0;
15    }
```

运行结果如下：

```
123.457
123.456789
123.45678902
123.45678902
123.45679
1.23456789e+002
1.2346e+002
```

第 6 行直接输出 a 的值时，cout 自动选择合适的方案输出值；第 7 行在<<a 前面加上了 setprecision(9)，表示输出精度是 9，共 9 个有效数字；第 8 行在<<a 前面加上 setiosflags(ios::fixed)和 setprecision(8)，表示 a 是按小数形式输出并且小数点后保留 8 位；第 9 行在输出 a 时与前面相同，也就是说，一旦指定了格式，后面的内容会自动按前面的格式输出；第 10 行清除了前面的输出格式；第 11 行输出时又恢复了 cout 自动输出；第 12 行指定用指数形式输出；第 13 行修改了小数点保留位数。

注意：setprecision 等大多数格式控制是连续的，设置后会影响后面的输出；而 setw 只对下一个输出有效。

2.7.2 库函数 scanf 和 printf

在 C 语言中，stdio.h 头文件包含了与输入输出有关的库函数的声明，如 scanf 和 printf。因此在程序开头需要包含头文件 stdio.h。

```
#include<stdio.h>
```

在 C++ 中，标准库 std 命名空间兼容了 C 语言的头文件，将其改名为 cstdio。同时，这些库函数也包含在 iostream 中，因此 C++ 中包含 iostream 后可以直接使用。

1. scanf 函数

scanf 函数是格式化输入函数，它从标准输入设备(键盘)读取输入的信息。其一般格式为：

```
scanf("格式化字符串",地址表);
```

格式化字符串中一般只包含若干格式化说明符，而不包含其他字符；地址表中按顺序书写与格式化说明符相匹配的变量地址(变量名前面加 &)，用逗号分开。函数返回接收到的值的个数。例如：

```
int a=0;
double b=0;
char c= '!';
int n = scanf("%d%lf%c",&a,&b,&c);
```

scanf 函数中的双引号中有 3 个格式说明符：%d 表示要接收一个 int 型值，%lf 表示要接收一个 double 型值，%c 表示要接收一个字符。地址表按顺序分别是相匹配数据类型的变量的内存地址：&a，&b，&c。数值之间可以用一个或多个空格、制表符或回车符分隔，而字符型变量无分隔符，空格、制表符、回车符都能够保存到字符变量中。

用户输入数据后，按回车键，会将输入信息写入缓存区中，然后按照格式化说明符的要求逐个提取指定格式的值，如果格式不匹配则输入语句结束，返回实际接收的个数，剩余的输入仍然保存在缓冲区中。例如：

(1) 用户输入“2 3h↙”后，这些信息写入缓存区中。按照格式要求，第 1 个%d 读取 2 到变量 a 的内存中；第 2 个%lf 读取实数，空格作为分隔符，因此将 3 写到变量 b 的内存中；第 3 个%c 读取一个字符，空格回车都是有效字符，因此将'h'写到变量 c 中，函数返回值为 3 写到变量 n 中，换行符保留在缓存区中。

(2) 用户输入“2 3 h↙”后，3 后面的空格被写到变量 c 中，因此 a 的值为 2，b 的值为 3.0，c 的值为' '，函数返回 3。

(3) 用户输入“2↙3↙h↙”后，2 后面的换行符是分隔符，3 后面的换行符被写到变量 c 中，因此 a 的值为 2，b 的值为 3.0，c 的值为'\n'，函数返回 3。

(4) 输入“2.5h↙”后停止输入，因为.作为实数小数点，编译器将 2 写入 a 中，0.5 写入变量 b 中，将'h'写入变量 c 中，函数返回值为 3。

(5) 输入“2，3，h↙”后，a 的值为 2，b 无法接收逗号，格式不匹配，输入结束，b 与 c 未接收到值，函数返回 1。

如果 scanf 函数中的格式化字符串中包含格式说明符之外的普通字符，则用户必须原样输入该字符，否则读取会失败。例如“scanf("%d，%lf"，&a，&b)；”，由于格式说明符之间有一个逗号，则用户输入时必须用逗号分隔。如果输入“3，2”则读取 3 写到变量 a 中，读取 2 写到变量 b 中；如果输入“3 2↙”“3↙2↙”等，都会造成部分读取失败，失败剩余内容保留在缓存区中。

scanf 函数的正确书写非常重要。如果格式错误或不匹配用户输入，变量未成功接收值，会对运行结果产生很严重的影响，错误也比较隐蔽，不容易被发现。因此当运行结果不正确时，首先要检查 scanf 函数的写法是否正确，可以增加 printf 语句输出变量的值来检验变量是否得到了用户的输入，也可以输出 scanf 函数返回值观察是否完成输入。

格式控制符还有很多，本书中不做详细阐述，在实验示例中会有补充介绍。

2. printf 函数

printf 函数是格式化输出函数，按规定格式向标准输出设备输出信息。其一般格式为：

```
printf("格式化字符串", 参数表);
```

其中：(1) 格式化字符串包括两部分内容：正常字符按原样输出；格式化规定字符以%开始，后跟一个或几个特定字符，用来确定输出内容格式。

(2) 参数表是需要输出的一系列参数，其个数必须与格式化字符串所列出的输出参数个数保持一致，且各参数之间用逗号分开，并与格式化字符串中各参数的顺序对应。

格式化说明符如表 2-7 所示。

表 2-7 格式化说明符

符　号	作　　用	符　号	作　　用
%d,%ld	十进制有符号整数(short 或 int,long)	%p	指针的值
%u	十进制无符号整数	%e	指数形式的浮点数
%f,%lf	浮点数(float,double)	%x 或%X	以十六进制表示的无符号整数
%c	单个字符(char)	%o	以八进制表示的无符号整数
%s	字符串	%g	自动选择合适的表示法

例如,“printf("Divided By Zero!\n");”的双引号中全部是普通字符,因此原样输出。

又如,“printf("quotient=%g", val);”的双引号中的普通字符会原样输出,格式化说明符%g 与 double 型的 val 对应,输出 val 的值,不显示小数点后多余的 0。

注意:双引号中的格式化字符串必须与后面的参数的数据类型一致。例如,将 printf 语句中的%g 改为%d,因类型不匹配,则运行结果是 quotient=0,看不到实际的 val 值。

3. printf 控制格式化输出

printf 函数在输出时,在格式符中允许增加输出的格式化控制信息。例如:

```
double a = 123.456789012345;
printf("%.2lf, %10.2lf, %-10.2lf!", a, a, a);
```

输出为:

```
123.46,123.46, 123.46   !
```

%.2lf 表示输出的浮点数保留两位小数,则输出 123.46;%10.2lf 表示输出的浮点数宽度为 10 位,精度为保留两位小数,若实际的数值小于 10 位,默认右对齐,左边补空格,则输出“   123.46”(左边有 4 个空格);%-10.2f 与%10.2f 类似,区别是右边补空格,则输出“123.46   ”(右边有 4 个空格)。

```
int n=123;
printf("%5d,%-5d,%05d", n, n, n);
```

输出为:

```
123,123  ,00123
```

%5d 表示输出的整数宽度占 5 位,若实际的数值小于 5 位,默认右对齐,左边补空格,则输出“ 123”(左边有 2 个空格);%-5d 与%5d 类似,右边补空格,则输出“123 ”(右边有 2 个空格);%05d 中的 0 表示多余的空位用 0 填补,因此 00123。

*2.7.3　C++ 20 的 format 格式化

在 C++ 20 中引入 std::format 标准库,实现了类似于 print 风格的格式化输出机制,同时提供了类型安全。format 函数返回 string 类型。下面通过示例了解 format 用法。

【例 2-6】 C++ 20 的 format 格式化输出示例。

```
#include<format>
#include<iostream>
```

```
using namespace std;
int main() {
    int num = 2;
    double value = 3.593;
    string name = "Alice";
    string output = format("num:{},value:{:.2f},name:{}",num,value,name);
    cout << output;
    cout<<format("num:{0},value:{2:.2f},name:{1}",num,name,value);
    return 0;
}
```

format 函数在格式化字符串中通过{}表示参数表中的下一个参数值。{}内部隐含两部分,用冒号分隔,冒号后面表示输出格式,例如,{:.2f}表示小数点保留 2 位;冒号前面表示参数顺序,为空表示按参数表顺序,本例中,第一个 format 按参数顺序输出参数值;第二个 format 中参数顺序为 0,2,1,对应输出相应位置参数的值,两者输出结果都是 num:2,value:3.59,name:Alice。

2.7.4　一个字符的输入与输出

1. C++ 的一个字符输入与输出

C++ 中推荐使用 cin.get 方法读取单个字符,使用 cout.put 方法输出单个字符,因为它们更具有类型安全性和使用方便性。

cin.get 是 C++ 输入流对象 cin 的方法,用于从标准输入(通常是键盘)读取下一个字符,并返回 istream 流对象 cin。该方法会读取用户输入的所有字符,包括空格、制表符和换行符,不像 cin >>操作符会将空格作为输入的分隔符。cin.get 方法分为两种写法。例如:

```
char ch;
cin.get(ch);        //读取键盘输入的字符存储在变量 ch 中,返回 istream 流对象 cin
cin.get();          //读取键盘输入的字符,返回 istream 流对象 cin,一般读取要忽略的字符
```

cout.put 方法与 cin.get 方法对应,是 C++ 输出流对象 cout 的方法,用于向标准输出(通常是显示器)显示一个字符。例如:

```
cout.put(ch);
```

2. C 库函数中的一个字符的输出

C 语言库函数中有几个特殊的函数: getch、getchar 和 putchar。

(1) getchar 函数。getchar 是标准 C 库函数,使用时可以声明包含文件 iostream 或 stdio.h。该函数用于从标准输入(通常是键盘)读取下一个可用的字符,当用户输入回车符时以 int 类型返回输入字符的 ASCII 码值,一般将函数返回值保存给 char 或 int 型变量。例如:

```
char ch;            //定义一个字符型变量 ch
ch = getchar();     //等价于 scanf("%c", &ch);
```

getchar()与 scanf 函数使用"%c"格式的作用基本相同,均可以接收空格、制表键、回车符。因此在使用时要注意前面是否有整数或浮点数的输入语句,如果有,一般要写两次输入语句,第一句接收回车符,第二句接收实际字符。

(2) getch 函数。getch 是一个非标准函数,通常在 Windows 平台的编程中使用,包含在 conio.h 库。getch 与 getchar 类似,但是 getch 在用户输入字符后立即返回,无需按回车符。例如:

```
printf("按任意键返回...\n");
char ch = getch();
printf("您输入的字符是: %d\n", ch);
```

运行时显示“按任意键返回...”,当用户按任意键(如空格)时输出“您输入的字符是: 32”。

(3) putchar 函数。putchar 函数与 getchar 函数对应,是 C 语言的标准库函数,用来输出一个字符。例如:

```
putchar('a ');          //输出常量'a '到屏幕
putchar(ch);            //输出变量 ch 对应的 ASCII 字符到屏幕
```

2.8 实用知识:常用的数学库函数

库函数是学习高级语言程序设计并将其应用于实际的关键。学会调用已有的库函数,学会自定义函数都是极其重要的。因为一个函数就是一个基本功能模块,拥有的基础模块越多,能实现的应用功能就越强大。

C 语言中使用的标准库文件是以.h 为扩展名的文件,而 C++ 兼容了 C 语言的函数库并放到 std 命名空间中,将 C 语言的标准库文件名去掉.h,在文件名前面加上小写 c。例如数学函数库,C 语言中为 math.h,C++ 中为 std 命名空间的 cmath。本节介绍两个数学应用中经常会用到的函数和实用的算法应用。

2.8.1 欧氏距离计算两个坐标点距离

欧几里得度量(euclidean metric)(也称欧氏距离)是人工智能(AI)和机器学习(ML)领域中常见的一种基础概念。欧氏距离指在 m 维空间中两个点之间的真实距离,或者向量的自然长度(即该点到原点的距离),广泛应用于聚类分析、分类算法、推荐系统、计算机视觉等场景。以平面坐标点为例,假设两个点 A、B,坐标分别为(x_1,y_1)、(x_2,y_2),则 A 和 B 两点之间的距离的公式为:

$$d=\sqrt{(x_1-x_2)^2+(y_1-y_2)^2}$$

公式中用到了平方与平方根的计算,可以使用数学标准库 cmath 中的 pow 函数与 sqrt 函数。它们的原型声明是:

```
double pow(double x,double y);          //返回 x^y
double sqrt(double x);                  //返回√x
```

【例 2-7】 pow 与 sqrt 函数举例——欧氏距离法两点之间的距离。

算法分析:

(1) 程序的流程:输入 4 个 double 型值(两点的坐标)→处理(计算两点的距离)→输出 1 个 double 型值(距离)。

(2) 定义 4 个 double 型变量,分别保存两个点的坐标,如 double x1, x2, x3, x4;(注

意，变量名必须是合法的标识符，不能有下标形式）。

(3) 数学表达式 x^2（x 的平方）可以表示为 x * x，也可以调用 cmath 函数库中的函数 pow(x,2)实现。

(4) 数学表达式 $\sqrt{x}$（x 的平方根）可以调用 cmath 函数库中的函数 sqrt(x)实现。

(5) 数学表达式 d 转换为程序语句：d=sqrt(pow(x1−x2,2)+pow(y1−y2,2))。

完整的代码如下：

```
#include<iostream>
#include<cmath>
using namespace std;
int main(){
    double x1, y1, x2, y2;
    cin >> x1 >> y1 >> x2 >> y2;
    double d = sqrt (pow (x1 - x2, 2) + pow (y1 - y2, 2));
    cout << d;
    return 0;
}
```

运行时的输入数据和输出结果如下：

```
1 1↙
2 3↙
2.23607
```

运行时，第 1 行输入第一个点的坐标，第 2 行输入第二个点的坐标，第 3 行输出两个点的距离。输入时，数值之间可以用空格、制表符或回车符分隔，效果相同。为了程序运行的清楚及美观，建议在程序中的输入及输出部分增加适当的输出提示信息。

2.8.2　半正矢法计算两个经纬度点的距离

半正矢法(Haversine)用于计算两个经纬度点的距离，在物流规划、预报模型、目标分布等多个科研领域都有广泛应用。经纬度是一种地理坐标系统，它使用度数来表示地球上的位置。半正矢法计算两点距离的公式为：

$$a = \sin^2\left(\frac{\text{lat2} - \text{lat1}}{2}\right) + \cos(\text{lat1}) \times \cos(\text{lat2}) \times \sin^2\left(\frac{\text{lon2} - \text{lon1}}{2}\right)$$

$$\text{dis} = 2 * R * \text{atan2}(\sqrt{a}, \sqrt{1-a})$$

其中，R 是地球半径，单位为 m，一般取地球平均半径值为 6371km；lat1 与 lon1 表示第一个点的纬度和经度，lat2、lon2 表示第二个点的纬度和经度，atan2、sin、cos 分别是三角函数中的反正切、正弦、余弦函数，都包含在 cmath 中。atan2 的函数原型是：

```
double atan2(double y, double x);            //返回点(x,y)与 x 的夹角,返回单位为弧度
```

sin()和 cos()等三角函数在坐标变换中的应用十分广泛，主要用于计算角度旋转、构造变换矩阵以及模拟周期性运动等操作。sin 函数的原型声明是：

```
double sin(double x);            //参数 x 是弧度,即 角度×π/180。函数返回 x 的正弦值
```

cos 函数声明的参数类型、个数与返回值与 sin()函数一样。因为 cos(π)的值是−1，数学中的 π 值可以用 acos(−1)表示。

【例 2-8】 三角函数举例——半正矢法计算两个经纬度点的距离。

```
#include<iostream>
#include<cmath>
using namespace std;
int main(){
    double la1, lo1, la2, lo2;                        //定义两个点的纬度,经度
    cin >> la1 >> lo1>>la2>>lo2;                      //输入两个点的纬度经度,单位:角度
    const double PI = acos(-1);                       //常量 PI: 圆周率
    const double R = 6371000;                         //常量 R: 地球半径,单位: m
                                                      //将角度转换为弧度
    double la1_rad = la1 * PI / 180, lo1_rad = lo1 * PI / 180;
    double la2_rad = la2 * PI / 180, lo2_rad = lo2 * PI / 180;
                                                      //半正矢法计算距离
    double dla = (la2_rad - la1_rad) / 2;   //纬度之差除以 2
    double dlo = (lo2_rad - lo1_rad) / 2;   //经度之差除以 2
    double a=sin(dla) * sin(dla)+cos(la1_rad) * cos(la2_rad) * sin(dlo) * sin(dlo);
    double dis = 2 * R * atan2(sqrt(a), sqrt(1-a));        //距离
    printf("(%.2f,%.2f)到(%.2f,%.2f)距离:%.2f 米\n",la1,lo1,la2,lo2,dis);
    return 0;
}
```

运行结果如下：

```
30.12 120.34↙
31.13 121.45↙
(30.12,120.34)到(31.13,121.45)距离:154573.24 米
```

2.9 简单程序算法及应用

2.9.1 交换两个整数的值

【例 2-9】 交换两个整数的值。例如,已知 a=3,b=4,交换后 a 为 4,b 为 3。

输入：两个整数,用空格、回车符或制表符分隔。

输出：交换后的两个整数。

算法分析：本题有多重解法。①声明一个临时变量,作为交换的临时空间,经过 3 次赋值实现交换;②利用数学运算交换;③利用位运算交换;④使用 C++ 标准库函数。

算法①利用一个相同类型的额外变量。程序如下：

```
#include<iostream>
using namespace std;
int main(){
    int a, b, temp;
    cin>> a >>b;
    temp = a;
    a = b;
    b = temp;
    cout<<a<<" "<<b;
    return 0;
}
```

程序运行时的输入数据和输出结果示例：

```
4 3↙
3 4
```

代码第 6～8 行是交换两个整数的核心代码。两个数交换的过程如下所示。

第 5 行执行后

a	4
b	3
temp	随机值

第 6 行：temp＝a；

a	4
b	3
temp	4

第 7 行：a＝b；

a	3
b	3
temp	4

第 8 行：b＝temp；

a	3
b	4
temp	4

这个算法是最常用的方法，利用一个相同类型的变量来临时存储交换过程的中间数据。

算法②利用数学运算。将第 6～8 行修改为下面的 3 行：

```
a = a + b;
b = a - b;
a = a - b;
```

不需要临时变量，也能实现两个数的交换。这 3 条语句的执行过程如下。

第 5 行执行后

a	4
b	3

第 6 行：a＝a＋b；

a	7
b	3

第 7 行：b＝a－b；

a	7
b	4

第 8 行：a＝a－b；

a	3
b	4

可以看到，执行 a＝a＋b；后，a 的值是两个整数的和，再减去 b 就是原来的 a 的值，减去 a 就是原来 b 的值。

算法③利用位运算的异或运算。将第 6～8 行修改为下面的 3 行：

```
a = a ^ b;
b = a ^ b;          //等价于 b = (a^b) ^ b,值为 a,将 a 赋值给 b
a = a ^ b;          //等价于 a = (a^b) ^ a,值为 b,将 b 赋值给 a
```

算法④使用 C++ 的 iostream 中包含的 swap 函数。将第 6～8 行修改为下面的 1 行：

```
swap(a,b);
```

2.9.2　字母加密

【例 2-10】　将一个大写字母替换为字母表中向右循环移动 3 个位置的大写字母。

这是一个简单的加密算法应用：用户输入一个大写字母，用一个固定距离的大写字母替换后输出。替换字母是原字母循环右数第 3 个位置的字母，即'A'替换为'D'，'B'替换为'E'，…，'X'替换为'A'，'Y'替换为'B'，'Z'替换为'C'，如表 2-8 所示。

表 2-8　原始字母和按规则（向右循环移动 3 个位置）替换后的字母的对应关系

原始字符	A	B	C	……	X	Y	Z
替换后的字符	D	E	F	……	A	B	C

算法分析：字符型在计算机中保存的是对应的 ASCII 值，允许进行数学计算。将一个

字母的ASCII码值加3即可得到其右数第3个位置的字母的ASCII码值。但是,'X'怎样替换为'A'呢?

考虑数学中的替换需求:假设有26个整数0,1,2,…,25,如何求一个整数向右循环移3个位置后的整数?答案是:

$$(x + 3) \% 26$$

利用数学符号%,可以很方便地实现循环右移n个位置的算法。

在本例中,定义一个字符型变量c1保存输入的大写字母,则c1-'A'得到了c1距离'A'的位置d,d是一个0~25的整数,(d + 3) % 26就是向右循环移3个位置的大写字母的位置,再加上'A'就得到了替换后的大写字母的ASCII码值。

完整的表达式为:

(c1-'A' + 3) % 26 + 'A'

完整的代码如下:

```
#include<iostream>
using namespace std;
int main(){
   char c1,c2;
   cin >> c1;
   c2 = (c1 - 'A' + 3) % 26 + 'A';
   cout << c2;
   return 0;
}
```

运行结果如下:

```
第一次运行:
A↙
D
第二次运行:
Z↙
C
```

2.10 练习与思考

2-1 编写一个程序,计算三位整数的各位数字之和。例如输入123,输出6。

2-2 请写出计算理想体重的程序。计算理想体重(kg)的公式为:身高×(1-F)。其中,身高单位为cm,F是符号常量,值为0.618(黄金分割)。例如,165×(1-0.618)的值为63.03。

2-3 将以华氏度为单位的温度 f 转换为摄氏度为单位的温度 c。二者间的转换公式为:

$$c = \frac{5}{9}(f - 32)$$

2-4 输入极坐标的 r 与 θ(θ 单位为角度),将极坐标(r,θ)转换为直角坐标(X,Y)输出。

说明：极坐标转换为直角坐标的转换公式是 $x=r\cos\theta, y=r\sin\theta$。

2-5　编写一个程序，输入一个秒数，输出秒数对应的时、分、秒。要求以 24h 制输出结果，即输出结果的范围为 0:0:0—23:59:59。例如，用户输入 135，输出 0:2:15；输入 90000，输出 1:0:0（而不能输出 25:0:0）。提示：充分利用整数的%与/运算符特点。

2-6　输入一个整数，输出它的八进制、十六进制值。例如，95 的八进制是 137，十六进制是 5f。

2-7　下面标识符中合法的是（　　）。

① Main　② cout_1　③ 2float　④ -down　⑤ abcd　⑥ @cugb

A. ①②③⑤　B. ①②④⑤　C. ①②⑤　D. ①②③④⑤

2-8　下面对符号常量的定义中正确的是（　　）。

A. const int N;　B. const N;

C. const N=5;　D. const int N=1;

2-9　执行下面的程序段：

```
int x,y;
cin >> x >> y;
```

给 x、y 赋值时，不能作为数据分隔符的是（　　）。

A. 回车符　B. 空格　C. 制表符　D. 逗号

2-10　设 d 为字符变量，下列表达式中不正确的是（　　）。

A. d=110　B. d="n"　C. d='n'　D. d='\n'

2-11　在 C 或 C++ 语言中，运算对象必须是整型数的运算符是（　　）。

A. /　B. %和/　C. *　D. %

2-12　下面程序段的运行结果是（　　）。

```
#define N1 10+5
const int N2 = 10 + 5;
cout << N1 << "," << N2 << ";" << N1 * 2 << "," << N2 * 2;
```

A. 15,15;20,20　B. 15,15;30,30

C. 15,15;20,30　D. 15,15;30,20

2-13　表达式（　　）的结果是保留整数 n 的低 4 位不变，其余高位全为 0。

A. n & 15　B. n | 15　C. n ^ 15　D. n & ~15

2-14　表达式 17/5+17.0/5-17%5 的值等于________。

2-15　表达式 1<<5 的值是十进制的整数________。

第3章 选择结构及相关表达式

程序由 3 种基本结构组成：顺序结构、选择结构和循环结构。第 2 章介绍了顺序结构，本章将介绍选择结构。选择结构又称分支结构，它在程序执行中根据条件判断的结果来控制程序的流程。

3.1 选择结构

程序执行过程中，经常需要进行条件判断，根据判断结果进行不同的处理，形成多个分支。假如一门课程的及格分数线定为 60 分，那么当输入一个学生的分数后，成绩如果大于或等于 60 分，则显示“通过”，否则显示“不通过”。程序流程图如图 3-1 所示。

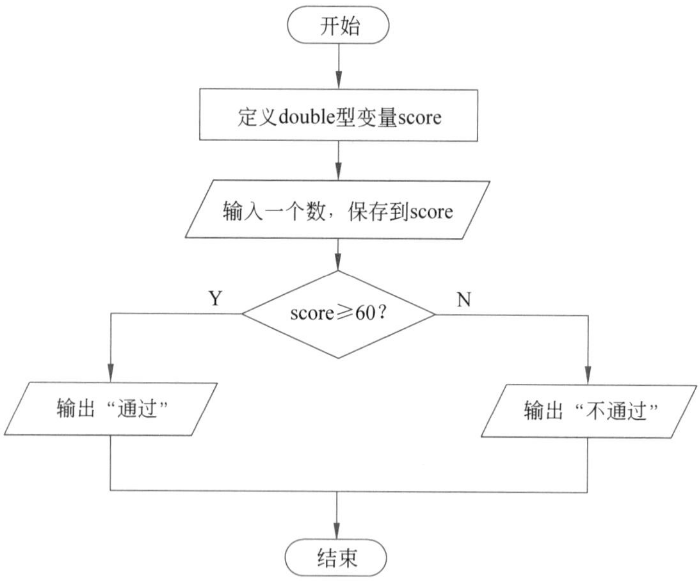

图 3-1　选择结构程序流程图

选择结构中的判断条件通常是使用关系运算符或逻辑运算符的表达式，因此，本章先学习关系运算符和逻辑运算符，再学习用 if 语句或 switch 语句来控制程序的流程。

3.2 关系运算符和关系表达式

3.2.1 关系运算符

比较两个值的运算符称为关系运算符。程序中经常需要比较两个值的大小，根据结果决定程序的下一步。例如，比较成绩与 60 分的大小，若成绩≥60 输出“通过”，若成绩＜60 输出“不通过”。

C&C++ 的关系运算符有 6 个，如表 3-1 所示。

表 3-1　关系运算符

<table>
<tr><th>关系运算符</th><th>说　明</th><th>优 先 级</th></tr>
<tr><td>＞</td><td>大于</td><td rowspan="4">相同
低于＋、－、*、/、%
高于＝
高于＝＝、!＝</td></tr>
<tr><td>＞＝</td><td>大于或等于</td></tr>
<tr><td>＜</td><td>小于</td></tr>
<tr><td>＜＝</td><td>小于或等于</td></tr>
<tr><td>＝＝</td><td>等于</td><td rowspan="2">相同
低于＋、－、*、/、%
高于＝
低于＞、＞＝、＜、＜＝</td></tr>
<tr><td>!＝</td><td>不等于</td></tr>
</table>

关系运算符是双目运算符，结合性为左结合。＜，＜＝，＞，＞＝ 的优先级相同，高于＝＝和!＝，＝＝和!＝的优先级相同。关系运算符的优先级低于算术运算符，高于赋值运算符。

例如：

(1) c ＞ a ＋ b 等价于 c ＞ (a ＋ b)。

(2) a ＞ b ＝＝ c 等价于 (a ＞ b) ＝＝ c。

(3) a ＝＝ b ＜ c 等价于 a ＝＝ (b ＜ c)。

(4) a ＝ b ＞ c 等价于 a ＝ (b ＞ c)。

3.2.2 关系表达式及应用

关系表达式用关系运算符将表达式连接起来。一般形式为：

表达式　关系运算符　表达式

任何表达式都可以用关系运算符连接。例如，下面都是合法的关系表达式：

```
a > b
a + b > b + c
(a == 3) > (b == 5)
'a' <'b'
```

关系表达式的值是逻辑真或假，真对应整数 1 或布尔型 true，假对应整数 0 或布尔型 false。

例如：

(1) 5 > 0。值为“真”，表达式的结果为 1(true)。

(2) (a = 3) > (b = 5)。第一个圆括号内表达式的值是 a 的值，将 3 赋给 a；第二个圆括号内表达式的值是 b 的值，将 5 赋给 b；然后判断 3>5，值为假，该表达式的结果为 0 (false)。

(3) 'a' < 'b'。字符'a'的 ASCII 码值小于'b'的 ASCII 码值，因此表达式的结果为 1 (true)。

3.2.3 陷阱：关系表达式的常见问题

在实际应用中，要注意以下几种与数学应用不同的情况。

(1) 10 <= a <= 20。它在数学中的含义是 a 的值在 10～20 且包含 10 和 20，但是在程序中这个表达式永远为真。按照计算机的运算规则，首先计算表达式 10<=a，得到的值要么为真(1) 要么为假(0)，而无论 1 或 0 都一定小于或等于 20。要想表达 10 <= a 和 a <= 20 两个条件同时成立，要使用逻辑运算符 && 连接这两个条件，正确的表达式是 10 <= a && a <= 20，逻辑运算符见 3.3 节。

(2) ==与=的区别。例如，a==2 是一个关系表达式，判断 a 与 2 是否相等，结果为真或假；而 a=2 是一个赋值表达式，将 2 赋值给=左边的变量，表达式的值为 a 的值，即 2。程序认为 a=2 和 a==2 的语法都是正确的，所以书写时要注意，判断相等时要用两个等号(==)，赋值表达式使用一个等号(=)。

(3) 判断两个实数是否相等，通常不用==或!=，而是要判断是否在精度范围内。例如：

```
double a = 0.333, b = 1/3.0;
double eps = 0.000001;          //定义一个精度
```

fabs (a-b) < eps 为真表示 a 的值等于 b(a 与 b 的值相差在精度范围内)。fab 是 cmath 函数库中的函数，作用是求浮点数的绝对值。

3.3 逻辑运算符和逻辑表达式

3.3.1 逻辑运算符

现实生活中判断的条件可能是复杂的条件，需要对多个条件综合判断后才能得到结果。例如，闰年的判断条件是“四年一闰，百年不闰，四百年再闰”，即闰年要满足下面两个条件之一：①能被 4 整除但是不能被 100 整除；②能被 400 整除。判断能否整除是关系表达式，几个关系表达式之间存在“并且”“或”的关系，这些关系就要用逻辑运算符表示。

C&C++ 中提供了 3 种逻辑运算符，如表 3-2 所示。

表 3-2　逻辑运算符

逻辑运算符	说　明	举　　例
&&	逻辑与	a>b && a>c(a 大于 b 并且 a 大于 c 时为“真”,否则为“假”)
||	逻辑或	a>0||b>0(a 大于 0 或者 b 大于 0 时为“真”,否则为“假”)
!	逻辑非	!0(0 是“假”,则!0 的值是“真”)

逻辑与运算符 && 和逻辑或运算符||均为双目运算符,具有左结合性。逻辑非运算符!为单目运算符,具有右结合性。逻辑运算符和其他运算符的优先级从高到低是:

! → 算术运算符 → 关系运算符→&& → || → =

例如:

(1) a > b && c > d 等价于 (a > b) && (c > d)。

(2) !b == c || d < a 等价于 ((! b) == c) || (d < a)。

(3) a + b > c && x + y < b 等价于 (((a + b) > c) && ((x + y) < b))。

3.3.2　逻辑表达式及应用

将两个表达式用逻辑运算符连接起来就成为一个逻辑表达式,3.3.1 节的几个式子就是逻辑表达式。逻辑表达式的一般形式可以表示为:

表达式　逻辑运算符　表达式

逻辑表达式的值是逻辑真或逻辑假,真对应整数 1 或布尔型 true,假对应整数 0 或布尔型 false。关系表达式、赋值表达式、算术表达式、函数调用表达式等任何表达式都可以用逻辑运算符连接。判断一个条件是真还是假时,非 0 值代表真,0 值代表假。例如,在 3+2 == 5 && 2 + 3 中,3+2==5 是关系表达式,值为 1(true),2+3 是算术表达式,值为 5(非 0 值),在逻辑运算中取值为 1(true),所以逻辑 && 的值为 1(true)。

逻辑运算具有“短路计算”机制。在逻辑运算时,计算机只要确定表达式的最终结果,就不会再计算表达式的其余部分。例如,若 a=4,b=5,c=0,则:

(1) 0 && a<b,值为 0。0 与任何值逻辑与的结果都是假,不会判断 4<5 的结果。

(2) !a,值为 0。因为 a 的值是非 0,为真,非真是假。

(3) a && b,值为 1。因为 a 和 b 的值都是非 0(真),逻辑与的结果也是真。

(4) !c || b,值为 1。因为!c 的值为真,逻辑或的结果也是真(不用看 b 的值)。

【例 3-1】　写出判断某一年(year)是否为闰年的条件表达式。

闰年要满足下面两个条件之一:①能被 4 整除但是不能被 100 整除;②能被 400 整除。例如,2000 年、2004 年是闰年,而 1900 年、2005 年不是闰年。

可以用一个逻辑表达式来表示上面两个条件,表达式的值为 1(true)则 year 是闰年,否则不是闰年:

```
(year % 4 == 0 && year % 100 != 0) || (year % 400 == 0)
```

当给定 year 为某一整数值时,如果上述表达式值为真(即表达式值为 1),则 year 是闰年;否则 year 不是闰年。

3.4　if语句

实现选择结构主要使用if语句。if语句根据表达式的值来决定执行哪一个分支。

3.4.1　标准if…else…语句

标准的if…else语句的一般使用形式如下：

```
if(表达式)
    语句1
else
    语句2
```

if…else语句在执行时首先判断if后面表达式的值，为真则执行语句1，为假则执行语句2，如图3-2所示。if和else后面只能是逻辑上的一条语句(有多条语句时要加上花括号变成复合语句)。

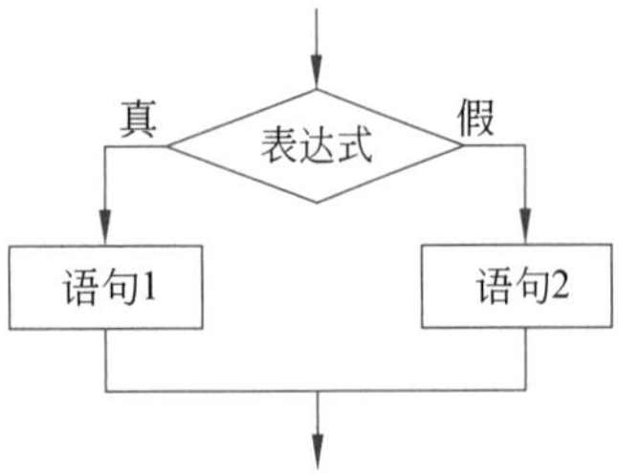

图3-2　if…else语句执行过程的流程图

书写if…else语句时要注意几个问题：

(1) if后面的表达式可以是任何一种表达式，表达式的值非0则为真，0为假。

(2) if后面的表达式要用一对圆括号括起来。

(3) if后面的语句只能是逻辑上的一条语句，可以是空语句，也可以是复合语句。一般为了防止出错，即使一条语句也建议加上一对花括号。

(4) else后面没有表达式。else后面的语句只能是逻辑上的一条语句，可以是空语句，也可以是复合语句。一般为了防止出错，即使一条语句，也建议加上一对花括号。

【例3-2】　输入一个分数(0～100)，如分数不低于60，提示Pass，否则提示Fail。

一共有两个分支，使用if…else结构。源代码如下：

```
#include<iostream>
using namespace std;
int main(){
    int grade;
    cout << "Enter a grade(0-100):";
    cin >> grade;
    if (grade >= 60)
        cout << "Pass\n";
    else
        cout << "Fail\n";
    return 0;
}
```

运行结果如下：

```
Enter a grade(0-100):75↙
Pass
```

注意：条件表达式一定要写到if后面的圆括号内，如果条件表达式单独作为一条语句出现，是不能控制流程的。例如，下面是错误的代码段：

```
int grade;
cin >> grade;
grade >= 60;
if (grade)
    cout << "Pass\n";
else
    cout << "Fail\n";
```

表达式 grade >= 60 的结果无论是真或假，语句都结束了，并没有记录或处理。接下来的 if 语句中判断条件是 grade，也就是说，grade! =0 是否为真，这与判断 grade 大于或等于 60 的要求不符。

3.4.2　简单的 if 语句

if 语句可以只有 if 一个分支，当不满足条件时就什么都不做。语法形式为：

```
if(表达式)
    语句
```

与标准 if…else 语句类似，if 后面只能是逻辑上的一条语句。其执行过程如图 3-3 所示。

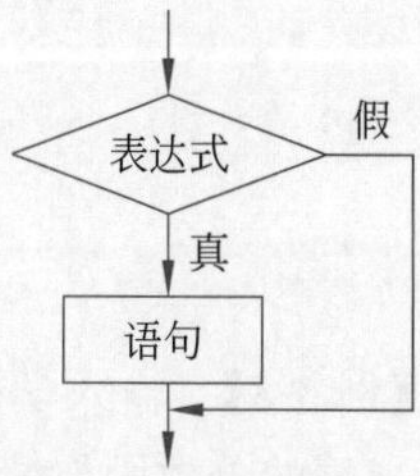

图 3-3　简单 if 语句执行过程的流程图

例如，若 x > y 为真，则执行语句输出 x 的值，否则就不输出 x 的值。if 语句如下：

```
if (x > y)
    cout << x << endl;
```

3.4.3　复杂的 if…else if…else 语句

当有多个分支选择时，可采用一条 if…else if…else 语句，else if 允许有多个，每个 else if 后面都要有表达式。其一般形式为：

```
if (表达式 1)
    语句 1
else if (表达式 2)
    语句 2
⋮
else if (表达式 n)
    语句 n
else
    语句 n+1
```

if…else if…else 语句在执行时，首先判断 if 后面的表达式 1 的值，若值为真，执行语句 1，语句结束；若值为假，判断表达式 2 的值，若值为真，执行语句 2……，如果所有 if 后面的条件都为假，执行最后的 else 后面的语句 $n+1$。同样地，if 与 else 后面的所有语句都只能是逻辑上的一条语句。

if…else if…else 语句的执行过程流程图如图 3-4 所示。

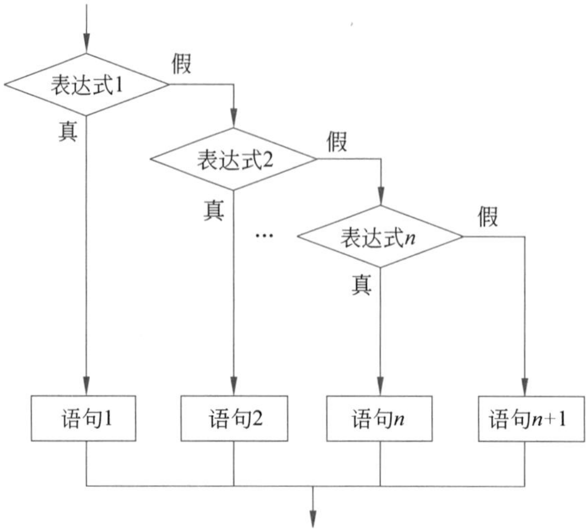

图 3-4 if…else if…else 语句的执行过程流程图

【例 3-3】 输入学生的百分制成绩,计算并输出绩点。

成绩的分数段与绩点的对应关系如表 3-3 所示。例如,95 分绩点为 4,89.6 分绩点为 3.5。

注意:成绩无四舍五入,例如 89.6 属于 85~89 分数段。

表 3-3 分数段与绩点的对应关系

分数段	90~100	85~89	80~84	75~79	70~74	65~69	60~65	0~59
绩点	4	3.5	3	2.5	2	1.5	1	0

算法分析:假定成绩为 x,绩点为 y,则 x 与 y 之间的计算公式为:

$$y=f(x)=\begin{cases}4, & 90\leqslant x\leqslant 100\\ \text{int}(x)/5*5/10.0-5, & 60\leqslant x<90\\ 0, & x<60\end{cases}$$

表达式 int(x)/5 * 5 的作用是计算成绩所属分数段的最低值。例如,int(89.6)的值是 86,86/5 的值是 17,17 * 5 的值是 85。然后在通过除以 10.0 后减 5 得到绩点。类似方法,int(x)/10 * 10 是计算成绩按 10 分分段的最低值。

本算法的计算公式有多个分支,因此用 if…else if…else 来实现,注意表达式的写法(见 3.2 节中的类似例子)。代码段如下:

```
float x;                                  //定义成绩
cin >> x;                                 //输入百分制成绩(0-100)
float y=0;                                //定义绩点
if (x < 60)
    y = 0;
else if (x < 90)                          //等价于 x>=60 && x<90
    y = 4-(90-int(x)/5*5)/5*0.5;
else if (x <= 100)                        //等价于 x>=90 && x<=100
    y = 4;
cout << "绩点:" << y;
```

3.4.4　if 语句的嵌套

if 语句中执行分支的语句可以是任何一条语句，如果这条语句是另一个 if 语句，则称为 if 语句的嵌套。其一般形式如下：

```
if(表达式 1)
    if(表达式 2)
        语句 1
    else
        语句 2
else
    if(表达式 3)
        语句 3
    else
        语句 4
```

注意：

(1) 外层 if 语句必须完整地包含内层的选择语句，缩进书写有助于看清包含关系。

(2) else 总是和离它最近且未和任何 else 配对的 if 进行配对，和代码的缩进无关。缩进的作用只是使代码富有层次感，美观易读。

(3) if 语句可以是标准的 if…else 语句，也可以是简单的 if 语句，还可以是复杂的 if…else if…else 语句。最好为每一层内嵌的 if 语句都加上花括号，变成复合语句，这样可以避免很多不必要的错误。例如：

```
if(表达式 1){
    if (表达式 2) { //if 语句的内嵌 if,即表达式 1 与 2 都成立时执行语句 1
        语句 1
    }
}else {                //与第一个 if 配对,即表达式 1 不成立,执行语句 2
    语句 2
}
```

3.4.5　条件运算符及条件表达式

条件运算符(?:)要求有 3 个运算对象，因此为三目(元)运算符，它是 C&C++ 中唯一的三目运算符，可以把 3 个表达式连接起来，构成一个条件表达式。条件表达式的一般形式如下：

表达式 1 ? 表达式 2 : 表达式 3

条件表达式的执行顺序如下。

(1) 求解表达式 1。

(2) 若表达式 1 的值为非 0(真)，则条件表达式的值是表达式 2 的值。

(3) 若表达式 1 的值为 0(假)，则条件表达式的值是表达式 3 的值。

例如：

```
max = (a > b) ? a : b;
```

相当于下面的 if 语句：

```
if (a > b)
   max = a;
else
   max = b;
```

条件运算符优先于赋值运算符,因此上面赋值表达式的求解过程是:先求解条件表达式,再将它的值赋给 max。条件表达式(a > b) ? a : b 的执行结果是 a 和 b 中较大值。

在条件表达式中,允许表达式 1 的类型与另外两个表达式的类型不同。例如,对于表达式 x ? 'a': 'b',如果已定义 x 为整型变量,若 x 的值为 0,则条件表达式的值为字符'b'。

表达式 2 和表达式 3 的类型也可以不同,此时条件表达式的值是二者中较高的数据类型。例如,条件表达式 x > y ? 1 : 1.5,由于 1.5 是 double 型,精度比 1 的 int 型高,因此,将 1 转换成双精度数,条件表达式的值是双精度浮点型值 1.0 或 1.5。

3.5 switch 语句

3.5.1 switch 语句实现多分支结构

switch 语句也是一条实现多分支选择结构的语句,它在有些情况下要比 if 语句更清晰。它的一般形式如下:

```
switch(表达式){
    case 常量表达式 1: 语句 1; [break;]
    case 常量表达式 2: 语句 2; [break;]
    ...
    case 常量表达式 n: 语句 n; [break;]
    default:语句 n+1
}
```

说明:

(1) switch 后的表达式必须是整型或字符型;如果是双精度型,必须强制将类型转换为整型。

(2) case 后的常量表达式必须是整型或字符型,如 case 1:、case 'A':、case 1+2:等,不能有变量。

(3) 各个 case 后面表达式的值是唯一的,如果相同就会出错。例如,switch 中有“case 1||2:”与“case 3||4:”,则编译出错。因为 1||2 与 3||4 的值都是逻辑真。

(4) 执行 switch 语句时,计算 switch 括号中的表达式值,然后逐个与 case 后面的常量表达式的值比较。如果相同,从此 case 子句开始一直执行下去(后面的 case 不再做判断);如果与所有的 case 后面的常量表达式的值都不同,就执行 default 后面的语句。

(5) break 是可选语句,如果执行匹配的 case 标记的语句,然后就希望结束 switch 语句(不执行后面 case 语句)时,需要在该 case 子句的最后加上一条 break 语句,语法是“break;”。

(6) case 和 default 的出现次序不影响执行结果。

(7) 每个 case 后面允许有多条语句,不需要加花括号。

【例 3-4】 改写例 3-2 的 if 语句为 switch 语句。

算法分析：将百分制成绩整除以 15 再乘以 5，得到以下值之一：100、95、90、85、80、75、70、65、60、default（其余值）。代码段为：

```
switch(int(x) / 10 * 10){
    case 100: y = 4; break;
    case 90: y = 4; break;
    case 85: y = 3.5; break;
    case 80: y = 3; break;
    case 75: y = 2.5 break;
    caes 70: y = 2; break;
    case 65: y = 1.5; break;
    case 60: y = 1; break;
    default: y=0; break;
}
```

3.5.2　break 语句的合理使用

一般情况下，switch 的每个 case 中都有一条 break 语句，用来中止 switch 语句。如果程序中省略了 case 中的 break 语句，那么计算机在执行完一个 case 中的代码后，会继续执行下一个 case 中的代码。利用这个特点，在有些 case 标记后面不加 break 语句，使得同一段代码可以适用于多个 case 标记。

例如，90 与 100 分的绩点相同，可以仅保留最后一个 case 中的语句。代码如下：

```
switch(int(x) / 10 * 10){
    case 100:
    case 90: y = 4; break;        //多个 case 执行同一语句时，写到最后一个匹配行
    case 85: y = 3.5; break;
    …
}
```

3.5.3　if 与 switch 的混用

在编程中，if 语句和 switch 语句都可以实现程序的逻辑流程控制，在某些情况下它们的使用是互补的，可以混合使用 if 和 switch 语句来实现更灵活和可读性更强的代码。例如对成绩增加条件，如果成绩在[0,100]范围内计算并输出绩点，否则输出“成绩无效”。由于成绩<0 与成绩>100 的范围适合使用 if 语句，因此可以修改代码为：

```
if(x < 0 || x > 100)
      cout <<"成绩无效";
else {
      switch(int(x) / 10 * 10){
        case 100: case 90: y = 4; break;
        case 85: y = 3.5; break;
        case 80: y = 3; break;
        …省略更多的 case
        default: y=0; break;
      }
    cout <<"绩点: "<< y;
}
```

3.6 实用知识：通用工具函数

C++的cstdlib库文件中提供了很多实用的通用工具函数，包括内存分配、进程控制、环境查询、排序和搜索、数学转换、伪随机数生成等。这些函数来自C标准库stdlib.h，在C++中进行了标准化和扩展。本节介绍几个实用函数。

3.6.1 生成随机数函数

产生随机数常用的是rand、srand和time函数，见表3-4。

表3-4 生成随机数的相关函数

函数原型声明	功　能	头文件	说　明
int rand();	产生[0，RAND_MAX)区间的一个随机数	#include<cstdlib> using namespace std; 或#include<stdlib.h>	RAND_MAX定义在头文件中，通过%等数学运算可以生成指定范围内的随机数，如rand()%10生成0～9的随机数
void srand(unsigned int);	用来设置rand产生随机数时的随机数种子		相同的随机数种子产生的随机数是一样的，因此程序最开始一般用srand初始化一个不同的随机数种子，参数值一般是time函数返回值(当前系统时间)
time_t time(time_t *);	time(0)的返回值是从1970年1月1日至今所经历的时间(以秒为单位)	#include<ctime> using namespace std; 或#include<time.h>	time(0)作为srand函数的参数，每次运行程序时time(0)的值都不同，保证了随机数种子不同，进而保证rand函数的随机性

【例3-5】 简单的两位数加法练习游戏。

执行程序时，显示器输出一个两位随机整数([10,99])的加法表达式，用户输入计算结果后，程序判断结果是否正确。

算法分析：程序的关键点是随机数的范围，随机数范围为[10,99]，共90个整数。首先用rand()%(100−10)能得到0～89的一个随机整数，再加上10，就得到10～99的整数。

代码如下：

```
#include<iostream>
#include<cstdlib>
#include<ctime>
using namespace std;
const int MIN = 10;                    //符号常量MIN保存随机数的最小范围10
const int MAX = 99;                    //符号常量MAX保存随机数的最大范围99
int main(){                            //产生[MIN,MAX]间的随机数(包括MIN和MAX)
    srand((unsigned)time(0));          //依据系统时间初始化随机种子
    int num1 = MIN + rand() % (MAX - MIN + 1);
```

```
    int num2 = MIN + rand() % (MAX - MIN + 1);
    cout << num1 << "+" << num2 << "=";
    int val = 0;
    cin >> val;
    if(num1+num2 == val)
        cout << "正确!";
    else
        cout << "错误!";
    return 0;
}
```

连续运行两次，示例如下：

```
第 1 次(用户输入 24):
10+14=24↙
正确!
第 2 次(用户输入 80):
15+66=80↙
错误!
```

3.6.2 进程控制函数

C++ 中提供了用于进程控制的函数，主要包括以下几个。

1. system 函数

system 函数通过调用操作系统的命令解释器来执行指定的命令行命令。函数有一个字符串参数，表示要执行的命令行命令。返回值是一个整数，表示命令执行的退出状态。通常，返回值为 0 表示命令成功执行。函数原型声明为：

```
int system(const char * command);
```

例如：

```
system("ls -l");                            //在 UNIX/Linux 上执行 ls 命令
int result = system("echo Hello");          //命令行方式下执行 echo 命令,显示 Hello
```

2. exit 函数

exit 函数用于退出程序。函数有一个整型参数，表示程序退出的状态，为 0(EXIT_SUCCESS)表示程序正常退出，非 0(如 EXIT_FAILURE)表示程序异常退出。函数原型声明为：

```
void exit(int status);
```

例如：

```
int a=2,b=0;
if (b == 0) {
    cout << "分母为 0";
    exit(EXIT_SUCCESS);                     //表示程序成功退出
}
double d = a / b;                           //执行到此条语句时,分母一定不为 0
```

3.7 选择结构算法及应用

3.7.1 判断整数 m 是否能被 n 整除

【例 3-6】 输入两个整数 m 和 n,输出 m 是否能被 n 整除。

算法分析:如果 m%n 的结果为 0,则说明 m 能够被 n 整除,否则不能。

代码段如下:

```
int m, n;
cin >> m >> n;
if (m % n == 0){
    cout << m << "能被" << n << "整除";
else{
    cout << m << "不能被" << n << "整除";
}
```

运行示例如下:

```
6 3
6 能被 3 整除
```

对除法运算一定要注意:如果 n 为 0,则 m%n 会出现异常,退出程序。

例如,运行程序时输入:

```
5 0
```

得到的输出结果是:

```
--------------------------------
Process exited after 3.599 seconds with return value 3221225620
请按任意键继续. . .
```

也就是说,没有执行到 main 函数的 return 0;,函数返回了一个随机值。

为了防止程序异常中止,要考虑到特殊数值的处理。if 语句的代码段修改如下:

```
if (n == 0)
    cout << "除数不能为 0!";
else if (n != 0 && m % n == 0)
    cout << m << "能被" << n << "整除!";
else
    cout << m << "不能被" << n << "整除!";
```

3.7.2 大写字母转换成小写字母

【例 3-7】 输入一个字符,判断它是否为大写字母。如果是,将它转换成小写字母;如果不是,不转换。然后输出最后得到的字母。

算法分析:

(1) 小写字母的 ASCII 码值比对应的大写字母的 ASCII 码值大 32。

(2) 判断一个字符变量 ch 的值是否是大写字母,就是判断'A'≤ch≤'Z',程序中用逻辑表达式表示为 ch>='A'&& ch<='Z'。常量'A'也可以用 65 表示(65 是'A'的 ASCII 码)。

代码如下：

```
#include<iostream>
using namespace std;
int main(){
    char ch;
    cin >> ch;
    ch =(ch>='A'&&ch<='Z')?(ch+32):ch;   //若 ch 是大写字母则转换为小写,否则不转换
    cout << ch;
    return 0;
}
```

运行结果如下：

```
A
a
```

字符转换也可以使用标准库中的字符函数实现。C 语言的 ctype.h 标准库中提供的大量字符函数中,isupper 函数用来判断一个字母是大写字母,tolower 函数用来将一个大写字母转换为小写字母。C++ 使用 std 命名空间的 cctype 文件。

修改上例代码,在第 2 行前面增加一行：#include<cctype>。然后将赋值表达式修改为 ch = isupper(ch) ? tolower(ch) ：ch。

3.7.3　简单的四则运算器

【例 3-8】　设计一个四则运算器,能够完成两个整数的加减乘除四则运算。

例如,输入 2+3,结果为 2+3=5;输入 3/2,结果为 3/2=1(取整数)。

算法分析：要定义 3 个变量,其中 2 个 int 型变量记录整数,1 个 char 型变量记录字符。按格式输入后,根据接收的字符对 2 个整数执行相应的数学运算,最后输出结果。由于有'+'、'-'、'*'、'/'4 个分支,可以使用 switch 语句来实现,也可以使用 if…else if…else if…else 语句来实现。

参考代码段如下：

```
char op;
int a, b, c = 0;
cin >> a >> op >> b;                //例如输入 2+3,则 a 的值 2,op 值'+',b 的值 3
switch(op){
    case '+' :                      //如果运算符是字符常量'+',就执行后面的语句
        c = a + b;                  //将加法运算的结果赋给 c
        break;                      //结束 switch 语句,若不写,则继续向下执行 c=a-b;语句
    case '-':
        c = a - b;
        break;
    case '*':
        c = a * b;
        break;
    case '/':
        c = (b!=0) ? (a / b) :0; //除数取整,且 b 若为 0 时结果为 0
```

```
        break;
    default:
        break;
}
cout << a << op << b << "=" << c;
```

运行结果如下：

```
3+2↙
3+2=5
```

说明：用户从键盘输入字符常量时，直接写字符本身，如＋，进入内存时是字符常量'＋'的ASCII码。进行条件判断时，要判断是否等于字符常量，如'＋'。而语句中的＋是加法运算符，要注意两者的区别。

本例的switch语句也可以用if语句实现。代码段如下：

```
if (op == '+')
    c = a + b;                  //将加法运算的结果赋值给 c
else if (op == '-')
    c = a - b;
else if (op == '*')
    c = a * b;
else if (op == '/')
    c = (b!=0) ? (a / b) : 0;   //除数取整,且 b 若为 0 则结果为 0
```

3.8 练习与思考

3-1 计算下面的公式：

$$f(x)=2x^2+\frac{2}{x^2}+5x$$

输入 x 后，判断 x 是否等于0。如果 x 不等于0，计算并输出表达式的值；否则显示提示信息“分母不能为0”。

3-2 交通灯共有3种颜色：红、绿、黄，分别用1、2、3对应这3种颜色。当用户输入1～3时，显示对应的提示语。例如，1输出“红灯停”，2输出“绿灯行”，3输出“黄灯亮了等一等”；其他整数则输出“注意交通安全”。

3-3 输入一个月份，输出该月份所属季度。例如，输入1,2,3时输出“第一季度”，输入4,5,6时输出“第二季度”，输入7,8,9时输出“第三季度”，输入10,11,12时输出“第四季度”，输入其他整数时输出“月份错误”。

提示：对于月份[1,12]，利用数学表达式(月份－1)/3＋1可以得到对应的季度整数[1,4]。

3-4 从键盘输入3个实数表示三角形的三边长，判断如果它们能够组成一个三角形，计算并输出三角形的面积，保留小数点2位；否则输出提示信息“It is not a triangle!”。

提示：3个边长组成三角形的条件是“满足任意两条边长之和大于第三边”。三角形面积公式为：

$$s=\frac{a+b+c}{2}$$

$$\text{area}=\sqrt{s*(s-a)*(s-b)*(s-c)}$$

3-5　输入 a,b,c 的值(均为 double 型),计算并输出一元二次方程 $ax^2+bx+c=0$ 的根。所有 double 型值输出时保留小数点 2 位。

说明:本题有多个判定分支,算法流程图如图 3-5 所示。

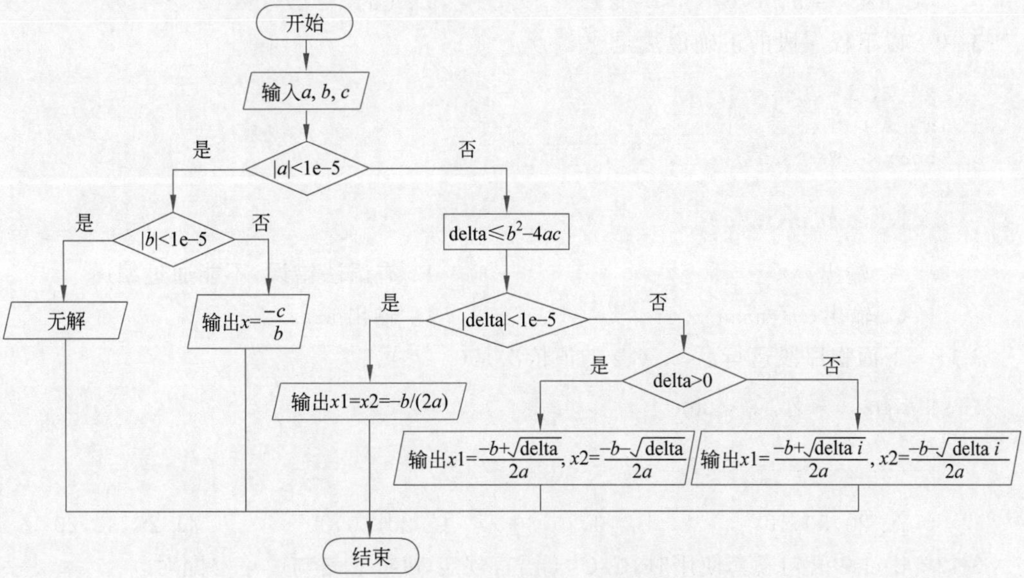

图 3-5　计算一元二次平方根的流程图

(1) 若 a 为 0,则判断 b 是否为 0。若 b 为 0 则输出"无解",否则输出 $x=\frac{-b}{c}$。

(2) 若 a 不为 0,则判断 b^2-4ac 的值。若为 0 则输出 $x_1=x_2=\frac{-b}{2a}$;若大于 0 则计算出 2 个实数根,输出 $x_1=\frac{-b+\sqrt{b^2-4ac}}{2a}$,$x_2=\frac{-b-\sqrt{b^2-4ac}}{2a}$;若小于 0 则计算出 2 个复数根,输出 $x_1=\frac{-b}{2a}+\frac{\sqrt{b^2-4ac}}{2a}\text{i}$,$x_2=\frac{-b}{2a}-\frac{\sqrt{b^2-4ac}}{2a}\text{i}$。

在判断 double 型值是否等于 0 时,要考虑浮点数精度带来的误差,最好使用 fabs(值)＜eps,eps 取值一般为 1e－5～1e－10,fabs 在数学库 cmath 中。

3-6　下面的程序段执行后,x 的值是(　　)。

```
int a = 9, b = 7, c = 3, d = 5, x;
x = a > b ? c : d;
```

A. 3　　B. 5　　C. 7　　D. 9

3-7　下列运算符中优先级最高的是(　　)。

A. !=　　B. ＜　　C. &&　　D. ＋

3-8　与"y=(x＞0?1:x＜0?－1:0);"的功能相同的 if 语句是(　　)。

A. if (x>0) y=1; else if(x<0) y=-1; else y=0;

B. if (x) if(x>0) y=1; else if(x<0) y=-1; else y=0;

C. y=-1; if(x>0) y=1; else y=-1;

D. y=0; if(x>=0) y=1; else if(x==0) y=0; else y=-1;

3-9 判断 char 型变量 s 是否为小写字母的正确表达式是(　　)。

A. 'a' <= s<= 'z'　　B. (s>='a') & (s<='z')

C. (s>='a') && (s<='z')　　D. ('a'<=s) and ('z'>=s)

3-10 以下程序段的正确说法是(　　)。

```
int x = 5, a = 0, b = 0;
if (x = a + b)
    cout << "****\n";
else
    cout << "aaaa\n";
```

A. 输出****　　B. 有语法错误,不能通过编译

C. 输出****aaaa　　D. 输出 aaaa

3-11 下面程序段运行后,x、y、z 的值依次是(　　)。

```
int x = 10, y = 20, z = 30;
if (x > y)
    z = x; x = y; y = z;
```

A. 20,30,10　　B. 10,20,30　　C. 20,30,30　　D. 20,30,20

3-12 if-else 语句嵌套使用时,C/C++语言规定,else 总是与(　　)配对。

A. 距离最近的 if　　B. 其前面最近的 if

C. 缩排位置相同的 if　　D. 其前面最近的未配对的 if

3-13 关于下面的程序段,正确的说法是(　　)。

```
int a=5 ,b = 4;
if(a>b)
   a=b;b=a;
else
   a++,b++;
cout << a << b;
```

A. 有语法错误,不能通过编译　　B. 输出 4,5

C. 输出 5,6　　D. 输出 5,5

3-14 要表示 a 和 b 同时为正或同时为负(0 既可以认为是正也可以是负),以下表达式中不正确的是(　　)。

A. (a+b) >= 0

B. a * b>=0

C. (a>=0 && b>=0) || (a<=0 && b<=0)

D. a==0 || b==0 || (a>0 && b>0) || (a<0 && b<0)

3-15 假设有如下程序片段,若 grade 的值为'C',则输出结果是(　　)。

```
switch(grade){
    case 'A': cout << "GREAT!";
    case 'B': cout << "GOOD!";
    case 'C': cout << "OK!";
    default : cout << "ERROR!";
}
```

A. OK!　　　　　　　　　　B. GREAT!GOOD!OK!ERROR!

C. 不确定　　　　　　　　　D. OK!ERROR!

第4章 自定义函数与封装

函数是程序设计的一个基本功能模块，可以实现一个独立的功能，一个程序由一个主函数和若干子函数组成。本章重点介绍自定义函数的方法，理解函数如何定义和封装，如何调用函数，如何在函数之间传递信息，这些对于用计算机程序解决实际复杂问题是至关重要的。

4.1 函数与结构化程序设计

解决实际问题时，对于较大的任务，一般将其分解成若干较小、较简单的任务，然后对每个任务采用合适的算法解决，这种“自顶向下、逐步求精”的设计思想是面向过程程序设计的主要思想。主函数相当于总调度，用来控制流程结构（顺序结构、选择结构、循环结构等），调用各函数（标准库函数、用户自定义的函数等）实现具体的功能；函数之间也可以互相调用。

函数是程序设计的基本单位，是对一个问题的抽象表示，一个函数一般只包含一个独立的功能。函数将具体实现的过程封装起来，外界只能通过函数原型声明（相当于说明书）来了解如何使用函数，而无法看到函数的内部实现细节。这种方式有利于代码重用和开发效率的提高，同时也便于团队分工合作和项目维护。例如去餐厅吃饭，根据菜单（说明书）点餐（输入参数），下单（厨师做菜）后就可以享用到美食（返回结果）。这个“黑箱”操作过程让你更专注于应用结果而不关注内部实现细节。

初学者在自定义函数学习中，记住函数定义的语法规范很重要，同时要理解程序的执行过程，不能盲目抄代码。函数学习的难点主要如下。

（1）自定义函数包括3部分：函数原型声明（一般在主函数定义的前面）、函数调用（在主函数或其他自定义函数中）、函数定义（一般在主函数定义的后面）。

（2）函数定义的函数体用一对花括号封装函数中的语句，与main函数的定义类似。

（3）函数与外部其他函数之间传递的信息是由函数原型声明的参数及返回值类型决定的。自定义函数时要首先确定与外部交流的信息格式，确定函数原型声明的格式，然后再实现函数定义部分。

（4）要理解程序执行的过程，程序会从主函数跳到被调用函数的定义部分，执行函数结束后再回到函数调用点，继续向下执行。

（5）要明确变量的作用域和生存空间，在变量可见范围内使用。

（6）为了保证函数的封装性，函数要从外界获取信息最好通过形式参数来实现，尽量不要直接使用全局变量。

【例 4-1】　自定义函数实现以下功能：①判断 3 条边能否构成三角形；②已知 3 条边的边长，计算三角形的面积。主函数调用自定义函数实现功能。

分析程序中的函数功能与定义：

(1) 自定义函数——判断 3 条边能否构成三角形。

① 函数名：与变量名的定义类似，如 IsTriangle。

② 函数原型声明分析：调用函数时需要提供 3 个数值，函数调用后能够得到 true 或 false 的布尔值(也可用 1 或 0 的整数值)，因此自定义该函数的原型声明可以写为：

```
bool IsTriangle(double a, double b, double c);
```

③ 函数定义算法分析：根据 3 个形参 a、b、c 的值，写出逻辑表达式，并返回表达式的值。

(2) 自定义函数——计算三角形面积。

① 函数名：AreaOfTriangle。

② 函数原型声明分析：调用函数时需要提供 3 个数值，函数调用后能够得到三角形面积的值。因此自定义该函数的原型声明可写为：

```
double AreaOfTriangle(double a, double b, double c);
```

③ 函数定义算法分析：根据 3 个形参变量 a、b、c 的值，计算面积，公式为：

$$s=\frac{a+b+c}{2}$$

$$\text{area}=\sqrt{s\times(s-a)\times(s-b)\times(s-c)}$$

s 与 area 是函数内部在计算时使用的变量，与调用者无关，因此在函数内部定义。计算后返回 area 的值。

(3) 测试程序的 main 函数。

首先需要接收用户输入的 3 个实数，然后判断它们是否能够构成三角形。如果能，计算三角形的面积；如果不能，输出提示信息。

上述 3 个函数的流程图如图 4-1 所示。

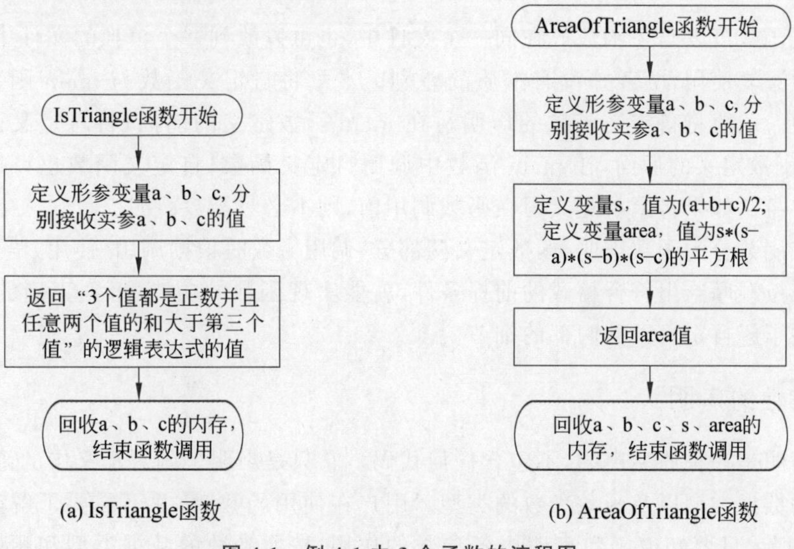

图 4-1　例 4-1 中 3 个函数的流程图

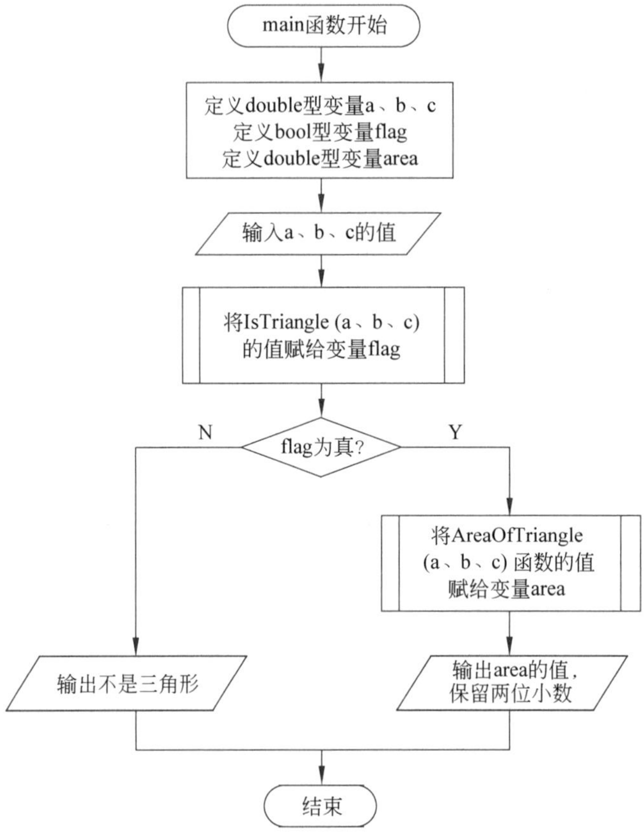

(c) main函数

图 4-1 (续)

4.2 自定义函数的声明与定义

自定义函数可以与主函数放在同一个文件中,也可以放到一个单独的文件中,以便在不同的程序中重复使用,两者并没有本质的差别。本章将自定义函数与 main 函数定义在同一个文件中。一般将自定义函数的声明写在 main 函数定义的前面,将自定义函数的定义写在 main 函数定义的后面,在 main 函数中调用自定义函数,自定义函数也可以调用其他函数或者自身。如果将函数定义写在函数调用前,则不必写函数声明。

自定义函数分为函数声明、函数定义两部分,调用函数时根据调用(使用)语句之前的函数声明格式按顺序给出符合格式的前提条件,就能实现函数的功能,得到正确的结果,调用者并不需要了解自定义函数内部的细节。

4.2.1 函数的声明

函数声明是一种原型声明,不包含任何代码。它只是声明了函数定义中的函数名称、函数返回值的数据类型以及函数参数的类型。用户在使用函数时,并不需要了解函数定义内部的实现细节,只要知道函数声明中各参数的作用,按照参数的数据类型和顺序提供参数值，就能够使用函数，得到函数声明中的返回值类型的正确结果。程序在编译时会检查调用函数的格式是否与函数声明的格式相匹配，但不会检查用户输入的实际参数值是否合理。

函数声明语句一般与函数定义头部完全相同，末尾是一个分号，一般形式为：

返回类型　函数名称(形式参数列表);

例如：

```
double AreaOfTriangle(double a, double b, double c);
```

自定义函数 AreaOfTriangle 的返回值是 double 型。函数名后面的圆括号中包括 3 个参数，都是 double 型变量，是三角形的 3 条边。函数声明语句末尾以分号结束。

函数声明中的参数只是用来匹配格式，并不实际分配内存，因此可以不写参数名称，或者与函数定义的头部的参数变量名称不同，但是参数的类型及顺序必须与函数定义中的参数的类型及顺序完全相同。例如，AreaOfTriange 函数的声明也可以写成：

```
double AreaOfTriangle(double, double, double);     //形参无变量名
```

如果函数没有返回值，函数返回类型声明为 void，表明这个函数的作用只是实现功能，并不会返回值。

4.2.2　函数的定义

自定义函数的定义格式与 main 函数的定义格式相同，一般形式为：

```
返回类型　函数名称(形式参数列表){
    函数体;
}
```

自定义函数的定义包括两部分：函数头和函数体。

1. 函数定义的函数头

函数头包括 3 部分：**返回类型**、**函数名称**、**形式参数列表**，但不以分号结尾。

(1) 返回类型是函数调用后返回值的数据类型，如 int、double、char 等。如果不需要返回值，返回类型定义为 void。

(2) 函数名称的定义方法与变量相同，一般应能够反映函数的功能，方便用户使用，例如 abs 函数是返回一个整数的绝对值等。

(3) 形式参数列表写在函数名后面的一对圆括号中，可以包括 0 个或多个变量的声明，用逗号分开。每个变量(称为形式参数，简称形参)在函数被调用时分配内存，并接收用户传过来的值(称为实际参数，简称实参)，在函数内部使用。函数调用结束后，系统自动回收分配给变量的内存。

(4) 每个形参前面必须定义数据类型，多个形参之间用逗号分隔。例如：

```
bool IsTriangle(double a, double b, double c)        //正确的函数头
bool IsTriangle(double a,b,c)                        //错误的函数头
```

2. 函数定义中的函数体

函数体是一条复合语句，由一对花括号括起 0 或若干条语句，用于实现函数的功能。如果函数需要返回一个值，函数体中至少包含一条 return 语句，该语句返回一个与返回类型

匹配的常量、变量或表达式。若函数不需要返回值，则返回类型为空(void)，此时就不需要包含 return 语句，或者写成“return;”。

下面是函数 IsTriangle 的定义，该函数用于判断 3 个数是否能够构成三角形。

```
bool IsTriangle(double a,double b,double c){      //注意,每个形参必须定义数据类型
return a + b > c && a + c > b && b + c > a && a > 0 && b > 0 && c>0;
}
```

该函数只有一条语句，返回逻辑表达式的值(true 或 false)。

类似地，定义 AreaOfTriangle 函数，该函数用于计算三角形面积。

```
double AreaOfTriangle(double a, double b, double c){
    //注意,函数内部定义的变量名不能与函数名与形参同名
    double s = (a + b + c) / 2;
    double area = sqrt (s * (s - a) * (s - b) * (s - c));
    return area;
}
```

系统并不会立即为函数定义中的形参变量分配内存，只有当函数被调用时才会为形参分配内存，函数调用完毕后回收内存，下次再被调用时重复形参的内存分配和回收过程。

4.2.3 函数返回值

使用关键字 return 从函数返回一个值，可以是常量、变量、表达式或调用函数的返回值，也可以是空语句。例如：

```
return 5;                         //返回一个常量的值
return x > 5;                     //返回一个表达式的值
return f(n);                      //返回一个函数调用表达式的值
return;                           //无返回值,适用于返回类型为 void 的函数
```

这些都是合法的 return 语句。return 返回值类型应该和函数声明中定义的返回类型保持一致，如果不一致，按照返回类型进行类型转换；如果不能转换，则出现编译错误。

一个函数体内部允许有 0 条或多条 return 语句，执行语句时，一旦遇到 return 语句，将立即结束函数调用，返回到调用函数的语句处，得到函数调用表达式的值，然后释放被调用函数中的所有变量的内存。

【例 4-2】 自定义 IsLeapYear 函数判断用户输入的年份是否是闰年。

算法分析：IsLeapYear 函数的形参是年份(int 型)，函数返回是否闰年(bool 型)。

定义如下：

```
double IsLeapYear(int year) {   //函数定义,判断 int 值的年份是否是闰年
   return(year % 4 == 0 && year % 100 != 0) || (year % 400 == 0);
}
```

也可以使用 if 语句，有多个分支，因此有多条 return 语句，遇到任何一条 return 语句都会结束函数的执行。例如：

```
bool IsLeapYear(int year){
    if ((year%4 == 0 && year%100 != 0) || year%400 == 0)
        return true;
    else
        return false;
}
```

4.2.4　陷阱：函数定义的常见问题

编写代码时，一般将函数定义的函数头复制到文件的头部，末尾加上分号，就是函数声明，这样能确保一致性。当任何一方要修改时，记得复制并修改另一方。此外，函数定义内部声明的变量仅在内部可见，与函数调用的实参名无任何关系，但是在一个函数内部定义变量时，应注意变量重名可能带来的问题。

1. 函数声明与定义中的常见错误

编译连接时，函数声明与定义中的常见错误见表 4-1。

表 4-1　函数声明与定义中的常见错误

错误提示信息	错误原因
[Error] undefined reference to 'IsTriangle(double, double, double)' ld returned 1 exit status	连接错误：找不到与函数声明相匹配的函数定义。 检查函数声明与函数定义的头部是否完全一致；检查是否缺少函数定义
[Error] 'IsTriangle' was not declared in this scope	编译错误：找不到与函数调用表达式相匹配的函数声明。 检查函数声明的名称、参数列表的数据类型与个数是否符合函数调用的要求
[Error] expected unqualified-id before '{' token	编译错误：函数定义头部与'{'之间多一个分号

2. 形参变量与局部变量重名问题

函数内部的形参变量与函数体中声明的变量都是局部变量，作用域范围相同，如果同名会发生冲突，因此不要在函数体内声明与形参变量同名的变量。例如：

```
double AreaOfTriangle(double a, double b, double c){
    double a, b, c;        //出错行
    double s = (a + b + c) / 2;
    double area = sqrt (s * (s - a) * (s - b) * (s - c));
    return area;
}
```

编译时会提示变量重复定义的错误信息：

```
[Error] declaration of 'double a' shadows a parameter
[Error] declaration of 'double b' shadows a parameter
[Error] declaration of 'double c' shadows a parameter
```

类似地，不允许定义与函数名同名的变量。例如，在 AreaOfTriangle 函数体中不能定义 AreaOfTriangle 变量名。

3. 语句块的变量定义问题

在一个复合语句中定义的变量，其作用域限定在该复合语句中。例如下面的代码段：

```
double AreaOfTriangle(double a, double b, double c){
    double area;
    if (IsTriangle(a, b, c)) {
        double s = (a + b + c) / 2;
        double area = sqrt (s * (s - a) * (s - b) * (s - c));
    }
    return area;
}
```

if 语句中定义的变量 s 和 area 仅在 if 条件为真时定义及存在,if 语句执行结束后就会释放这两个变量的内存。接下来执行 return area;语句,返回的是函数内部定义的 area 变量(在 if 语句上一行)的值,是随机值,这个错误是非常隐蔽的,需要特别注意。

4.3 函数的调用

一个函数被使用称为调用。在 main 函数中调用函数时,传递实参值给形参变量,并开始执行函数体的语句,当遇到 return 语句或者执行到函数体末尾的右花括号时结束,返回到 main 函数的调用点,继续向下执行。自定义函数内部也可以调用其他函数。

函数调用前必须有函数声明或函数定义,函数调用的实参顺序与数据类型必须与函数声明或定义中完全一致。

4.3.1 函数调用的格式

函数调用表达式的一般形式为:

函数名称 (实际参数)

函数调用时,函数名称右边的()不能省略。如果函数声明为无参函数(没有形式参数),则调用语法是“函数名()”。如果函数声明为有参函数(有形式参数列表),就按照形式参数列表的数据类型及顺序提供实际参数,语法是“函数名(实参列表)”。实参必须是确切的值,可以是变量、常量、表达式、函数调用等。实参的数据类型必须与形参的数据类型赋值兼容,调用时会自动类型转换为形参的数据类型。例如:

(1) 例 1-2 中的 print 函数是无参的,调用函数表达式可以是:

```
print()
```

(2) 4.2.2 节中的 IsTriangle 函数是有参的,调用函数表达式为:

```
IsTriangle(a, b, c)
```

(3) 4.2.2 节中的 AreaOfTriangle 函数是有参的,调用函数表达式为:

```
AreaOfTriangle (a, b, c)
```

【例 4-3】 包含判断 3 条边能够构成三角形及计算三角形面积函数的完整程序。

源代码如下:

```
//外部文件包含等预处理命令
#include<iostream>
#include<cmath>
using namespace std;
//自定义函数 IsTriangle 和 AreaOfTriangle 的原型声明
bool IsTriangle(double a, double b, double c);
double AreaOfTriangle(double a, double b, double c);
//主函数的定义
int main(){
    double a, b, c;                              //定义变量 a、b、c,作用在 main 函数中
cout << "输入 3 条边长:";
    cin >> a >> b >> c;
```

```
    bool flag = IsTriangle (a, b, c);                    //IsTriangel 的函数调用
    if(flag) {
        doublearea = AreaOfTriangle (a, b, c);           //AreaOfTriange 的函数调用
        cout << area;                                    //输出面积
    }
    else
        cout<<"It is not a triangle!"<<endl;
    return 0;
}
//自定义函数的定义
bool IsTriangle(double a, double b, double c){
return a + b > c && a + c > b && b + c > a && a > 0 && b > 0 && c>0;
}
double AreaOfTriangle(double a, double b, double c){
        double s = (a + b + c) / 2;
        double area = sqrt (s * (s - a) * (s - b) * (s - c));
        return area;
}
```

运行结果如下：

```
输入 3 条边长:3 4 5↙
6
输入 3 条边长:1 2 3↙
It is not a triangle!
```

函数调用包括以下 3 个步骤。

(1) 参数传递：将实参值赋给形参变量。

(2) 执行函数体的语句。

(3) 返回到函数调用表达式的位置。

4.3.2　陷阱：函数调用的常见问题

调用函数时，如果实参与函数声明时的形参在数据类型不同，会自动进行类型转换，将实参转换成形参的数据类型。如果数据类型匹配不成功，或者实参与形参的个数不同，都会出现编译错误。函数调用的常见错误提示信息，如表 4-2 所示。

表 4-2　函数调用的常见错误提示信息

错误提示信息	错 误 原 因
[Error] too few arguments to function 'double AreaOfTriangle(double, double, double)'	调用 AreaOfTriangle 时的实参数量过少，与形参个数不匹配
[Error] too many arguments to function 'double AreaOfTriangle(double, double, double)'	调用 AreaOfTriangle 时的实参数量过多，与形参个数不匹配
[Error]cannot convert 'double * ' to 'double' for argument '3' to 'double AreaOfTriangle(double, double, double)'	调用 AreaOfTriangle 时的第 3 个实参的数据类型与形参不符，无法将实参的 double 型变量的指针(地址)值转换为 double 型

对于有返回值类型的函数，函数调用有以下几种用途：

(1) 用在合适的表达式中参与计算。例如,"bool flag=IsTriangle(a, b, c);"将函数调用的返回值作为赋值表达式的右值赋值给左值变量 flag。

(2) 作为另一个函数调用的实参。例如,sqrt(sqrt(4))首先执行里面的 sqrt(4),得到 4 的平方根是 2;然后再将 2 作为实参,执行 sqrt(2) 得到 2 的平方根。

(3) 用在输出语句中,直接输出结果。例如,"cout << IsTriangle(a, b, c)";。

(4) 用在流程控制语句中,控制程序的执行。例如,if (IsTriangle(a, b, c)) { …},将函数调用的返回值作为 if 括号中的条件。

对于没有返回类型的函数,函数调用作为一条表达式语句使用,如例 1-2 中 print 函数的调用。函数调用的常见语法错误举例如表 4-3 所示。

表 4-3 函数调用的常见语法错误举例

函数调用的错误写法	说　明
bool flag = IsTriangle(double a, double b, double c);	函数调用时,函数名后面的参数是实参,是将实参值传递给形参。实参如果是变量,一定是在调用前定义并赋值的,在调用时不要再写变量的数据类型
bool flag=bool IsTriangle(a, b, c);	函数调用时,不要写函数的返回类型。数据类型是在函数定义时指定的,在读或取值时无须重复指定
bool IsTriangle=IsTriangle(a, b, c);	定义了与函数同名的变量名,会发生编译错误
IsTriangle(a, b, c);	函数调用作为一条表达式语句使用,只完成了函数功能,返回值在表达式语句执行完毕后就消失了

4.3.3 函数的嵌套调用

在函数定义内部允许调用另一个函数,称为函数的嵌套调用。调用方法相同,一个函数调用时,开始执行函数定义中的语句,遇到另一个函数的调用时,跳到另一个函数的定义,开始执行函数定义中的语句,调用完毕后回到调用点,继续向下执行。函数嵌套调用过程如图 4-2 所示。

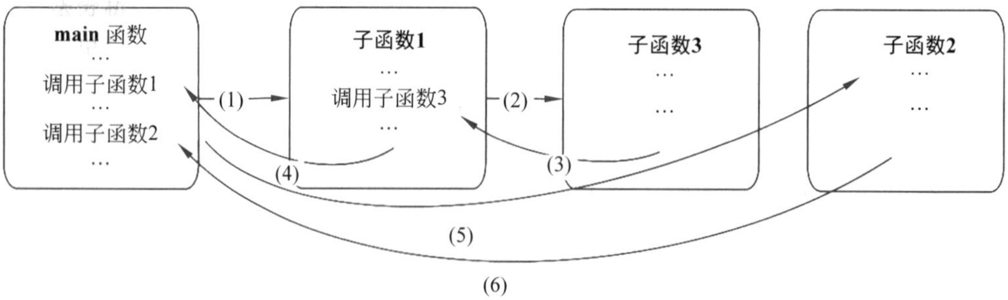

图 4-2 函数嵌套调用的过程

【例 4-4】 函数嵌套调用实例——根据 3 个点的坐标求三角形的面积。

算法分析:要解决 3 个问题。

(1) 根据用户输入的 3 对值(3 个点坐标)计算出 3 条边的边长。

假设有两个点 A、B,坐标分别为 $A(x_1, y_1)$、$B(x_2, y_2)$,自定义函数 Distance 返回 A

和 B 两点间的距离。例 2-7 中介绍了欧氏距离法，公式为：

$$d=\sqrt{(x_1-x_2)^2+(y_1-y_2)^2}$$

(2) 判断这 3 条边能否构成三角形。

4.2.2 节中介绍了自定义函数 IsTriange，返回 3 条边能否构成三角形。

(3) 根据 3 条边长计算三角形的面积。

修改 4.2.2 节中介绍的自定义函数 AreaofTriange，形参为 3 个点坐标(3 对 double 值)。函数体内，首先调用 3 次 Distance 得到 3 条边边长(每 2 个点的距离是 1 条边长)，再调用 IsTriangle 函数，如果为 true 计算并返回面积，否则返回面积为 0。

每个小问题都用一个函数实现，main 函数完成数据的输入、处理、输出的功能。该程序的流程图如图 4-3 所示。

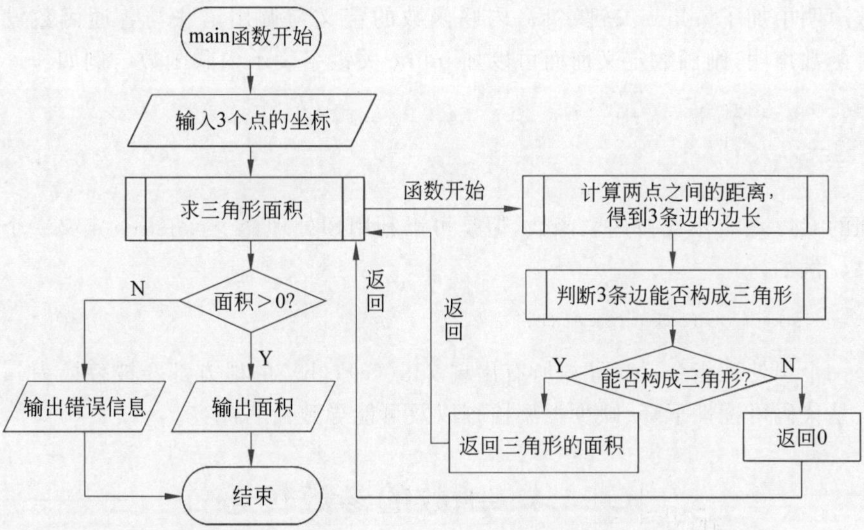

图 4-3　函数嵌套调用的例子——根据 3 个点的坐标输出三角形的面积

3 个自定义函数声明如下：

```
double Distance(double x1,double y1,double x2,double y2);
bool IsTriangle(double a, double b, double c);
double AreaOfTriangle(double ax, double ay,double bx,double by,double cx, double
cy);
```

AreaOfTriangle 定义如下：

```
double AreaOfTriangle2(double ax, double ay, double bx, double by, double cx,
double cy){
    double ab, bc, ca;                  //3 条边长
    ab = Distance(ax,ay,bx,by);         //a 和 b 的距离
    bc = Distance(bx,by,cx,cy);         //b 和 c 的距离
    ca = Distance(cx,cy,ax,ay);         //c 和 a 的距离
    if (IsTriangle(ab, bc, ca)) {
        double s = (ab + bc + ca) / 2;
        double area = sqrt(s * (s - ab) * (s - bc) * (s - ca));
        return area;
```

```
    }else
    return 0.0;    //不能构成三角形,面积为 0
}
```

4.3.4 调用内联函数

C99 语言与 C++ 支持函数声明语句在返回值类型前面加上 inline 关键字,这个函数被称为内联函数。内联函数是一种编译器的优化技术,它允许编译器在编译时将函数体直接嵌入到每个调用点,以减少函数调用的开销,适用于代码简单又频繁被调用的函数,例如简单的数学运算或 if 语句。例如:

```
inline int add(int a, int b);
```

函数声明中加了 inline 关键字后,内联函数的定义与调用语法与普通函数没有区别。如果没有函数声明,则函数定义前面可以加 inline 关键字表示内联函数。例如:

```
inline int add(int a, int b) {
    return a + b;
}
```

早期的 C89 语言不支持内联函数,但是可以利用预处理命令 #define 定义一个宏,达到类似效果。例如:

```
#define add((a),(b))   (a) + (b)
```

这是一个预处理指令,编译时,所有出现 add((a),(b))的地方都会被替换为(a)+(b)。它的缺点是代码可读性下降、缺少类型检查以及可能导致命名冲突。

4.4 函数的参数传递

调用函数时,主调函数与被调用函数的信息交换是依靠函数的参数实现的,被调用函数的形参变量获得内存空间,并接收主调函数的实参的值。形参与实参占据不同的内存空间。C 语言中函数的参数传递有两种方式:值传递和址传递;C++ 语言增加了引用传递。址传递时 C&C++ 所特有的传参方式。本节介绍高级语言中常见的值传递和引用传递,在 6.2.2 节中介绍址传递。

4.4.1 参数的值传递

最常见的一种传参方式是值传递,即形参变量单向接收实参的值,形参变量的任何修改都不会影响实参的值。参数的值传递增强了函数的独立性,避免了调用函数时对主调函数内部变量值的修改。

前面的自定义函数 IsTriangle 与 AreaOfTriangle 函数都采用了值传递的方式。实参可以是具体的常量值,如 AreaOfTriangle(3,4,5)会返回三角形面积,这 3 个数作为边长能构成一个三角形。

函数的实参也可以是变量或表达式。例如,main 函数中定义了 double 型变量 a、b、c,获得用户输入后调用 AreaOfTriangle(a,b,c)函数,参数值传递如图 4-4 所示。形参变量 a、 b、c 虽然与实参变量 a、b、c 的名称相同，但是对应着不同的内存单元，并且每个函数执行中只能看到自己函数内部的变量。例如，main 函数只能看到自己内部定义的变量 a、b、c，而看不到 AreaOfTriangle 函数中的变量。执行 AreaOfTriangle 函数时，对形参变量的修改并不会影响实参的值。

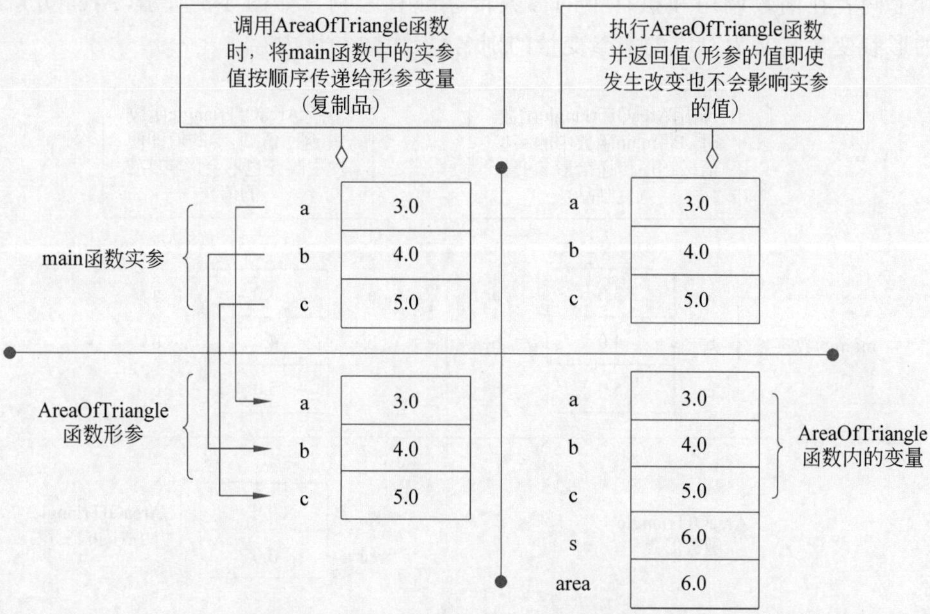

图 4-4　AreaOfTriangle(a，b，c)函数的参数值传递

4.4.2　C++ 的引用传递

引用类型是 C++ 中新增加的数据类型，引用型变量就是变量的别名。C++ 的变量可以取别名。引用型变量在定义时必须初始化。变量及其别名都对应同一个内存空间。

引用型变量在定义时以 & 开头，同时要对被引用的变量赋初值。例如：

```
int a = 10;
int &b = a;
```

表示定义一个引用型变量 b，b 是对变量 a 的引用（别名），a 与 b 使用同一内存空间。接下来，对 a 和对 b 进行操作是一样的。例如：

```
b = b + 10;
cout << a;
```

输出结果是 20。

在 C++ 的引用传递中，实参是被引用的变量，形参是引用型变量（别名）。函数在调用时定义形参变量为实参变量的别名，这样形参与实参操作同一块内存空间，免去了内存空间的分配以及赋值的过程，提高了效率。

例如，修改 AreaOfTriangle 函数的形参变量为引用型变量，则函数定义为：

```
double AreaOfTriangle(double &a, double &b, double &c){
    double s = (a + b + c) / 2;
```

```
    double area = sqrt(s * (s-a) * (s-b) * (s-c));
    return area;
}
```

从形式上看,引用传递与值传递的函数定义区别仅仅是定义时在变量名前面加上 &,但实际上两者在函数调用和执行中的参数传递都有区别。如图 4-5 所示,AreaOfTriangle 函数的形参变量定义为对应的实参变量的别名,操作同一块内存。

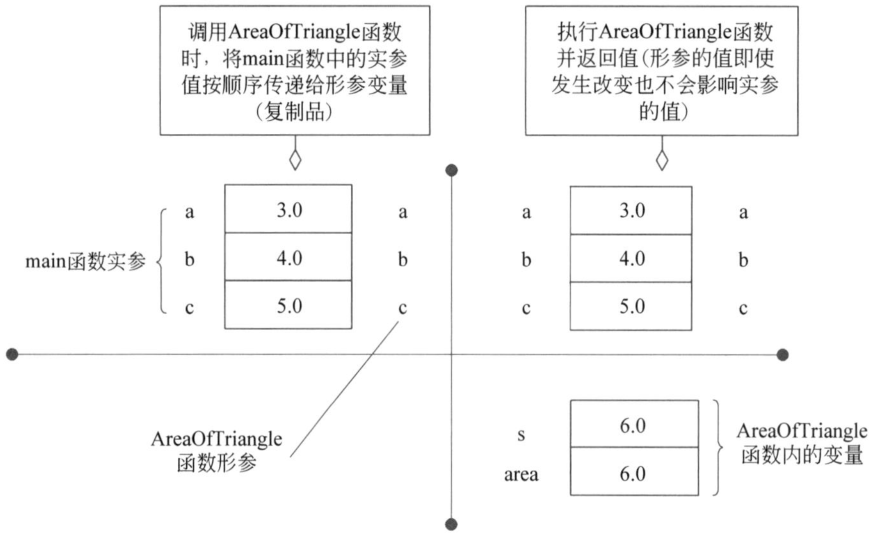

图 4-5 AreaOfTriangle 函数的参数引用传递

引用传递的另一个优点是改变形参的值就是修改实参的值,因此可以快速实现主调函数与被调用函数之间的信息传递。

【例 4-5】 自定义一个函数,交换两个数的值。

算法分析:

(1) 形参使用引用型变量,是对实参变量的引用。因此,对形参值的修改就是对实参值修改。

(2) 交换算法:见 2.9.1 节。增加一个临时变量,作为交换的临时存储区。

自定义函数的代码如下:

```
void Swap(double &a, double &b){
    double temp = a;
    a = b;
    b = temp;
}
```

注意:使用引用型变量作为函数的形参时,实参必须是可以被引用的变量,不能是常量或表达式。此外,在函数体内,引用形变量的书写形式与被引用变量的语法完全一致,只是名字可能不同而已。

表 4-4 以 Swap 函数为例列出了引用型变量作为函数形参的常见错误。

表 4-4　引用变量作为形参的常见错误——以 Swap 函数为例

Swap 函数的错误写法	说　　明

void Swap(double &a, double &b){
    double temp = &a;
    &a = &b;
    &b = temp;
}
	在函数体内执行语句时，变量名前面加上 & 表示变量的地址，编译时会出现类型转换错误：
	[Error] cannot convert 'double * ' to 'double' in initialization
	(double * 表示 double 类型的指针，详见 6.2.1 节)
	以及赋值的左值错误：
	[Error] lvalue required as left operand of assignment
	(左值必须是变量，而 &a 是变量 a 的地址)

void Swap(double &a, double &b){
    double& temp = a;
    a = b;
    b = temp;
}
	函数体内定义的变量 temp 是变量 a 的别名，也就是 main 函数中实参变量的别名，它们都对应同一块内存空间。因此执行 a = b;后，temp 的内存空间(也是 a 的内存空间)存放的是 b 的值，a 的值被 b 覆盖后丢失

void Swap(double &a,double &b){
…}
int main(){
    double m=2 , n=3;
    Swap(&m, &n);
    ⋮
}
	引用变量的函数在被调用时，实参是变量名，不要加地址符 &，否则在编译时会出现引用变量初始化类型错误：
	[Error] invalid initialization of non-const reference of type 'double&' from an rvalue of type 'double * '
	Swap 函数的正确调用格式是：
	Swap (m, n);

*4.4.3　const 修饰引用形参

如果既希望利用引用传递免去内存分配和复制的过程，又不希望实参值被改变，可以在定义形参变量的前面加上 const 修饰，变为常引用类型，表示变量的值不能修改。例如，将 AreaOfTriangle 的原型声明改为：

```
double AreaOfTriangle(const double &a,const double &b, const double &c);
```

在引用参数的前面增加 const 修饰符，则形参变量值不能修改，就能既达到值传递的效果，又减少了形参变量分配内存的开销，是参数传递的首选方法。而且，这种方法限定了函数形参是 const 类型，可以避免以后其他人维护函数定义时在函数内部修改了形参引用变量的值。

4.5　变量的作用域与生存期

变量根据其在程序中的声明位置，分为局部变量和全局变量，它们在内存中的存放区域不同，生存期不同，被引用的区域(即作用域)不同。

4.5.1　局部变量的作用域与生存期

在函数、语句等代码块中声明的变量是局部变量(local variable)，局部变量的作用域

(scope)是从声明开始直到所属代码块结束。因此,不同函数允许在内部声明同名变量,它们在各自所属的作用域中被使用。

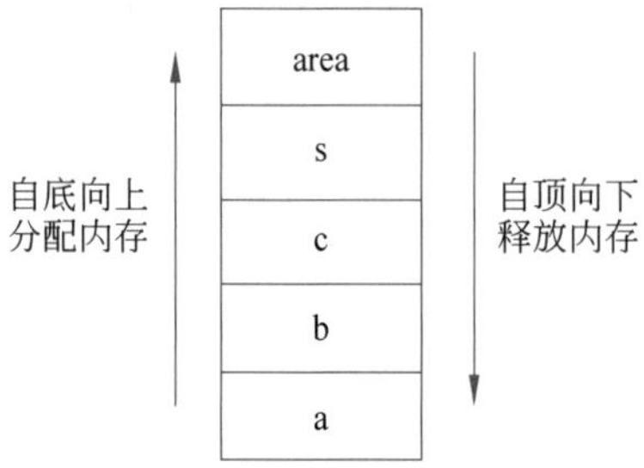

图 4-6 AreaOfTriangle 函数中局部变量的内存分配与回收顺序

局部变量存储在栈内存中,当变量所属的代码块(函数、语句)执行完毕后,变量的内存被操作系统自动回收。由于栈是一种以后进先出特点存放数据的数据结构形式,先声明的变量会后回收。如 AreaOfTriangle 函数中定义的局部变量共 5 个,包括 3 个形参变量 a、b、c 以及函数内部定义的 2 个局部变量 s、area,变量的分配与回收顺序是:分配 a、分配 b、分配 c、分配 s、分配 area、回收 area、回收 s、回收 c、回收 b、回收 a,如图 4-6 所示。

每个局部变量仅在其所属的函数或语句范围内生效,因此不同函数内部的同名变量并没有任何冲突,它们各自有自己的内存空间和生存周期。

4.5.2 全局变量的作用域与生存期

在函数外部声明的变量是全局变量(global variable)。全局变量的作用域是从变量声明直到程序结束。也就是说,一个全局变量声明语句之后的所有语句及函数块都能使用该全局变量。

全局变量存储在全局数据区中,当程序执行结束后回收内存。全局变量一般声明在文件的头部,方便文件中各函数的使用,但是全局变量也破坏了函数的封装性,因此只在特殊情况下使用。

【例 4-6】 利用全局变量实现三角形的判断及计算面积。

算法分析:将 3 条边长定义为全局变量,自定义函数为无参函数,都使用全局变量完成。全局变量定义、自定义函数声明和主函数定义如下:

```
double a, b, c;                              //定义全局变量 a,b,c
bool IsTriangle ();                          //自定义函数声明
double AreaOfTriangle ();                    //自定义函数声明
int main(){
    cin >> a >> b >> c;                      //输入值给全局变量 a,b,c
    bool flag = IsTriangle();                //调用无参函数 IsTriangle
    if(flag) {
        double area = AreaOfTriangle();      //调用无参函数 AreaOfTriangle
        cout << area;                        //输出面积
    }else
        cout << "It is not a triangle!" << endl;
    return 0;
}
```

表面看,各函数内部都无须定义局部变量 a、b、c,全部使用同一组全局变量 a、b、c,代码比较简单。但是全局变量对于函数的独立性和封装性而言是有局限的。

(1) 函数的封装性差,无法保证其他函数内部不修改全局变量的值。

(2) 函数的移植性差,函数应用到其他工程时,必须依赖一个外部的全局变量,而无法保证变量声明与该工程没有冲突，带来移植困难。

函数内部定义的形参变量等局部变量仅在函数内部有效，这样有利于大规模的程序设计中的变量重名带来的冲突问题。

要注意局部变量与全局变量同名的问题。由于全局变量与局部变量定义在不同的内存空间中（全局数据区和栈内存），所以允许局部变量与全局变量同名，但是优先使用局部变量。例如：

```
double a, b, c;
bool IsTriangle () {
    double a, b, c;
    return a + b > c && a + c > b && b + c > a && a > 0 && b > 0 && c>0;
}
```

当 IsTriangle 函数被调用时，函数体内定义了局部变量 a、b、c，则优先使用局部变量 a、b、c，它们都是随机值（未初始化未赋值），return 语句返回的表达式也是随机值。

*4.5.3　静态变量的作用域与生存期

函数内部的局部变量在每次被调用时获得内存，调用结束时释放内存。如果下次调用时希望保留上一次的局部变量的值，要用关键字 static 将局部变量定义为静态变量（static variables）。静态变量存储在全局数据区中，在声明时必须初始化，函数调用结束后不会回收内存，下次调用时直接使用变量（初始化只在第一次调用时执行一次），当程序执行结束后回收内存。

【例 4-7】　自定义函数实现输出一个空格，每输出 3 个空格就输出一个换行符。

算法分析：自定义 format 函数，声明静态变量 n 来控制函数被调用的次数，初始值为 0，每调用一次加 1，调用 3 次就输出'\n'。

源代码示例：

```
#include<iostream>
using namespace std;
void format();              //自定义函数：每次调用输出一个空格，每调用 3 次输出一个换行符
int main(){
    cout << "a";    format();
    cout << "b";    format();
    cout << "c";    format();
    cout << "d";    format();
    cout << "e";    format();
    return 0;
}
void format(){
    static int n = 0;       //静态变量记录函数被调用的次数，初始为 0
    cout << " ";            //每次函数调用时，输出一个空格
    n ++ ;                  //每次函数调用时，记录次数加 1
    if (n % 3 == 0)
        cout << endl;       //每当函数调用次数为 3 的倍数，输出换行符
}
```

运行结果如下：

```
a b c
d e
```

如果去掉 static 关键字,则每次调用 format 函数时,都要为变量 n 分配内存,调用结束后回收 n 的内存,就无法保存 n 的值,也就无法实现每行输出 3 个字符的功能。

如果将 n 定义为全局变量,也能解决此应用,但是全局变量破坏了函数的封装性。

因此,如果既希望保留变量的作用域不变(保证函数的封装性),又希望延长变量的生存周期到程序结束,可以使用静态变量。

4.6 C++ 的函数重载与默认参数

C++ 提供了函数重载与默认参数等特性,有助于设计一致的接口,降低代码重复,增强函数调用的灵活性,为用户在函数调用时提供更多便利。

4.6.1 C++ 的函数重载

函数重载是指在同一作用域内定义了多个具有相同名称但参数列表不同的函数。在函数声明中,函数名称、参数类型及个数构成了函数的签名,签名唯一地标识了一个特定的函数。

函数与变量一样,在同一个作用范围内是不能重名的。编程时,经常要实现同一类的功能,只是有些细节不同,例如求圆、长方形或三角形面积,函数的功能都是求面积,只是参数不同,内部处理的算法不同。例如下面的函数原型声明,每个形状面积定义了不同的函数名:

```
double AreaOfTriangle(double a, double b,double c);     //求三角形面积
double AreaOfRectangle(double w, double l);             //求矩形面积
double AreaOfCircle(double r);                          //求圆的面积
```

C++ 语言提供了函数重载的功能,允许用同一个函数名定义多个函数,只要这些函数的参数列表不同即可,这样就极大方便了程序设计者以及使用者,便于记住函数名。

函数的签名分为以下几种情况:

(1) 参数的数据类型不同。

(2) 参数的个数不同。

(3) 参数的数据类型和个数都不同。

判断函数是否重载,不考虑函数的返回类型,多个重载函数的返回类型可以相同,也可以不同。

在 C++ 中可以将上述 3 个函数原型改写为:

```
double Area(double a, double b, double c);     //求三角形面积的函数
double Area(double w, double l);               //求矩形面积的函数
double Area(double r);                         //求圆的面积的函数
```

函数 Area 有 3 个函数重载版本,它们的差别在于参数的个数不同。调用函数时,根据实际参数的数据类型及个数决定调用相匹配的函数。例如:

```
double area1 = Area(3, 4, 5);      //计算边长为 3、4、5 的面积并赋给变量 area1
double area2= Area (6, 10);        //计算长和宽为 6 和 10 的矩形面积并赋给变量 area2
double area3 = Area (2);           //计算半径为 2 的圆的面积并赋给变量 area3
```

4.6.2 C++ 的默认参数

一般情况下，函数调用时将实参的值传递给形参，因此实参的个数和类型必须与形参相同，否则会出现形如[Error] too few arguments to function '…'的错误。C++ 允许在函数声明或定义中给形参一个默认值，这样，在函数调用时，可以用默认实参值来自动填充。

C++ 中在函数声明中可以在形参列表定义的同时指定值，一般形式为：

返回数据类型 函数名称(形参 1=默认值 1, 形参 2=默认值 2, ...);

其中：(1) 只在函数声明时指定形参默认值，函数定义时不再指明形参默认值。

(2) 如果函数有多个形参，指定参数默认值时，需要遵循一个规则：一旦某个形参指定了默认值，那么其右侧所有的形参都必须指定默认值，即指定默认值的参数必须放在形参列表的最右端，否则出错。

(3) 函数调用时，实参按顺序逐个传给形参。当实参比形参少时，形参如有默认值则取默认值，否则出现参数过少的错误。

(4) 如果有重载函数时，要注意带默认参数的函数不能与其他重载函数有相同的函数签名情况，否则会产生调用时的二义性，编译失败。

函数原型声明及调用举例如表 4-5 所示。

表 4-5 函数声明与调用举例

函数原型声明	函数调用举例及说明
int fun(int a, int b, int c);	int n = fun(1,2,3); 无默认参数，实参必须有 3 个

int fun(int a, int b, int c=1);	int n = fun(1,2,3);
	实参个数与形参相同，形参按顺序接收实参的值，即 a 的值是 1，b 的值是 2，c 的值是 3
	int n = fun(1,2);
	实参个数少于形参个数，形参按顺序接收实参的值，即 a 的值是 1，b 的值是 2，而 c 的值是默认值 1

int fun(int a=1, int b=2, int c=3);	int n =fun(1,2,3);
	a 的值是 1，b 的值是 2，c 的值是 3
	int n = fun(1,2);
	a 的值是 1，b 的值是 2，c 的值是 3
	int n = fun(5);
	a 的值是 5，b 的值是 2，c 的值是 3
	int n = fun();
	a 的值是 1，b 的值是 2，c 的值是 3

int fun(int a=1, int b=2, int c);	出现编译错误： [Error] default argument missing for parameter 2 of 'int 如果形参 a 设默认值，则右边的 b 和 c 都要设默认值

4.6.3 陷阱：函数重载的二义性

需要注意的是，函数重载与默认参数特性会带来同一个函数名可能有多个参数列表的原型声明，调用时会根据实参的类型或个数选择完全匹配的那个函数，如果没有找到完全匹配的数据类型，会自动进行类型转换后再次寻找匹配的函数。如果类型转换后仍然找不到相匹配的函数，会出现编译错误，提示信息如下：

```
"[Error] no matching function for call to '具体的函数声明'"
```

如果函数调用时发现有多个函数可以匹配，就会出现混淆，系统不知道该调用哪个函数，也会出现编译错误，提示信息如下：

```
"[Error] call of overloaded '具体的函数声明' is ambiguous"
```

1. 带默认参数的函数包含重载函数时的二义性

带默认参数的函数不能与其他重载函数有相同的函数签名情况，否则会产生调用时的二义性，编译失败。例如一个文件中有以下两个函数原型声明：

```
int fun(int a, int b, int c = 1);
int fun(int a, int b);
```

第一个 fun 函数带默认参数，意味着函数调用有两个 int 参数、3 个 int 参数两种可能，带两个 int 参数的声明与第二个 fun 函数相同，因此当调用函数 fun(2, 3)时，两个 fun 函数都适应两个整型实参，有二义性，会出现编译错误：

```
[Error] call of overloaded 'fun(int, int)' is ambiguous
```

2. 参数隐式类型转换时的二义性

如图 4-7 所示，程序中定义了 Max 重载函数，分别求两个整数的较大值和两个实数的

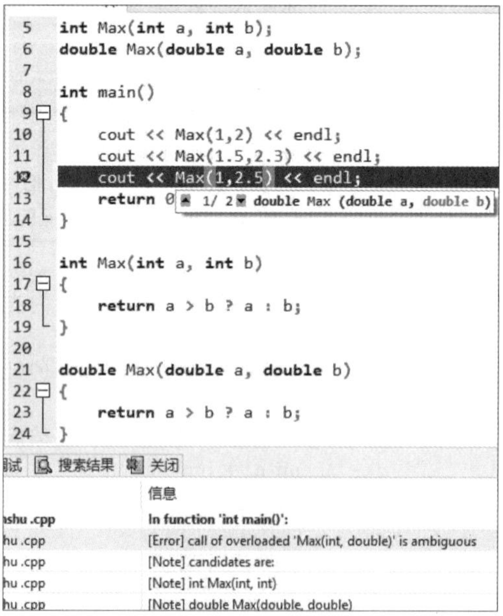

图 4-7 重载函数调用时的二义性举例

较大值。当调用函数时，第 10 行的 Max(1,2)会匹配“int Max(int, int);”，第 11 行的 Max(1.5,2.3)会匹配“double Max(double,double);”，而第 12 行的 Max(1,2.5)在调用时没有找到完全匹配的函数，因此产生了二义性。解决办法是，明确选择其中的某一个函数来调用，修改第 12 行的函数调用，一种是 Max(static_cast<double>(1),2.5)将 1 转换为 double 型，另一种是 Max(1,static_cast<int>(2.5))将 2.5 转换为 int 型。

4.7　递归思想——递归函数

在自顶向下的程序设计中，一个复杂问题被逐渐划分为若干小的更简单的问题，在某些情况下，一个问题的子问题也用相同的算法来解决，这种求解的问题具有自我调用的重复特性，即递归性。在实际应用中，这种递归设计思想是一种常见的算法设计思想，如简单的阶乘、斐波那契数列的求和、深度优先搜索等。

在函数定义中直接或间接调用自身的函数称为**递归函数**(recursive function)。

4.7.1　递归函数的定义

递归函数的定义与普通函数类似，只是在函数体内部会调用自身。为了防止无限次调用自身，函数内部会用选择结构来控制某个分支，以结束当前函数的执行，返回到函数调用点。递归函数定义的一般形式为：

```
返回类型 函数名(形参列表){
    if (条件)
        return 值;
    …
    包含调用自身的语句
    …
}
```

【例 4-8】　递归函数求 $n!(n\geqslant 0)$。

算法分析：n 的阶乘的计算公式为 $n!=n(n-1)\ (n-2)\times\cdots\times 2\times 1$。

这是一个有限次的乘法，$n!$的值是 $n(n-1)!$，$(n-1)!$的值是$(n-1)\ (n-2)!$……只要有了前一个数的阶乘，就能计算出当前数的阶乘，直到 n 为 0 结束，0 的阶乘是 1。这样就找到了递归的公式：

$$n!=\begin{cases} n*(n-1)!, & n>0 \\ 1, & n=0 \end{cases}$$

函数定义如下：

```
int Factorial(int n){
    if(n==0)                            //函数的出口，当 n 为 0 时结束调用自身
        return 1;
    else
        return n * Factorial(n-1);     //调用自身，调用结束后回到此处继续运行
}
```

4.7.2 递归函数的调用过程

递归函数的定义一般都很简单,只包含简单的 if 语句,调用自身时不会有大量复杂的循环结构等语句。但是递归函数的调用过程很复杂,要经历多次函数调用、返回的过程,每次调用都要记住函数名(在内存中保存函数名,函数名是一个地址值)、分配形参变量、接收实参的值等,内存消耗比较大。如果没有递归截止的条件,函数会不断调用自身,最终会耗尽内存,导致程序异常结束。

【例 4-9】 *n*! 的递归函数调用过程及值的变化(0≤*n*≤12)。

为了方便观察,在 Factorial 函数中增加了临时变量 f 保存中间结果,还增加了一些输出语句观察中间运行结果。此外,修改递归函数结束的条件为 n==0 || n==1。

修改的 Factorial 函数源代码如下:

```
int Factorial(int n){
    cout << "n=" << n << endl;
    if(n==0 || n==1)
        return 1;
    else{
        int f = n * Factorial(n-1);
        cout << "Factorial(" << n << ")=" << f << endl;
        return f;
    }
    cout << "the end.";
}
```

测试 Factorial 函数,执行“cout << Factorial(3);”语句后的运行结果如下:

```
n=3
n=2
n=1
Factorial(2)=2
Factorial(3)=6
6
```

调用 Factorial(3)时,进入 Factorial 函数中,递归调用过程详见图 4-8,Factorial(3)让 Factorial 函数被调用了 3 次:Factorial(3)、Factorial(2)、Factorial(1),每次函数在执行了部分语句后就跳到另一个函数继续执行,执行结束后回到上一层调用点,直到最后的 Factorial(3)函数调用完毕后返回 main 函数。

执行 Factorial 函数时,if…else 语句中都有 return 语句,执行完毕后会结束函数调用,因此后面的输出语句“cout <<"the end.";”从来没有被执行过。

注意:本例仅是通过 n 的阶乘来反映递归函数的调用过程。例子中限定了 n 的值的范围是 0~12,如果 n>12,n 的阶乘就超出了 int 型的存储范围,需要用 double 型存储。表 4-6 分别展示了 int 型和 double 型的值,当 n 为 int 型,最大能计算到 12!。

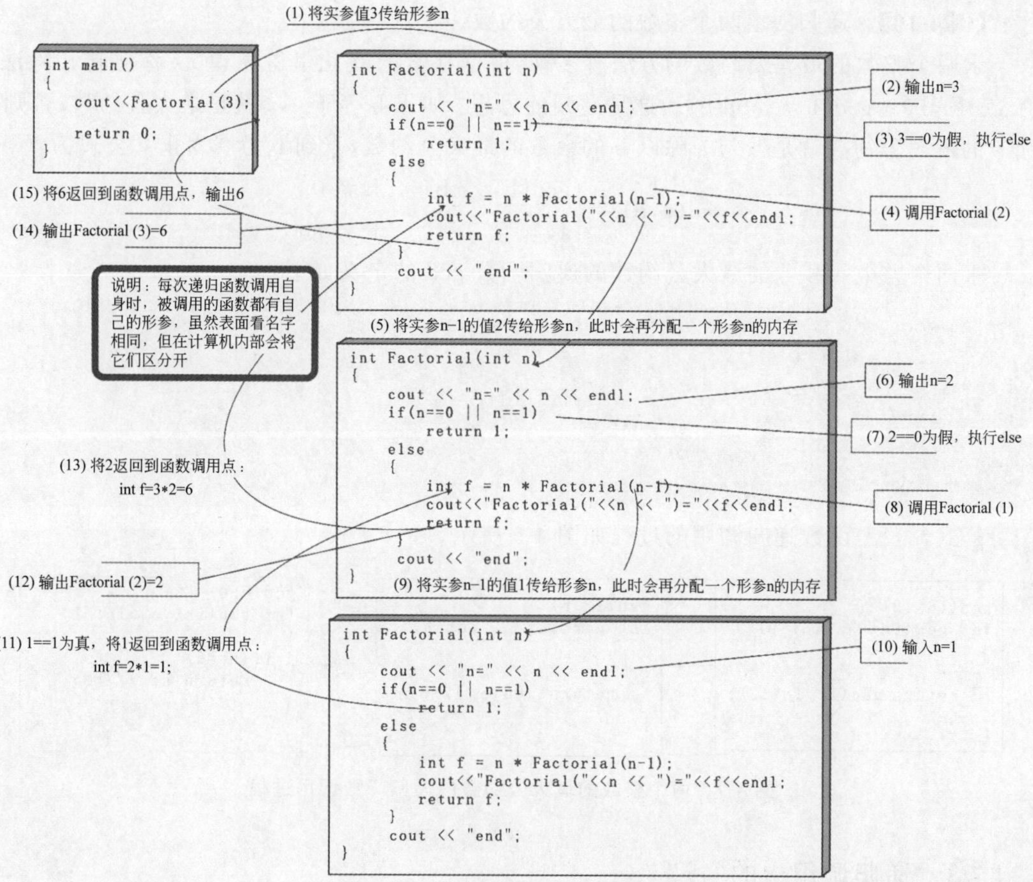

图 4-8　递归函数执行 3! 的调用过程

表 4-6　Factorial 函数返回类型为 int 与 double 时 n!(n∈[2,20])

Factorial 返回类型为 int 型时的结果	Factorial 返回类型为 double 型时的结果
Factorial(2)＝2	Factorial(2)＝2
Factorial(3)＝6	Factorial(3)＝6
Factorial(4)＝24	Factorial(4)＝24
Factorial(5)＝120	Factorial(5)＝120
Factorial(6)＝720	Factorial(6)＝720
Factorial(7)＝5040	Factorial(7)＝5040
Factorial(8)＝40320	Factorial(8)＝40320
Factorial(9)＝362880	Factorial(9)＝362880
Factorial(10)＝3628800	Factorial(10)＝3628800
Factorial(11)＝39916800	Factorial(11)＝39916800
Factorial(12)＝479001600	Factorial(12)＝479001600
Factorial(13)＝1932053504(从此开始向下均错)	Factorial(13)＝6227020800
Factorial(14)＝1278945280	Factorial(14)＝87178291200
Factorial(15)＝2004310016	Factorial(15)＝1307674368000
Factorial(16)＝2004189184	Factorial(16)＝20922789888000
Factorial(17)＝−288522240	Factorial(17)＝355687428096000
Factorial(18)＝−898433024	Factorial(18)＝6402373705728000
Factorial(19)＝109641728	Factorial(19)＝121645100408832000
Factorial(20)＝−2102132736	Factorial(20)＝2432902008176640000

【例 4-10】 递归法求两个整数的最大公约数。

求两个整数的最大公约数的方法有多种,根据朴素的欧几里得原理(又称辗转相除法)有 gcd(a,b)=gcd(b,a mod b)。这是递归的思想:如果 b 等于 0,a 就是最大公约数;否则 a 和 b 的最大公约数就是 b 与 a 除以 b 的余数的最大公约数,直到 b 为 0 为止。公式为:

$$\text{gcd}(a,b)=\begin{cases}\text{gcd}(b,a\%b), & b\neq 0\\ a, & b==0\end{cases}$$

求两个整数 a 和 b 的最大公约数的递归函数 gcd 的定义如下:

```
int gcd (int a, int b) {
    if(b == 0)
        return a;
    else
        return gcd (b, a%b);
}
```

gcd(18,12)函数递归调用的过程如图 4-9 所示。

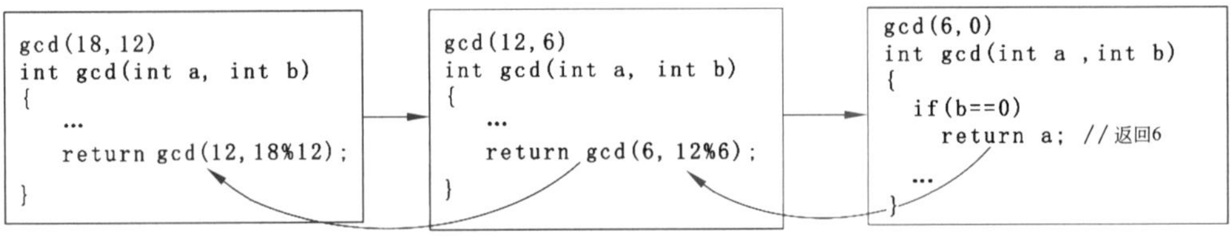

图 4-9 两个整数的最大公约数的递归函数调用过程

*4.7.3 递归调用中的"栈"

栈是一种数据结构,具有后进先出的特点。可以把计算机内存中的栈结构想象成一个纸箱,纸箱的底部是密封的。用户向纸箱中放书时,第一本书被放在箱子的底部,然后将第二本书放到纸箱中,在第一本书的上面,以此类推,最后放的书在最上面;取书时,首先取走最上面的书,然后依次取书,这就是后进先出的过程。

调用函数时,将函数定义的信息写到一张纸上,用实参值代替形参,然后放到纸箱中开始执行函数体的语句,当执行到函数调用时,将暂时停下现在纸上的计算,记录挂起的信息,然后,再取一张新纸,将函数定义的信息写到纸上,重复刚才的过程……当函数调用结束后,取出最上面的一张纸,这就是刚才调用函数时被挂起的位置,从此位置继续执行,重复这个过程。函数调用时,向栈中写入信息;函数调用结束后,从栈顶获取信息,返回到函数调用点,继续向下执行语句,直到程序结束。

如果递归函数没有结束点,将一直无限调用自身,当栈内存被写满以后,再写就会出现栈溢出错误。因此递归函数中一般存在选择结构,在满足某个条件时不再执行函数的递归调用。

4.8 实用知识:C++ 函数高级特性

C++ 的函数高级特性为程序员提供了强大的工具,以编写更高效、更灵活和更可维护的代码。本节介绍 3 个 C++ 函数特性:返回类型推导、类型后置、匿名函数。

4.8.1　返回类型推导

C++ 11 增加了返回类型推导(Return Type Deduction)特性，它的返回类型定义为 auto，编译器根据函数体中的返回语句来自动推导出函数的返回类型。如果所有返回语句返回的是同一类型，或者可以自动类型转换为同一类型，编译器就可以成功推导出返回类型。如果函数中没有返回语句，或者返回类型不一致，编译器无法推导返回类型，会造成编译错误。例如：

```
auto add(int a, int b) {
    return a + b;                        //返回类型为 int
}
auto compute(int a) {                    //定义错误：无法推导返回类型，因为返回类型不同
    if (a > 0)
        return sqrt(a);                  //返回类型为 double
    else
        return false;                    //返回类型为 bool
}
```

类型推导使函数定义更加灵活和简洁，同时保持了类型安全。

4.8.2　返回类型后置

返回类型后置(Trailing Return Type)是一种可选的函数返回类型声明方式，它将返回类型放在函数参数列表之后，提供了一种更灵活的方式来指定返回类型，更适用于返回类型比较复杂或依赖于参数的情况，例如使用模板或 auto 关键字。

例如：

```
auto f(double, int) ->double;              //等同于传统的 double f(double, int);声明
template <typename T, typename U>
auto add(T x, U y) ->decltype(x + y) {   //decltype 指定类型
    return x + y;
}
```

这里的 template 声明了一个函数模板，包括两个类型参数 T 和 U。当调用函数时，编译器会根据实参的类型来实例化这个函数模板。因此形参 x 和 y 的数据类型分别是抽象的 T 和 U，实参可以是支持加法运算符＋的任意类型，例如 add(1,2)、add(1,2.5)等。函数模板概念见 11.1 节。

函数的返回类型 auto 是自动推导类型，具体的数据类型使用 decltype。decltype 可以推导出表达式 x＋y 的类型，也就是说，函数的返回类型取决于传给参数 x 和 y 的实参类型。

类型后置方式可以让函数的返回类型更加灵活，因为它可以依赖于参数的类型，提高代码的安全性和正确性。

4.8.3　匿名函数(Lambda)

C++ 11 标准引入的 Lambda 表达式(也称为 Lambda 函数、匿名函数)是 C++ 语言的一个重要特性，它允许创建匿名函数，使得代码简洁和易于理解，极大地简化了函数式编程的复杂度。Lambda 表达式作为函数对象使用，可以接收参数执行操作，也可以作为其他函数

中的参数。Lambda 表达式的基本语法如下：

```
[](参数列表) ->返回类型 { 函数体 }
```

说明：

(1) []控制 Lambda 表达式捕获外部作用域中的变量。[]内部为空表示不捕获任何变量,也可以在[]内设定捕获外部变量的值、引用等。例如：

```
int v = 3;
auto f = [v](int x)->bool { return x > v; };
cout << f(5);
```

第 2 行的右值为匿名函数,该函数的形参是 int 型,返回结果为 bool 型,函数体中表达式变量来自形参 x 和外部变量 v。因此 f 会被推导为一个函数对象,它能够接收一个 int 参数并返回 bool 值。第 3 行输出 f(5)的值 1,即 5>3 的结果为 true。

(2) 返回类型如果省略,编译器会根据函数体推断返回类型。

例如下面两行代码：

```
auto f = [](int x, int y){ return x + y; }
int result = f(10, 20);
```

第 1 行定义的 f 被推导为一个函数对象,它能够接收 2 个 int 型参数,计算并返回这 2 个形参的和,按照类型推导为 int 型。第 2 行调用 f(10,20)就是调用了 Lambda 表达式,将 10 传给 x,20 传给 y,返回 30 给 result。

Lambda 表达式应用广泛,它可以在任何需要函数对象的地方使用,例如 STL 算法、线程等。

4.9 自定义函数的应用

4.9.1 获得用户选择的购物菜单

【例 4-11】 模拟一个购物菜单,接收用户的选择,执行子菜单的功能。

算法分析：在实际程序中经常需要向用户提供多个功能,由用户选择执行某个功能。一般将菜单定义为一个函数,显示时为每个菜单项附带一个整数序号,用户输入序号后,返回用户的选择(int 型)。在主函数中根据用户选择的菜单项执行某个分支功能,一般每个分支功能也会定义为一个函数。

程序参考代码如下,对于用户的选择,执行不同的分支功能：

```
#include<iostream>
using namespace std;
int menu();                         //显示菜单并返回用户选择的菜单项序号
void fun1();                        //菜单 1 的子功能
int main(){
    int choice = -1;                //定义序号变量初值为-1
    choice = menu();
    cout << "你选择了菜单" << choice << endl;
    switch(choice)  {
        case 1: fun1(); break;      //调用函数执行子菜单 1 的功能
```

```
        case 2: cout << "执行购买蔬菜的功能……"; break;
        case 3: cout << "执行结账的功能……"; break;
        case 0: cout <<"退出程序."; break;
        default: cout << "菜单输入错误";
    }
    return 0;
}
int menu(){
    cout << "************\n";
    cout << "1 购买水果  * \n";
    cout << "2 购买蔬菜  * \n";
    cout << "3 结账      * \n";
    cout << "0 退出      * \n";
    cout << "************\n";
    cout << "请输入 0-3 的整数: ";
    int key =-1;
    cin >> key;
    return key;
}
void fun1() {  //定义一个子菜单的功能,其他菜单项也都要定义一个函数
    cout << "执行购买水果的功能……";
}
```

运行结果如下：

```
************
1 购买水果 *
2 购买蔬菜 *
3 结账     *
0 退出     *
************
请输入 0-3 的整数: 2↙
你选择了菜单 2
执行购买蔬菜的功能……
```

4.9.2 递归求快速幂问题

幂运算是指将一个数(称为底数)乘以自身若干次的运算。在数学中,幂运算通常表示为 a^n,其中 a 是底数,n 是指数,表示底数被乘的次数。

简单的幂运算算法是：当 n 为 0 时幂为 1,当 $n>1$ 时,$a^n=a\times a^{n-1}$。

这样,可以定义一个简单的递归函数 power,函数定义如下：

```
unsigned long long power(int a, unsigned int n) {
    if (n == 0)
        return 1;                        //任何数的 0 次幂都是 1
    else
        return a * power(a, n - 1);      //调用自身求 a 的 n-1 次幂,再乘以 a
}
```

这个算法在每次递归调用中都进行一次乘法运算,时间复杂度是 $O(n)$。算法简单,但是当指数较大时可能会遇到效率问题和栈溢出的风险,因此适用于指数小的幂运算。

另一种用于高效计算幂运算的算法是快速幂。它基于数学原理,将指数折半求幂后再平方,通过递归不断折半指数 n,直到指数 n 为 0,极大减少了递归次数。计算公式为:

$$a^n=\begin{cases}(a^{\lfloor \frac{n}{2} \rfloor})^2, & a\ \text{为偶数}\\ a\times(m^{\lfloor \frac{n}{2} \rfloor})^2, & a\ \text{为奇数}\end{cases}$$

快速幂函数定义如下:

```
unsigned long long power(int a, unsigned int n) {   //指数 n 为无符号整数
    if (n == 0)
        return 1;
    else {
        long long half = power(a, n / 2);            //计算 a^(n/2)
        if (n % 2 == 0)
            return half * half;
        else
            return a * half * half;
    }
}
```

快速幂算法采用了分治思想,每次将问题规模减半,算法时间复杂度为 $O(\log n)$。

递归算法存在调用栈的开销,如果指数范围较大可能导致栈的溢出。为了避免递归带来的问题,我们可以使用迭代的方式来实现。迭代算法见第 5 章。

4.10 练习与思考

4-1 编写一个自定义函数,将一个实数四舍五入为整数。函数声明为:

```
int round(double x);
```

例如,调用 round(3.2)的值为 3,调用 round(3.8)的值为 4。

4-2 编写一个自定义函数,返回两个整数的四则运算结果。函数原型声明为:

```
int calc(int a,int b, char op);
```

op 的值为'+'、'-'、'*'、'/'之一,则计算并返回 a 与 b 的加、减、乘、除运算结果;如果是其他值则返回-999。

4-3 编写一个自定义函数,返回一个[start,end]范围内的随机整数。函数原型声明为:

```
int RandRange(int start, int end);
```

4-4 Fibonacci(斐波那契)序列又称黄金分割数列、因数学家列昂纳多·斐波那契以兔子繁殖为例子而引入,故又称为"兔子数列",在现代物理、准晶体结构、化学等领域都有直接的应用。

Fibonacci 指的是这样一个数列:1、1、2、3、5、8、13、21、34、……,在数学上,有如下推导公式:

$$F(n)=\begin{cases}0, & n=0\\ 1, & n=1\\ F(n-1)+F(n-2), & n\geqslant 2\end{cases}$$

自定义递归函数，计算并返回 Fibonacci 数列的第 n 项值。函数原型声明为：

```
int f(int n);
```

4-5　修改习题 3-5，自定义函数计算一元二次方程的根。根据参数 a、b、c 的值返回一元二次方程 $ax^2+bx+c=0$ 的根的个数，同时利用引用参数给出一元二次方程的两个根。自定义 main 函数完成参数的输入、函数调用、输出结果。自定义函数的原型声明为：

```
int roots(double a, double b, double c, double &root1, double &root2);
```

4-6　如果在一个函数中的复合语句中定义了一个变量，则该变量（　　）。

A. 在本程序范围内均有效　　B. 为非法变量

C. 在该函数中有效　　D. 只在该复合语句中有效

4-7　下列关于函数的叙述中，正确的是（　　）。

A. 函数必须具有一个参数　　B. 函数可以没有返回值

C. 函数在被调用之前必须先声明　　D. 函数不能自己调用自己

4-8　下面函数原型声明形式中，正确的是（　　）。

A. int fun(int x;int y)　　B. int fun(int x,int y)

C. int fun(int x,y);　　D. int fun(int x,int y);

4-9　下面的函数声明中，（　　）是“void BC(int a, int b);”的重载函数。

A. int BC(int a, int b);　　B. void BC(int x, int y);

C. double BC(int a, int b, int c=0);　　D. void BC(double a, double b);

4-10　在下列关于设置参数默认值的各种描述中，正确的是（　　）。

A. 不允许设置参数的默认值

B. 设置参数默认值时，应该是先设置左边的再设置右边的

C. 设置参数默认值时，应该是先设置右边的再设置左边的

D. 设置参数默认值时，应该全部参数都设置

4-11　有如下程序，编译运行这个程序将出现的情况是（　　）。

```
#include<iostream>
using namespace std;
void function(double val);
int main(){
    double val;
    function(val);
    cout << val;
    return 0;
}
void function(double val){
    val = 3;
}
```

A. 编译出错，无法运行　　B. 输出：3

C. 输出：3.0　　D. 输出一个不确定的数

4-12 若有下面的函数调用 fun(a+b,3,max(n−1,b)),则 fun 的实参个数是(　　)。

A. 3　　B. 4　　C. 5　　D. 6

4-13 下面函数调用的语句中,一定不正确的是(　　)。

A. max(3,a+b);　　B. max(3,5);

C. max(a,b);　　D. max(int a,int b);

4-14 下列关于函数定义中 return 语句的描述,错误的是(　　)。

A. 函数通过 return 语句仅能返回一个值

B. return 语句用于结束当前正在执行的函数,并将程序控制权返回给主调函数

C. 一个函数可以有多条 return 语句

D. 一个函数中必须有而且只能有一条 return 语句

4-15 函数返回值的类型是由(　　)决定的。

A. return 语句中的表达式类型

B. 调用该函数的主调函数实参的数据类型

C. 在定义该函数时所指定的函数返回类型

D. 调用该函数时系统临时分配的数据类型

第5章

迭代与循环结构

许多问题可以通过重复相同的操作来完成，通过指定次数或设定条件来控制执行过程。多次重复执行的结构称为循环，每一次循环称为迭代。

5.1 循环结构

假如要求系统输出 5 个随机数，可以重复写 5 条输出随机数的语句。如果要求输出 10 个随机数怎么办？100 个呢？此时可以利用循环语句，设计一个变量 n 记录要输出的随机数的个数，再定义一个计数器变量 counters，初始值为 1，每一次循环，输出一个随机数，然后计数器加 1，当计数器大于 n 时循环结束。这样可以根据用户的要求，用一条输出语句重复执行若干次得到结果。用流程图表示的这个程序如图 5-1 所示。

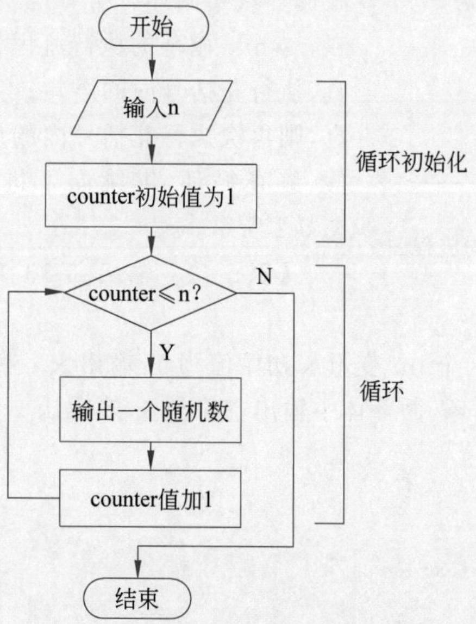

图 5-1 输出 5 个随机数的程序流程图

计算机的运算速度很快，只要找到解决问题的规律，利用循环语句，掌握控制循环条件的方法，其余的工作就可以交给计算机完成。

5.2 循环控制语句

在 C&C++ 中,常见的循环控制结构有 while 循环、do…while 循环和 for 循环。while 循环与 for 循环是当型循环,当满足条件时开始迭代,然后再判断条件,而 do…while 循环是直到型循环,首先开始依次迭代,然后判断条件,决定是否重复迭代。

5.2.1 while 语句

while 循环语句的特点是先判断条件,然后确定是否执行循环体。当条件为 true(非零)时,执行循环体,然后再判断条件,重复执行循环体,直到条件为 false(0)。

while 循环语句的一般形式为:

```
while (表达式){
    循环体
}
```

其中:(1) 表达式放在 while 后的圆括号内,可以是任何表达式(true 或非 0 值表示真,false 或 0 值表示假)。若表达式的值为真则执行循环体的语句,否则退出循环。

(2) while 后面的循环体在逻辑上只能是一条语句,因此循环体一般是一条复合语句,用一对花括号括起来。如果只有一条语句,花括号可省略。

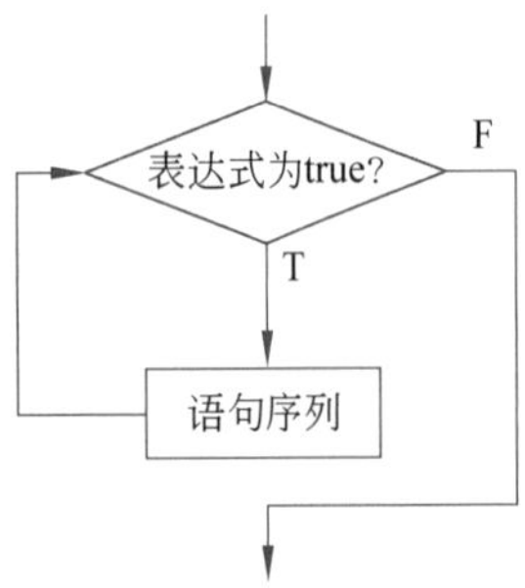

图 5-2 while 循环语句流程图

(3) 循环能够执行若干次,则条件表达式或循环体一定有关于循环终止的语句。否则循环一直无限重复,称为无限循环或死循环。

while 循环的执行流程为:①计算表达式的值,若值为真,执行花括号内的语句;②再次计算表达式的值,若值为真,则再次执行花括号内的语句;③重复,直到表达式值为假,终止循环,继续向下进行。while 循环语句流程图如图 5-2 所示。

【例 5-1】 输出[1-10]的所有整数,每个数之间占 1 个空格。首尾无空格。

算法分析:定义一个 int 变量 x 初始值为 1,输出 x。然后判断是否继续输出:当 x 小于或等于 10 时执行循环,循环体中输出空格与 x,然后让 x 值增 1。循环代码段如下:

```
int x = 1;
cout << x;
while(x<=10){
    cout << " " << x;
    x++;
}
```

【例 5-2】 输出 n 个[1,100]的随机整数,每个数占 5 位且右对齐,每行显示 5 个。

算法分析:首先将任务分解为两个子功能。

子功能一:生成一个[start,end]的随机整数。

子功能二:循环显示 n 个值。循环体中,每输出 5 个值后输出一个换行符,每个值按指定宽度格式输出。

将两个子功能分别自定义为函数。

(1) 自定义 RandRange 函数。利用 cstdlib 库中的 rand 函数生成随机数,再按[start,end]范围要求写出数学表达式。

(2) 自定义 PrintRandRange 函数。首先通过 ctime 库中的 time 函数和 cstdlib 库中的 srand 函数初始化随机种子,再通过循环控制 n 次,每次调用 RandRange 函数得到一个随机数,使用 iomanip 库中的 setw 方法指定输出值的格式,再判断输出个数是否 5 的倍数,如果是则输出一个换行符。

主函数接收用户输入的 n,调用 PrintRandRange 函数实现输出。

完整程序如下:

```
#include<iostream>
#include<iomanip>
#include<cstdlib>
#include<ctime>
using namespace std;
int RandRange(int start, int end);                       //生成[start,end]的随机整数
void PrintRandRange(int n,int start,int end);            //输出 n 个随机整数
int main(){
    int n;
    cin >> n;
    PrintRandRange(n,1,100);                             //输出 n 个[1,100]的随机整数
    return 0;
}
int RandRange(int start, int end){
    return rand()%(end - start+1) + start;
}
void PrintRandRange(int n,int start, int end){
    if(n<1)                                              //n 非有效值,结束函数
        return;
    srand(time(0));                                      //初始化随机种子
    int cnt = 1;                                         //定义计数器变量 cnt 初始为 1
    while(cnt <= n) {                                    //循环条件:小于或等于 n 个数
        cout<<setw(5)<<RandRange(start,end);             //输出[start,end]的随机整数
        if(cnt %5 == 0)                                  //每 5 个数输出一个换行符
            cout<< endl;
        cnt ++;                                          //计数器加 1
    }
}
```

运行结果如下:

```
23↙
   24   77    4   34   78
   38   38   31   74   75
   20   23   67   38   52
    4   26   90   42   55
   43   64   15
```

要完成 while 循环,需要有 3 个表达式:第 1 个表达式是循环变量 cnt 的定义及初始化

为1,第2个表达式是while括号内用于控制执行循环的条件表达式cnt<=n,第3个表达式是循环体中的cnt++修改了循环变量的值,使得本次循环体结束后再次回到表达式2,进而控制循环式继续重复执行还是结束。

5.2.2 for语句

for语句是一个功能强大的循环控制语句,用法非常灵活,几乎可以用于任何需要循环的场合。for与while一样,都是当型循环。

for循环语句的一般形式为:

```
for (表达式 1; 表达式 2; 表达式 3) {
    循环体
}
```

for语句将while语句中关于循环的3个表达式都写在for后面的圆括号中。表达式1主要用于循环条件中的变量初始化,只执行一次;表达式2是while后面圆括号中的循环条件,当表达式2为真时执行for后面的一条语句,可以用一对花括号括起来的复合语句或空语句等任何一条语句;执行完一次迭代工作后,计算表达式3的值,一般是循环条件中的变量值的修改,然后重复判断表达式2,为真重复循环过程,为假结束循环。

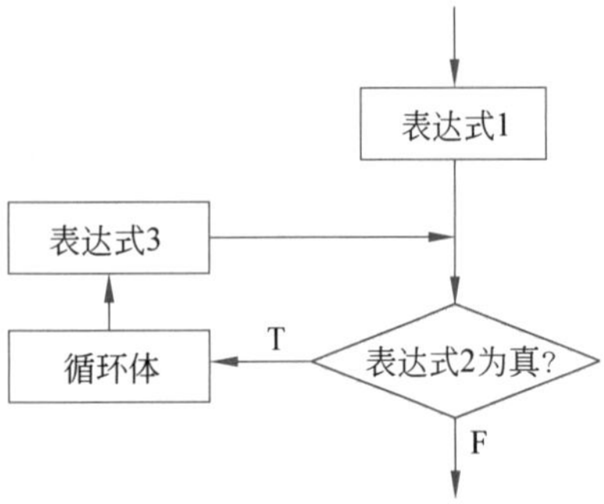

图5-3 for循环语句流程图

注意:for中的3个表达式之间用分号分隔,不能省略;而3个表达式都可以省略,如果在for语句的前面已经对循环变量做了初始化,则表达式1可以省略;如果循环条件永远为真,则表达式2可以省略;如果在循环体中写表达式3的内容,则表达式3可以省略。

for循环语句流程图如图5-3所示。

for语句完全可以转换为while语句:

```
表达式 1;
while(表达式 2) {
    循环体
    表达式 3;
}
```

修改例5-2代码,将while语句改为下面的for语句:

```
for(int cnt = 1; cnt <= n; cnt++ ) {                  //循环条件: 小于或等于 n 个数
    cout << setw(5) << RandRange(start,end);          //输出[start,end]的随机整数
    if(cnt %5==0)                                     //每 5 个数输出一个换行符
        cout<< endl;
}
```

由于cnt的主要作用是应用在for语句中,因此可以在表达式1中定义并初始化cnt,当for语句结束后会释放cnt的内存。如果for语句结束后要使用cnt变量,则cnt要在for语句前定义,此时for语句中省略表达式1。例如改为:

```
int cnt = 1;
for(; cnt <= n; cnt++ ) {                            //循环条件：小于或等于 n 个数
    cout << setw(5) << RandRange(start,end);   //输出[start,end]的随机整数
    if(cnt %5==0)                                    //每 5 个数输出一个换行符
        cout<< endl;
}
```

【例 5-3】　使用 for 循环计算 1～100 的和。

算法分析：在数学中的计算过程为：

$$1+2=3,3+3=6,6+4=10,10+5=15,15+6=21,\cdots$$

加法运算要重复多次，每次将当前的加数和之前的求和结果进行加法运算，得到当前的求和结果。因此，定义一个记录和的变量 sum，初值为 0，加数的变量 i 从 1 开始，每次与 sum 求和后将值赋给 sum，即 sum＝sum＋i，然后 i 增 1，变为 2，再次重复 sum＝sum＋i，直到 i＝100，求和完毕，共重复 100 次求和操作。

for 语句特别适合循环次数确定的情况，将 3 个表达式都写在 for 后面的圆括号中，就可以计算出循环次数，代码比较简洁。

自定义 Sum 函数如下：

```
int Sum(int start,int end) {          //返回[start,end]的值的和
    int i, sum=0;
    for (i=start; i<=end;i++){        //本例 for 循环体只有一条语句，可以不写花括号
        sum = sum + i;                //等价于 sum += i;
    }
    return sum;
}
```

对本函数适当做些修改，就可以实现其他类似的功能。

(1) 求 1＋3＋…＋99。

从第 2 个数起，每个数比前一个数大 2，将 for 中 i＋＋改为 i＋＝2。

(2) 求 1－2＋3－4＋…－100。

从第 2 个数起，每个数比前一个数的绝对值大 1，符号位相反，则增加一个保存符号的变量 flag，然后在每次求和后修改 flag 的值为－flag，修改函数体语句为：

```
int i, sum=0 ,flag =1;
for (i=1; i<=100; i++){
    sum = sum + flag * i;
    flag = -flag;
}
```

(3) 求 n!

与求和代码类似，将积的初始值设为 1，累加运算改为累乘运算。修改函数体语句为：

```
int i, sum=1;
for (i=1; i<=10; i++)
    sum = sum * i;          //等价于 sum *= i;
```

for 循环功能强大而灵活，因此它的变化形式也很多。

5.2.3 do…while 语句

do…while 循环语句是先执行循环体,再判断是否继续下一轮迭代的循环语句。do…while 是直到型循环,也就是说,首先执行一次迭代,然后再判断条件,若满足了就重复。直到型与当型循环的区别是:当循环条件初始值为假时,直到型循环要执行一次迭代,而当型循环什么也不做。

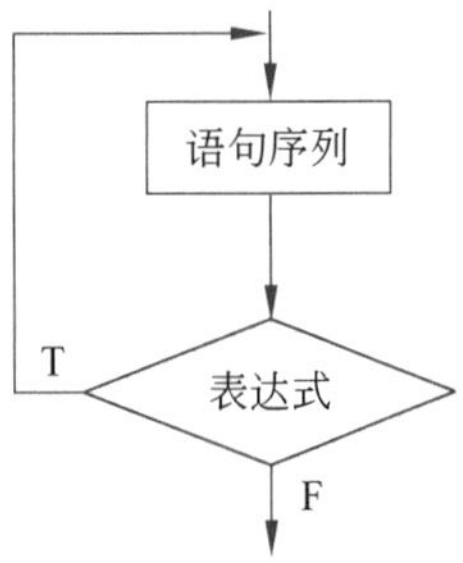

图 5-4 do…while 循环语句流程图

do…while 语句的一般形式为:

```
do{
    循环体
} while (表达式);
```

do…while 语句执行流程为:先执行花括号里的循环体,再计算表达式的值。若表达式为真,继续执行循环体,重复判断表达式的值,直到表达式为假时终止循环。do…while 循环语句流程图如图 5-4 所示。

【例 5-4】 输入若干字符,以'@'字符结束。统计并输出小写英文字母的个数。

```
#include<iostream>
using namespace std;
int main(){
    char ch;
    cout << "Input Characters:\n";
    int cnt = 0;
    do{
        cin >> ch;
        if(ch >= 'a' && ch <= 'z')          //小写字母
            cnt++;
    } while (ch!='@');
    cout << "There are " <<cnt<< " lowercase(s).\n";
    return 0;
}
```

运行结果如下:

```
Input Characters:
ab123↙
dfIOz↙
fd@↙
There are 7 lowercase(s).
```

初始化变量 cnt 值为 0,作为计数器。在 do…while 循环中,检查条件前进入循环体,因此循环体至少执行一次。if 语句判断条件,若输入的字符是小写字母,则执行计数器 cnt 加 1。然后判断 while 条件表达式,若为真,跳转到循环开始处继续执行,否则结束循环。在本例中,用户输入 3 行共 13 个字符,只有 7 个是小写字母:abdfzfd。

注意:本例统计小写英文字母的个数。因此空格、回车符都不在统计个数内。接收一个字符使用了 cin>>ch。如果要统计所有字符个数包括空格或回车符,改为 cin.get(ch)。

5.2.4　陷阱：循环的常见问题

1. 死循环

死循环是程序设计中经常会遇到的一个现象，指程序的循环条件一直为真，程序一直陷入循环语句中，也称为无限循环。一旦程序进入死循环，光标会一直闪烁，按任何键均无反应，此时只能按 Ctrl+C 组合键强行终止程序的运行。

造成死循环的主要原因是循环中缺少能让循环条件变假的操作。

【例 5-5】　死循环示例。

下面几个程序段都会陷入死循环，请观察它们与例 5-1 的区别，找到错误并修改。

```
        (a)
1  int x=0;
2  while(x<100)
3    cout<< x <<" ";
4    x++;
5    if(x%5==0)
6      cout<<endl;
7
```

```
        (b)
int x=0;
while(x<100){
    cout<< x <<" ";
      if(x%5==0)
        cout<<endl;
}
```

```
        (c)
int x=0;
while(0=<x<100){
   cout<< x <<" ";
   x++;
   if(x%5==0)
       cout<<endl;
}
```

说明：

（1）程序(a)中 while 后面没有花括号，所以循环体语句只有一条："cout<< x<<" ";"，执行完毕后就继续检查 while 圆括号中的条件 x<100，永远为真，因此程序陷入死循环。要将第 3～6 行的代码用一对花括号括起来，形成一条复合语句。

（2）程序(b)的循环体中没有修改循环变量 x 的语句，x<100 永远为真，因此程序陷入死循环。要在第 3 行后面增加一条"x++;"语句。

（3）程序(c)的第 2 行 0<=x<100 永远为真，因此程序陷入死循环。可以改为 0<=x && x<100。

2. 多余的分号

看下面的代码段：

```
int i, sum=0;
for (i=1; i<=100; i++);
    sum = sum + i;
```

看起来，这段代码的作用是求 1～100 的和，但是运行程序时却发现，循环结束后，sum 的值是 1，只执行了一次"sum = sum + i;"语句。原因是 for 语句括号后面多了一个分号，而分号是语句的结束标记，也表示空语句。该代码段实际是：

```
int i, sum=0;
for (i=1; i<=100; i++)
  ;
sum = sum + i;
```

循环体是一条空语句，循环结束后执行"sum = sum + i;"语句。

再看下面的程序段：

```
int x=0;
while(x<100);
{
  cout<< x <<" ";
    if(x%5==0)
      cout<<endl;
}
```

由于 while 后面的右括号处多了一个分号,导致循环语句变为:

```
while(x<100)
    ;
```

循环条件一直为真,执行空语句,陷入死循环。

5.3 循环和迭代的提前结束

在循环体中允许提前结束循环,相应的语句包括 break(退出整个循环)、continue(退出本次迭代)、goto(转到指定语句行)。本节介绍 break 和 continue。

5.3.1 break 语句

break 语句可以在循环体中使用,用来终止整个循环的执行,而不需要等待表达式值为假(这意味着通过 break 结束循环后,循环条件表达式仍然为真)。

通常 break 语句总是与 if 语句连用,即满足条件时跳出所属的循环语句。

【例 5-6】 自定义函数,利用迭代公式求 x 的立方根。

求$\sqrt[3]{x}$的公式为:

$$x_{n+1}=\frac{1}{3}\left(2x_n+\frac{x}{x_n^2}\right)$$

精度要求:

$$\left|\frac{x_{n+1}-x_n}{x_n}\right|<10^6$$

算法分析:该循环没有明确的次数条件,当满足$|(x_{n+1}-x_n)/x_n|<10^6$时结束循环,因此至少要定义两个变量 x_1 和 x_2 以保存前后相邻的两个值。

代码如下:

```
#include<iostream>
#include<cmath>
#include<iomanip>
using namespace std;
double Cbrt(double x);            //自定义函数求 x 的立方根,为了与库函数区分,首字母大写
int main(){
    double x;
    cin >> x;
    cout << fixed << setprecision(15);
    cout << Cbrt(x) << endl;          //调用自定义函数求 x 的立方根
    cout << pow(x,1.0/3) << endl;     //调用 cmath 中的 pow 函数求 x 的 1/3 次幂
```

```
    cout << cbrt(x);                          //调用 cmath 中的 cbrt 函数求 x 的立方根
    return 0;
}
double Cbrt(double x){
    double x1=1, x2;
    while (true) {                            //也可以写为 while(1)
        x2 = (2 * x1 + x / (x1 * x1)) / 3;
        if (fabs ((x2 - x1) / x1) < 1e-6)   //满足条件则提前结束循环
        break;
        x1 = x2;
    }
    return x2;
}
```

运行示例如下：

```
29↙
3.072316825686780
3.072316825685847
3.072316825685848
```

说明：本例可以不用 break 语句，Cbrt 函数定义修改为：

```
double Cbrt(double x){
    double x1,x2=1;
    do{
        x1 = x2;
        x2 = (2 * x1 + x / (x1 * x1)) / 3;
    }while (fabs ((x2 - x1) / x1) > 1e-6);
    return x2;
}
```

【例 5-7】 自定义函数，判断一个整数是否为素数。

素数又称为质数，指除了 1 和它本身以外不再有其他因数的自然数。显然，设计一个循环变量，值在 $2\sim n-1$，判断变量是否整除 n。若能整除，说明 n 不是素数，结束判断；如果所有的数都不能整除，说明 n 是素数。

从效率出发，应尽可能减少循环重复的次数，判断一个数是否为素数，只要能找到一个因子就可以证明该数不是素数。而任何一个非素数(合数)一定是两个数相乘，至少有一个数会小于该数的平方根，因此循环变量可以缩减为 $2\sim\sqrt{n}$(注意，一定要包含边界)。进一步优化看，任何偶数都不可能是素数，因此循环变量可以从 3 开始直到 $\sqrt{n}$，每次增 2。自定义函数 isPrime 的参考代码如下：

```
bool isPrime(int n){                  //自定义函数判断 n 是否为素数
    int i, k = sqrt(n);
    for(i = 3; i <= k; i+=2)          //注意循环条件不要写 i<k
        if (n % i == 0)               //找到 n 的因子，就中止循环，否则继续循环
            break;
    if (i <= k)                       //循环条件为真，一定是执行了 break 提前中止循环
        return false;                 //n 不是素数
```

```
    else                            //循环条件为假,没有找到 n 的因子
        return true;                //n 是素数
}
```

调用函数示例：

```
bool flag =  isPrime(15);           //flag 值为 false
```

说明：

(1) 在 for 语句中,有一条简单的 if 语句。如果找到 n 的因子,就说明 n 不是素数,结束循环;如果 i 不是 n 的因子,什么也不做,继续下一次循环,i＋＝2,然后再判断 i＜＝k 的循环条件,重复循环体语句。注意 for 循环中的 if 不要加 else。

(2) 循环结束后,检查循环的两个出口。一个是通过 break 提前结束了循环,循环条件 i＜＝k 为真,说明不是素数;另一个是循环体中的 if 条件一直是假,完成了全部的循环后退出,此时循环条件 i＜＝k 为假,说明是素数。

(3) 求素数的算法设计思想和代码框架是 break 语句的经典用法,循环体中用 if 判断某种情况下中止循环,循环语句后面利用 if 语句判断循环的出口,进而决定执行哪个分支。

(4) 在本例中,for 语句中的 if 条件为真时,已经明确了 n 不是素数,也可以直接用 return 返回 false 值到函数调用点。循环语句结束后说明 n 是素数,再用 return 返回 true 值。一个函数内部可以有多条 return 语句,遇到一条 return 语句就结束函数。

例如,isPrime 函数定义可改写为：

```
bool isPrime(int n){
    int i, k = sqrt(n);
    for(i = 3; i <= k; i+= 2)
        if (n % i == 0)
            return false;           //n 不是素数
    //循环结束,没有找到 n 的因子
    return true;                    //n 是素数
}
```

注意：return true;语句是循环结束后的语句,不要在前面加 else。

*5.3.2 continue 语句退出迭代

continue 语句只能在循环体语句中使用,用来结束循环的本次迭代。在循环中遇到 continue 语句时,将跳过循环体内余下的语句,开始下一次迭代。

【例 5-8】 显示前 20 个能被 5 整除的正整数。

```
#include<iostream>
using namespace std;
int main(){
    int x = 0, cnt = 0;
    while (cnt<20){
        x++;
        if (x%5 != 0)
            continue;
        cout << x << " ";
```

```
10            cnt++;
11        }
12        return 0;
13    }
```

运行结果如下：

```
5 10 15 20 25 30 35 40 45 50 55 60 65 70 75 80 85 90 95 100
```

在第 6 行，变量 x 递增。第 7 行使用 if 语句检查变量 x 能否被 5 整除。如果不能，就执行第 8 行的 continue 语句，跳转回第 5 行进行判断是否执行下一次循环。这样就跳过了当前迭代的其余部分(第 9～11 行)。

如果 x 能被 5 整除，不执行 continue 语句，向下执行循环中的其余语句(第 9～11 行)，即显示 x 的值，并记录下当前能被 5 整除的正整数的个数(cnt 递增)。

同一个任务，C++ 能通过多种方式完成。本例也可以不用 continue 完成，如 while 语句改为：

```
while (cnt<20){
    x++;
    if (x%5 == 0)   {
        cout << x << " ";
        cnt++;
    }
}
```

5.4　循环结构的嵌套

5.4.1　循环嵌套的语句

在循环体内可以包含另一个循环，从而构成循环的嵌套。外层循环每次迭代时，内层循环都将完整循环一次。嵌套的循环语句可以是 for、while、do…while 语句的任何一种。

【例 5-9】　显示一个由用户选择的字符组成的矩形。

算法分析：矩形的高度就是字符的行数，矩形的宽度是每行显示的字符个数，每行最后输出一个换行符。

源程序如下：

```
#include<iostream>
using namespace std;
void BoxDisplay(char ch, int row, int col);
int main(){
    int rows, columns;
    char character;
    cout << "How many rows? ";    cin >> rows;
    cout << "How many columns? ";    cin >> columns;
    cout << "What character to display? ";    cin >> character;
    BoxDisplay(character, rows, columns);
    return 0;
```

```
12 }
13 void BoxDisplay(char ch, int row, int col) {
14     for(int i=1; i<=row; i++) {
15         for (int j=1; j<=col; j++){
16             cout<<ch;
17         }
18         cout<<endl;
19     }
20 }
```

运行结果如下：

```
How many rows? 5
How many columns? 10
What character to display? *
**********
**********
**********
**********
**********
```

程序中显示的信息是让用户输入要显示的字符的行数和列数，然后调用自定义函数输出图形。在第14行，外层for循环将计数器变量i初始化为1，当条件为真时执行循环体。循环体由两条语句组成，首先是内层for循环，循环变量j初始化为1，然后当条件为真时，执行内层循环的循环体，输出指定的一个字符，然后j增1，继续判断条件，重复输出若干字符；内层循环结束后，输出endl换行，然后执行外层循环的下一次迭代，将i增1，继续判断条件。

每次外层循环变量i变化一次，就执行内层循环输出一行字符。外层循环共执行row次，内层循环工只想col次，因此这个循环嵌套语句的执行语句总次数是row×col次。

对本程序适当做些修改，就可以实现其他类似的功能。

(1) 修改第15行为for (int j = 1; j <= i; j++)，则程序运行结果如下：

```
How many rows? 5↙
How many columns? 10↙
What character to display? *↙
*
**
***
****
*****
```

(2) 在第14～15行中间增加一条for语句：

```
for (int k = 1; k <= row - i; k++ )
    cout << " ";
```

则程序运行结果如下：

```
How many rows? 5↙
How many columns? 10↙
What character to display? *↙
```

```
   **********
  **********
 **********
**********
**********
```

更多的图形设计,请读者自行思考。

5.4.2 多种循环的优化

一个任务往往有多种解法,各种解法根据问题的规模和数据的特点会有不同的执行效率,主要体现在语句执行的次数上。下面的例子展示了一个任务的多种解法以及每种解法的优缺点。

【例 5-10】 马克思手稿问题。共有30个人,其中有男人、女人和小孩。他们在一家饭馆吃饭共花费了50先令,其中,每个男人花费3先令,每个女人花费2先令,每个小孩花费1先令。这30个人中男人、女人和小孩各几人?

设男人、女人和小孩的人数各为 x、y、z,则通过题意可以列出下面的方程:

$$\begin{cases} x+y+z=30 \\ 3x+2y+z=50 \end{cases}$$

两个方程解、3个未知数,这是一个不定方程,有多组解法,用代数方法很难求解。

1. 穷举法

穷举法是一种最基础的算法,它列举出所有可能的解,让计算机逐一去验证,从而找出满足要求的解,也称为暴力破解法。这种方法简单直观,但当问题规模较大时,需要穷举的组合会指数级增长,导致算法的时间复杂度非常高,效率很低,因此使用穷举法时应尽量减小穷举范围。

本例中,总人数为30人,所以x、y和z的取值范围一定为0~30并且为整数。通过三重循环穷举出3个数的所有可能值,然后验证,看哪个组合能满足方程式。例如最外层(第一层)是男人(x为0~30),每取一个x值时,执行中间层(第二层)的循环语句;中间层是女人(y为0~30),每取一个y值时,执行最内层(第三层)的循环语句,即小孩(z为0~30),当3个值组成的表达式满足两个方程式时(x+y+z==30 && 3 * x+2 * y+z==50),输出x、y和z的值。

自定义 Marx 如下:

```
void Marx(){
    int x,y,z;
    cout<<"Man \t Women \t Children\n";
    for (x = 0; x <= 30; x++ )
      for (y = 0; y <= 30; y++ )
        for (z = 0; z <= 30; z++ ){
          if (x + y + z == 30 && 3 * x + 2 * y + z == 50)
              cout << x << '\t' << y << '\t' << z << endl;
        }
}
```

循环语句共执行 31×31×31 次,算法时间复杂度为 $O(n^3)$。

2. 缩小穷举范围

分析上述三重循环的循环变量可知,3类人的循环范围不一定都是30。例如,男人花费3先令,50个先令最多能够16个男人花费;同理,女人最多有50/2=25人。修改for循环中的循环变量x和y的取值范围:

```
for (x = 0; x <= 16; x++ )
    for (y = 0; y <= 25; y++ )
        for (z = 0; z <= 30; z++ ){
            if (x + y + z == 30 && 3 * x + 2 * y + z == 50)
                cout << x << '\t' << y << '\t' << z << endl;
}
```

修改后的循环语句共执行17 × 26 × 31次,算法时间复杂度为$O(n^3)$。

3. 减少循环嵌套

根据以上方程的特点,在x和y确定后,由方程可以计算出z的值,因此去掉最内层对z的穷举,将三重循环改写为二重循环。将for循环语句改写为:

```
for (x = 0; x <= 16; x++)
    for (y = 0; y <= 25; y++){
        z = 30 - x - y;
        if (x + y + z == 30 && 3 * x + 2 * y + z == 50 && z >= 0)
            cout << x << '\t' << y << '\t' << z << endl;
}
```

修改后的循环语句共执行17×26次,算法时间复杂度为$O(n^2)$。在条件表达式中增加z>=0,防止因减法操作可能带来的负值。

如果进一步采用消元法,可以利用一重循环来穷举x的所有可能,只要x确定下来,y通过y=20−2x获得,z通过z=30−x−y获得,同时满足条件y >= 0 && z >= 0,具体代码请自行完成。一重算法的循环语句执行了17次,算法时间复杂度为$O(n)$,效率大幅提高,但是代码不直观,可读性不高。因此程序设计时要衡量代码的效率与可读性。

5.5 循环与递归

很多通过递归实现的程序可以转换为循环结构完成,例如求两个整数的最大公约数、求$n!$、求Fibonacci序列等。

【例5-11】 用循环结构求两个正整数的最大公约数。

求两个正整数的最大公约数的方法有多种,前面介绍的欧几里得算法(辗转相除法)可以用递归算法来完成,也可以用循环结构实现。

以实际数据为例寻找重复的规律。假如a=18,b=12。

第一次迭代,b≠0,则a=12,b=18 mod 12=6。

第二次迭代,b≠0,则a=6,b=12 mod 6=0。

由于b等于0,迭代结束。

如果是a=12,b=18呢?

第一次迭代,b≠0,则a=18,b=12 mod 18=12。

第二次迭代，b≠0，则 a=12，b=18 mod 12 = 6。

第三次迭代，b≠0，则 a=6，b=12 mod 6=0。

由于 b 等于 0，迭代结束。

我们看到，如果 a<b，只比 a>b 多一次迭代，算法是完全一样的。

自定义 gcd 函数求两个整数的最大公约数，代码如下：

```
int gcd(int m, int n){
    while(n!=0)  {
        int r = m%n;                        //需要临时变量保存 m%n 的值
        m = n;                              //m 获取 n 的值
        n = r;                              //n 获取 r 的值，即原始的 m%n 的值
    }
    return m;
}
```

迭代法与递归法都使用欧几里得算法，时间复杂度都是 $O(\log n)$。对于小规模问题例如求 18 与 12 的最大公约数，两者的运行时间差异不大，但是对于大规模问题，递归方法可能会因为栈空间限制而出现超时或栈溢出错误。

【例 5-12】 迭代法求快速幂。

自定义 fastPower 函数实现快速幂。它有两个形参：a 表示底数，n 表示指数。函数体中利用指数 n 的二进制表示形式来控制幂运算的迭代。当 n>0 时，检查 n 的最低位若是 1，将底数 a 乘到结果 result 中。无论最低位是 0 或 1，底数 a 都要平方，指数除以 2(右移 1 位)，这个过程重复进行，直到指数 n 变为 0。这个算法的时间复杂度也是 $O(\log n)$，使用迭代法可以避免递归中可能出现的栈溢出问题。

参考代码如下：

```
unsigned long long fastPower(unsigned long long a, unsigned int n) {
    unsigned long long result = 1;          //结果初始化为 1，任何数的 0 次幂都是 1
    while(n > 0) {
        if(n & 1) {                         //若 n 最低位是 1，要将底数 a 乘到结果中
            result * = a;
        }
        a * = a;                            //将 a 平方
        n >>= 1;                            //将指数右移一位，即除以 2
    }
    return result;
}
```

在实际应用中，可能需要使用特殊的库来处理大数运算，或者对算法进行适当的修改。例如输出 a^n 的最低 3 位数，这显然是对快速幂取模，修改循环代码为：

```
while(n > 0) {
    if(n & 1) {
        result = (result * a) % 1000;       //将 a 乘以结果取模
    }
    a = (a * a) % 1000;                     //将 a 平方取模
    n >>= 1;
}
```

5.6 实用知识：循环读入与出错处理

程序设计中，经常要处理多次输入的场景，当遇到输入不符合要求时要能够重新输入，这是程序能够健壮地处理用户输入和运行的基本问题。下面介绍一些循环示例。

5.6.1 循环读入直到满足特定条件

常见的循环结构读取用户输入数据主要有两种情况。

(1) 限定输入的次数。

例如读5个整数。首先定义变量n接收个数如5，然后可以用for(int i=1;i<=n;i++)形式循环n次，也可以用while(n--)形式循环n次，形式如下。

```
cin >> n;
for(int i=1;i<=n;i++){
    cin >> k;
    处理数据 k
}
```

```
cin >> n;
while(n--){        //当 n 为 0 时结束
    cin >> k;
    处理数据 k
}
```

(2) 读到特定数值或特定条件为止。

例如输入一组正整数，当遇到−1时为止。首先定义变量x接收一个输入，然后判断若x!=−1则处理数据后继续输入下一个x；或者无条件循环，当x==−1时break结束循环。形式如下。

```
cin >> k;
while(k!=-1){
  处理数据 k
    cin >> k;
}
```

```
while(true){
    cin >> k;
    if(k == -1)
        break;
    处理数据 k
}
```

如果要计算出实际输入的个数，可以在循环之前定义“int n=0;”，然后在循环体中每处理一个数据后“n++;”，循环结束后得到个数n。

5.6.2 控制多行输入直到EOF结束

有时候需要用户持续输入若干行数据，直到遇到EOF时结束。在Windows系统中，在行首按组合键Ctrl+Z(会看到^Z)后按回车键(可能需要重复两次)；在Linux中要按组合键Ctrl+D。

cin接收输入值时，如果输入正确则返回cin对象本身，如果遇到EOF会返回0表示输入结束。因此，通过while(cin >> n)实现循环读入用户输入直到遇到EOF为止。

scanf函数的返回值表示成功读取的数据个数，如果遇到EOF会返回EOF(通常为−1)表示输入结束。因此，通过while(scanf("%d",&n) != EOF)实现相同的效果。

【例5-13】 从键盘输入一组整数，直到遇到EOF，统计总个数及正偶数的个数。

算法分析：定义两个计数器变量 cnt 与 cntOdd 分别记录总个数与正偶数的个数，初始值都为 0。定义一个变量 n 接收一个整数，可以用 cin 或 scanf 返回值判断循环是否终止，若未结束则计数器 cnt++，如果数是偶数则 cntOdd++。下面分别用两个写法实现。

```
#include<iostream>
using namespace std;
int main(){
int n;
int cnt = 0,cntOdd = 0;
while(cin >> n)  {
    cnt;
    if(n>0 && n%2 == 0)
        cntOdd ++;
    }
    cout << "输入了" << cntNum << "个数,其中" << cntOdd<< "个正偶数";
    return 0;
}
```

```
#include<stdio.h>

int main(){
    int n;
    int cnt = 0,cntOdd = 0;
    while(scanf("%d",&n) != EOF)  {
        cnt++;
        if(n>0 && n%2 == 0)
            cntOdd ++;
    }
    printf("输入了%d 个数,其中%d 个正偶数",cnt,cntOdd);
    return 0;
}
```

执行结果示例：

```
3 5 2 -4↙
6 0↙
^Z↙
输入了 6 个数,其中 2 个正偶数
```

*5.6.3　忽略输入错误的输入控制

接收输入数据时，如果无法正确接收值，错误的数据将仍然保存在缓存区中。这样开始下一次循环时，仍然读取缓存区中错误的值，导致死循环。

以下是 cin 对象与出错处理的几个方法。

(1) cin.good。执行 cin 语句，如果读取数据成功，则 cin.good()返回值为 true。

(2) cin.fail。执行 cin 语句后，如果读取数据失败，cin.fail()返回值为 true。

(3) cin.clear。执行 cin.clear()后，清除错误状态，程序才可以继续执行 cin 语句。

(4) cin.ignore。可以清除缓存区中的 1 个字符，也可以带参数指定删除字符的数量，例如，cin.ignore(1024,'\n')表示清除 1024 个字符或者遇到换行符为止。

(5) cin.sync。可以清除缓存区的数据流并重置输入流。

(6) cin.peek。查看下一个要从输入流中读取的字符，而不需要真正读取它。

【例 5-14】　多次验证密码。

设定一个初始密码。现在给用户 5 次机会，每次用户输入一个 3 位整数后验证密码是否正确。如果正确，则验证成功；反之则让用户继续输入，直到 5 次错误，验证失败，退出程序。

该程序的流程图如图 5-5 所示。

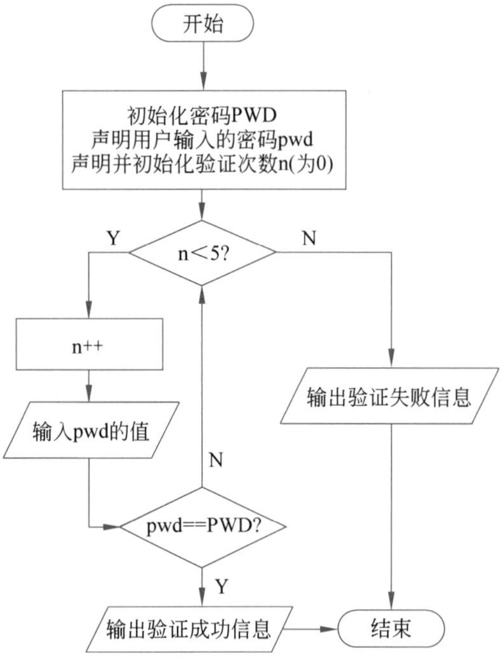

图 5-5 验证密码程序的流程图

不考虑读取失败的代码段如下：

```
const int PWD = 199;
const int MAX = 5;
int n = 0;
int pwd = 0;
while (n < MAX)  {
    cin >> pwd;
    n++;
    if(pwd == PWD)
        break;
}
if(n < MAX)
    cout << "密码第" << n << "次输入时验证成功!";
else
    cout << "输入密码已超过" << MAX << "次,验证失败!";
```

两次运行的结果为：

```
123↙
199↙
密码第 2 次输入时验证成功!
233↙
555↙
888↙
123↙
436↙
输入密码已超过 5 次,验证失败!
```

为了让程序更加健壮，在读取数据后要进行出错处理。具体做法是，检查 cin.fail()是否为真，如果是，表示发生了错误，此时要清除错误状态标记，清除缓存区，然后再次重复接收新数据。

修改 for 语句为：

```
for (int n = 0; n < MAX; n++){
    cin >> pwd;
    if(cin.fail()) {                    //如果读取值到 pwd 发生失败,如输入了字符
        cin.clear();                    //清除错误状态标记
        cin.sync();                     //清除缓存区的数据流
    } else{                             //判断密码
        if(pwd == PWD)
            break;
    }
}
```

运行结果如下：

```
1.23
abc
199
密码第 1 次输入时验证成功!
```

说明：输入 1.23 和 abc 都不能正确赋值给变量 pwd，符合范围的整数就只有一次。

如果用 scanf 函数接收数值，接收失败后，要使用 fflush(stdin)；语句清除缓存。修改 for 语句为：

```
for (int n = 0; n < MAX; n++){
    if(scanf("%d",&pwd)!=1) {          //没有读到 1 个整数,读取失败
        fflush(stdin);                 //清除错误状态标记
    } else  {
        ⋮
}
```

5.7　循环结构的算法及应用

5.7.1　数学表达式的求解

【例 5-15】　求以下数学表达式的值，直到第 i 项表达式绝对值小于 0.000 001 时为止。

$$f=\frac{1}{1\times 1}-\frac{1}{2\times 2}+\frac{1}{3\times 3}-\frac{1}{4\times 4}+\frac{1}{5\times 5}-\cdots$$

算法分析：

(1) 这是一个求和算法，因此要定义变量 sum 记录和，初始值为 0。

(2) 定义变量 item 记录第 i 项的值，初始值为 1。

(3) 如果 item 的绝对值不小于 0.000 001，执行下面的循环：

① 将值累加到 sum 中。

② 计算下一个 item 的值。

(4) 循环结束后,输出 sum 的值。

继续分解子任务(3),下一个 item 表达式的值与前面的关系是:

(1) 符号变反:正数变负数,负数变正数。定义变量 sign 记录上一个 item 的符号,初始值为 1(表示正数)。每次循环时,利用“sign=-sign;”将符号变反。

(2) 分子不变,都是 1。

(3) 假如第 i 项的分母是 i*i,则第 i+1 项的分母是(i+1)*(i+1)。定义变量 i,初始值为 1,每次循环中,组成 sign*1.0/i/i 或 sign*1.0/(i*i)表达式,将其值赋给 item,然后 i 的值自增 1。

自定义函数 f 如下:

```
double f(double eps){                 //自定义函数求数学表达式的值
    double sum = 0, item = 1;
    int i = 1, sign = 1;
    while (item > eps){               //注意 item 要用绝对值与 eps 比较
        item *= sign;                 //item 加上符号
        sum += item;                  //求和
        sign = -sign;                 //改变下一个数的符号
        i++;                          //改变下一个数的分母的变量
        item = 1.0 / (i * i);         //计算下一个数的绝对值
    }
    return sum;
}
```

调用 f 函数,输出 f (1e-6)或 cout <<f(0.000001)的运行结果如下:

```
0.822468
```

说明:在数学计算中,利用循环实现表达式的求解是经常要做的任务。重点是找到循环的规律,控制循环条件。程序要经过多次测试,以检验结果的正确性。代码可以写成多种形式,只要找到正确的解决方案即可。

5.7.2 多种方法求一组数的平均值

【例 5-16】 输入一组整数,输出平均值。

方法一:首先输入一组整数的个数,然后开始循环,每次接收用户的一个输入值作为加数,执行累加,循环结束后求平均值。

题目中有了明确的循环次数,使用 for 语句比较方便实现。代码段如下:

```
int n, val, sum = 0;
cin >> n;                          //输入一组数的个数
for(int i=0;i<n; i++) {            //循环条件变量 i 的值为 0~n-1
    cin >> val;                    //每次接收一个整数
    sum += val;                    //累加
}
double avg = 1.0 * sum / val;      //求平均值,注意要将/左边或右边的值变为 double 型
```

方法二:输入一组整数,以一个特定的值作为结束标记,如 999 代表输入结束。每次接收一个值 val,然后计数器 n 加 1,循环结束后得到了累加值 sum 和个数 n,再计算平均

值 avg。

这种方法的循环次数不明确，循环条件是 val != 999，至少能接收一次输入，但是不一定执行累加操作。因此可以使用 do…while 语句实现。代码段如下：

```
int n=0 , val, sum = 0;
do{
    cin >> val;
    if(val != 999){
        sum += val;
        n++;
    }
}while(val != 999);
double avg = 1.0 * sum / n;
```

方法三：输入一组整数，直到输入遇到文件结束符，就会返回一个特殊符号常量 EOF（−1）。一般情况下，从键盘输入数据时，在 Windows 操作系统中用组合键 Ctrl＋Z 表示 EOF。while 语句为：

```
int n=0,val,sum=0;
while(cin >>val) {                  //cin 只有遇到 EOF 时返回 0,否则返回 cin 本身(非 0 值)
    sum += val;
    n++;
}
```

如果使用 scanf 函数接收整数，while 语句改为：

```
while(scanf("%d",&val)==1)  {  //读取键盘输入整数赋给 val,读取成功返回 1
    sum += val;
    n++;
}
```

5.7.3　循环执行用户选择菜单功能

【例 5-17】　修改例 4-11，重复显示购物菜单，每次用户输入菜单项的序号后，执行相应的功能，然后继续显示菜单，接收用户输入的序号，直到遇到 0 结束。

无须修改菜单，只需要修改主函数的功能，改为一个 while(true) {…}语句。每次循环中执行原来的分支结构语句，然后利用 break 语句实现遇到 0 退出的功能，循环后面没有其他语句，程序结束。也可以用 return 0 代替 break 语句，直接结束主函数。

main 函数修改如下：

```
int choice = -1;                    //初始化序号为-1
while(true) {                       //或 while(1)
    choice = menu();                //调用 menu 函数得到用户输入的序号
    cout << "你选择了" << choice << endl;
    if(choice ==0) {                //如果序号是 0 就退出程序
        cout << "退出程序.";
        break;                      //或 return 0;
    }
    switch(choice) {
```

```
        case 1: fun1(); break;      //调用函数执行子菜单 1 的功能
        case 2: cout << "执行购买蔬菜的功能……\n"; break;
        case 3: cout << "执行结账的功能……\n"; break;
        default: cout << "菜单输入错误\n";
    }
}
```

用户输入多次后,屏幕会被菜单和之前的输入占满。为了保持菜单清晰,每次执行完子菜单的功能后,一般会暂停,等待用户按任意键后清屏,再显示菜单,重复之前的工作。

用户输入的值可能包括任意字符,使用字符型变量接收。例如自定义 Wait()函数:

```
void Wait(){
    cout << "\n 按任意键返回……";
    cin.sync();                  //清除缓存区内容
    cin.get();                   //接收任意一个有效字符,包括空格和回车符等不可见字符
}
```

修改主函数中的 switch 语句,让每个分支执行完功能后调用 Wait 函数。这样运行分支结束后会等待用户的一个输入,例如按回车键后继续执行。switch 语句修改为:

```
switch(choice){
    case 1:  fun1(); Wait();break;       //调用函数执行子菜单 1 的功能
    case 2:  cout << "执行购买蔬菜的功能……\n";Wait();break;
    case 3:  cout << "执行结账的功能……\n";Wait(); break;
    default: cout << "菜单输入错误\n";Wait();
}
```

清屏命令并不是标准 C 或 C++ 函数库的命令,不同系统中控制台程序的清屏命令不同,例如 Windows 操作系统中可以使用 cstdlib 文件中的 system 函数:

```
system("CLS");              //不同编译器与操作系统支持的清屏函数不同
```

运行时,每次显示用户选择的菜单项并执行相应的功能后,显示“按任意键返回...”,当用户输入任意一个有效字符并按回车键后,清屏,在原位置重新显示菜单,等待用户再次输入序号,直到输入 0 结束程序。

5.8 练习与思考

5-1 输入一个正整数,输出该整数各数位的值之和。例如,输入 12345,输出 15。

5-2 输入若干字符,直到无输入为止,统计大写字母、小写字母、数字、其他字符的个数。

注意:空格与回车都属于其他字符。

5-3 一个球从 80 米高度自由落下,每次落地后反弹的高度是原高度的一半,编写程序计算第 6 次落地时共经过多少米。第 6 次反弹多高?

5-4 猜数游戏。程序中指定一个 1～100 的整数(或由系统随机生成),允许用户最多猜 5 次,如果猜对了就结束程序,输出“猜对了”,如果猜错了就告诉用户“猜大了”或“猜小了”,如果超过了 5 次,就结束程序,输出“游戏失败”。次数用符号常量控制,便于以后修改

最多可以猜的次数。

5-5　输入 n，输出[2，n]的所有孪生素数，每行输出一对孪生素数。孪生素数（又称为孪生质数、双生质数），指两个素数之间的差值为 2 的素数对。例如 3 和 5，5 和 7 等。

5-6　利用线性同余法生成 n 个(0，1)内均匀分布的随机数。

线性同余法是一种常见的产生均匀分布随机数方法。产生均匀分布的随机同序列的公式为：

$$\begin{cases}\text{Seed}_{i+1}=(A\times\text{Seed}_i+C)\bmod M, & \text{得到下一次种子 Seed}_{i+1}\\ y=\text{Seed}_{i+1}\div M, & \text{得到下一个(0,1) 随机数 } y\end{cases}$$

其中，$A=2045$、$M=220$、$C=1$；Seed_0 为用户输入的初始种子，利用公式计算出 Seed_1 作为下一次随机数的种子，循环计算 $\text{Seed}_{i+1}\,y$ 并以此计算生成的(0，1)随机值 y。

自定义函数 my_rand，功能是返回以 seed 作为种子的(0，1)随机值，并且 seed 作为下一次随机数的种子。函数原型声明为“double my_rand(int &seed)；”。其中，参数 seed 是引用型变量，函数体内修改 seed 值会保存到主函数的实参变量。

主函数中，输入两个整数：初始种子 s0 与随机数的个数 n，调用函数 my_rand 得到并输出 n 个随机数，每个随机数占一行，保留小数点 6 位。

5-7　里耶秦简“九九乘法口诀表”是目前世界上最早、最完整的乘法口诀表实物，它的出现也改变了世界数学发展史。请输出阿拉伯数字的“里耶秦简九九表”，乘法运算顺序从 9＊9＝81 开始，每行输出表达式之间有两个空格，前两行输出样例如下：

```
9*9=81  9*8=72  9*7=63  9*6=54  9*5=45  9*4=36  9*3=27  9*2=18  9*1=9
8*8=64  8*7=56  8*6=48  8*5=40  8*4=32  8*3=24  8*2=16  8*1=8
```

5-8　编写程序，打印以下图案。

```
*
*  *  *
*  *  *  *  *
*  *  *  *  *  *  *
*  *  *  *  *
*  *  *
*
```

提示：该图案可分成上下两部分处理，上部分 4 行，下部分 3 行。用两个循环语句实现。每一行的输出又用两个循环实现，输出空格部分和星号部分。空格的个数和星号的个数与行号有规律。

5-9　以下关于 do…while 的描述中，正确的是(　　)。

A. do…while 循环中循环体语句只能是一条语句，所以循环体内不能使用复合语句

B. do…while 循环由 do 开始，用 while 结束，在 while(表达式)后面不能写分号

C. 在 do…while 循环体中，一定要有能使 while 后面表达式的值变为零的操作

D. do…while 循环中，根据情况可省略 while

5-10　以下关于 for 的描述中，正确的是(　　)。

A. for 循环只能用于循环次数已确定的情况

B. for 循环是先执行循环体，后判断表达式

C. 在 for 循环中,不能用 break 语句跳出循环体

D. for 循环的循环体语句是一条复合语句

5-11 下面循环语句中有语法错误的是(　　)。

A. int i; for(i=1;i<10;i++) cout <<'*';

B. int i,j;for(i=1,j=1;i<10;i++,j++) cout <<'*';

C. int i=1;for(;i<10;i++) cout <<" * ";

D. int i=1; for(i<10) { cout <<" * "; i++;}

5-12 break 在实际应用中的写法,下列(　　)是最常用有效的写法。

A. break 直接用在循环语句中,作用是跳出循环

B. break 用在循环语句中的 if 语句,作用是满足条件时跳出循环

C. break 用在循环语句中的 if 语句,作用是满足条件时跳出本次循环,进行下一次循环条件

D. break 直接用在 if 语句中,作用是跳出 if 语句

5-13 while 和 do…while 语句的主要区别是(　　)。

A. while 的循环控制条件比 do…while 循环控制条件严格

B. do…while 允许使用 break 语句跳出循环,而 while 只能用 continue 跳出循环

C. 当循环体包含多条语句时,do…while 的循环体必须使用复合语句,而 while 循环体不需要使用复合语句

D. do…while 的循环体至少要无条件执行一次,而 while 可能一次都不执行

5-14 下面语句中,while 循环执行的次数是(　　)次。

```
k=10;
while (k = 1)
    k = k - 10;
```

A. 无限　　B. 1　　C. 0　　D. 2

5-15 以下程序段中循环体总的执行次数是(　　)(假定在循环体内不改变 i,j 的值)。

```
for(int i=5; i; i--)
    for(j=0; j<8; j++)      {
      循环体……
}
```

A. 35　　B. 40　　C. 42　　D. 48

第6章 数值型数组与数据处理

解决工程问题时，经常要处理一组数据，如100个温度值、30个学生的成绩等。当处理一组类型相同的数据时，希望能用一个标识符来处理，数组这种数据结构能够解决这个问题。本章介绍C&C++中的数组定义及应用，11.4节介绍C++的顺序容器。

6.1 一维数组

数组(array)是有限个相同类型的变量的有序集合。如一组名单或者一组成绩等。这个集合的名字称为数组名。组成数组的各变量称为数组元素。数组元素在内存中是连续分配的，一个元素与首元素的位置差值称为元素的下标。元素的个数称为数组长度。

数组具有随机访问的特点，通过数组名和下标可以快速定位到该下标对应的位置，操作该数组元素。

6.1.1 一维数组的定义与存储

1. 数组的定义格式与内存分配

定义数组时要声明数组名、数组类型、元素的个数。一维数组的声明格式如下：

数据类型 数组名[数组长度];

其中：(1) 数据类型是数组中元素的数据类型。所有元素都是同一数据类型。

(2) 数组名代表这一组连续存放于内存的数据的首地址(起始地址)。

(3) 系统按照定义的数据类型和数组长度分配一段连续的内存空间，数组名对应首地址，通过数组名以及数组元素的下标操作具体的元素。

(4) 数组在定义时由系统为其分配连续的内存空间，在程序运行中不能改变数组所占内存的大小，因此在定义时要留出足够大的数组长度。

例如：

```
const int N = 5;
int a[N];
```

图 6-1 展示了数组 a 的数组名、数组元素、下标与内存空间的关系。

元素		a[0]	a[1]	a[2]	a[3]	a[4]
数组名	a	85	90	88	76	80
下标		0	1	2	3	4
内存地址		0X1000	0X1004	0X1008	0X100C	0X1010

图 6-1　数组元素与下标及内存空间

(1) 系统为数组 a 分配了 5×sizeof(int)个连续的内存单元,即 sizeof(a)的值是 20。

(2) 数组元素的下标从 0 开始,数组的长度为 5,即数组 a 有 5 个元素:a[0]、a[1]、a[2]、a[3]、a[4]。每个元素都是 int 型,可以执行 int 类型允许的操作。例如,a[2] = 88 表示向 a[2]的内存中写入整数 88。

(3) 数组名 a 是首地址,如果 cout<<a 会得到 0X1000(图 6-1 中内存地址的起始单元)。

(4) 访问数组元素,如 a[2],实际上是从数组首地址开始,加上下标 2 找到元素的地址(a+2 * sizeof(int)),再通过地址实现对变量的访问。

(5) a[5]在编译时不会出错,但是访问的是数组之外的内存空间,会造成越界访问,导致出现随机值或者运行意外中止。

(6) 数组长度是可以通过 sizeof 运算符计算出来的。例如,sizeof(a)/sizeof(int)的值是 5,sizeof(a)会得到数组 a 在内存中占的字节数,sizeof(int)是 a 的一个元素占的字节数,两者相除后得到数组元素的个数。

2. 数组的长度问题

数组在定义时一次性分配了连续的内存空间,程序运行中不能再改变数组大小。因此,在实际应用中,往往先定义一个较大的数组,然后用一个变量定义数组的实际长度,通过修改变量的值来控制数组元素的实际个数。例如:

```
const in N = 100;
int a[N];           //分配了 100 个 int 型的内存单元,能操作 a[0]到 a[99]
int n=10;           //实际操作 a[0]到 a[9]元素,后面的 90 个元素空闲,是随机值或 0
cin >> n;           //根据用户输入的 n,操作 a[0]到 a[n-1]元素,n 应小于 N
```

随着程序的进展,允许修改 n 的值来决定数组元素的增加或减少,当 n=N 时,数组已满,不能再增加元素。

注意:C 语言只能使用#define N 100 来定义数组长度,C++ 语言可能使用#define 或 const 两种方式。

C99 开始支持数组长度为变量,C++ 仍然规定数组长度必须是常量,有些编译器(如 Dev-C++)做了扩展,允许使用变量,但这不是标准行为。因此,编写程序时,必须注意编译器是否支持可变长度。为了保证兼容性和移植性,定义数组时尽量使用整型常量定义数组长度。

在 C++ 和早期标准 C 语言中规定以下定义是错误的,而 C99 和 Dev-C++ 等编译器认为以下定义是正确的:

```
int N=5;
int arr[N];
int n;
cin >> n;
int a[n];
```

数组内存空间是在定义时一次性分配的，系统会根据 n 的实际值分配内存，执行中修改变量 n 的值，不会再影响数组的长度。如果 n 是随机值，会造成数组分配内存失败或过小，应谨慎使用。

3. 一维数组的初始化

一维数组在定义时可以同时设置初始值。其基本格式如下：

数据类型 数组名[数组长度]={初始化列表};

初始化列表中的值用逗号分隔，按顺序写入数组的元素中。初始化有多种做法。

(1) 数组元素全部初始化。例如，"int a[5]={1,3,5,2,4};"表示数组 a 由 5 个 int 型元素组成，5 个元素按顺序获得列表中的值，即 a[0]=1，a[1]=3，a[2]=5，a[3]=2，a[4]=4。

(2) 数组元素部分初始化。例如，"int a[5]={1,3,5};"表示数组 a 由 5 个 int 类型元素组成，初始值按顺序赋给数组元素，即 a[0]=1，a[1]=3，a[2]=5，剩余的两个元素值为 0。

(3) 定义数组时不指定元素个数，根据初始值列表中元素的个数来确定数组长度。例如，"int a[]={1,3,5,2,4};"花括号中有 5 个元素，因此数组长度是 5。

(4) 如果数组长度是变量，则部分初始化时会出现不确定行为。例如：

```
int n;
cin >> n;
int a[n]={0};
```

n 在编译时无法确定，受编译及运行环境影响，未初始化的元素可能会包含随机值，或者提示出错[Error] variable-sized object 'a' may not be initialized。

因此，用变量定义的数组，定义后通常用循环语句对每个元素赋初始值。例如：

```
for(int i=0; i<n; i++)
    a[i] = 0;
```

也可以用函数实现。7.6.4 节介绍了 cstring 中的 memset 函数，将指定内存区域的所有字节设置为 0；10.7.1 节介绍了 algorithm 中的 fill 函数，设置指定元素的值。

6.1.2　数组元素的使用

1. 下标法访问数组元素

数组中的每个变量称为数组元素，每个数组元素与数组名(首地址)的距离称为下标。数组元素的表示形式是"数组名[下标]"，称为"下标法"。

例如上面声明的"int a[5];"，a 有 5 个数组元素，都是 int 型的变量：a[0]、a[1]、a[2]、a[3]、a[4]，可以按照 int 类型变量的规则进行访问。以下操作都是正确的：

```
a[0]=10;            //将 10 赋给下标为 0 的数组元素
cout << a[2];       //输出下标为 2 的数组元素
cin >> a[1];        //用户输入一个整数，赋给下标为 1 的数组元素
```

```
a[1] = a[0] * 2 + 3;
for (int i=2; i<5; i++)
    a[i] = a[i-1] + a[i-2];   //相当于 a[2]=a[1]+a[0];
```

注意:

(1) 数组的长度为 5,则数组元素的下标为 0,1,2,3,4,也就是说,假定数组长度是 N,那么数组元素的下标最小值是 0,最大是 N−1。一旦超出这个范围,就称为越界,编译器检查不出该错误,但是运行程序可能会出现异常。

(2) 不要混淆[]的两种用法。一种是在定义数组时,[]的作用是定义数组的大小,指明数组中的元素数量,例如 int a[5]中的 5 表示定义的数组 a 由 5 个 int 型的数组元素构成。另一种是在使用数组时,[]的作用代表数组元素的下标范围,例如 a[0]至 a[4]表示能够使用的 5 个数组元素(变量),而 a[5]则是越界(没有第 6 个元素)。

数组元素的下标是从 0 到数组长度减 1 的整数,因此一般使用循环访问数组中的所有元素。

2. 数组的输入与输出

数组名代表一组连续存储的变量的首地址,数组的输入与输出都是对一组相同类型的数据(数组元素)的操作,都要用循环语句实现。例如有以下定义:

```
const int N = 10;
int a[N];
```

数组的输入语句是:

```
for(int i=0; i<N; i++)
    cin >> a[i];                //或 scanf("%d", &a[i]);
```

数组的输出语句是:

```
for(int i=0; i<N; i++)
    cout<< a[i];                    //或 printf("%d", a[i]);
```

数组输入常见的语法错误见表 6-1,输出错误与之类似。

表 6-1 数组输入常见的语法错误

数组的输入语句	说明
cin >> a;	a 是由一组相同数组类型的元素组成的,不是一个基本数据类型,cin 找不到匹配的格式实现一组数的输入
cin >> a[N];	a[N]是数组最后一个元素的下一个内存单元。向数组之外的内存写数据,会带来不安全的后果
for(int i=0; i<N; i++) cin >> a[N];	循环 N 次向数组外面的内存写数据,会带来不安全的后果

【例 6-1】 假定一个班级最多有 30 位同学,输入一个班级的实际人数以及所有同学的年龄,输出平均年龄,保留小数点后 1 位。

算法分析:

(1) 定义一个包含 N 个 int 型元素的数组(数组长度用符号常量 N 定义)。

(2) 用户输入一个整数(n<N),然后依次将输入的 n 个数保存到数组中。

(3) 遍历数组元素,求和。

(4) 定义一个 double 型变量保存平均值,输出平均值。

程序如下:

```
#include<iostream>
#include<iomanip>
using namespace std;
const int N = 30;
int main(){
    int age[N];                              //定义一个能存储 N 个整数的数组保存年龄
    int n;                                   //班级实际人数
    cout << "输入班级人数(<" << N << "):";
    cin >> n;
    cout << "输入"<<n<<"位同学的年龄: ";
    for(int i=0; i<n; i++)
        cin>>age[i];
    //求和
    int sum=0;
    for(int i=0; i<n; i++)
        sum += age[i];
    double avg = 1.0 * sum / n;              //求平均年龄
    cout << n << "位同学的平均年龄: " <<fixed << setprecision(1) <<avg;
    return 0;
}
```

运行结果如下:

```
输入班级人数(<30):5↙
输入 5 位同学的年龄: 19 18 19 20 20↙
5 位同学的平均年龄: 19.2
```

本例中,首先输入若干数据存入数组,然后再循环访问数组元素并累加。也可以在输入数据的同时进行求和,则两个循环合并为一个循环:

```
//输入 N 个年龄,同时求和
int sum=0;
cout << "输入"<<n<<"位同学的年龄: ";
for(int i=0; i<n; i++)  {
    cin >> age[i];
    sum += age[i];
}
```

6.1.3　基于范围的 for 循环

C++ 11 引入的循环结构,称为基于范围的 for 循环(range-based for loop)。它提供了更简洁、更安全的方式来遍历数组、容器或任何实现了迭代器接口的序列。

基本语法如下:

```
for (变量类型 变量名 : 数组或可以迭代的容器) {
    //循环体
}
```

例如,下面的代码段实现了遍历数组中每个元素给变量 num 并输出 num 值。

```
int arr[] = {1, 2, 3, 4, 5};
for (int num : arr) {
    cout << num << " ";
}
```

由于不再用索引访问数组,减少了出错的可能性,因此 C++ 11 及以后版本中更推荐使用基于范围的 for 循环方式遍历数组。但是这种 for 循环会遍历整个数组的所有元素,如果要访问前 n 个元素,还是使用传统的 for 循环,通过下标控制访问的数组元素范围。

6.2 一维数组与指针

6.2.1 指针与指针变量

计算机中所有的数据都存放在内存中。一般把内存中的一字节称为一个内存单元,每个内存单元的编号称为地址,也称为指针。一个变量在定义时,系统根据变量的数据类型为其分配若干连续的内存单元,利用变量名的地址可准确地找到内存单元,进而对内存单元的内容(即变量值)进行读写操作。

内存单元的指针和内存单元的内容是两个不同的概念。例如,我们到银行去存取款时,银行工作人员根据账号找存单,找到之后在存单上写入存款、取款的金额,在这里,账号就是存单的指针,存款数是存单的内容。对于一个内存单元来说,其地址即为指针,其中存放的数据才是该单元的内容。

在 C&C++ 中,允许用一个变量来存放指针,这种变量称为指针变量,指针变量的值就是某个内存单元的地址,称为指针变量指向该内存单元。

1. 指针变量的定义与初始化

指针变量与普通变量的区别是:指针变量的值是一个地址。其定义形式为:

数据类型 *指针变量名[=初始值];

说明:

(1) 数据类型可以是基本数据类型,也可以是自定义数据类型,用来指定该指针变量可以指向的变量数据类型。

(2) * 是指针类型说明符,在定义中表示后面的变量名是一个指针变量名。

(3) 初始值(可选)可以是另一个指针变量的值,或者用另一个变量地址。注意必须是相同数据类型的地址。

(4) 任何指针变量在定义时如果未初始化,默认值是随机的,称为野指针。野指针可能会指向程序无法访问的内存区域,导致程序出现严重的错误甚至崩溃。因此,指针变量在创建时若未初始化为指向的实际对象,应该初始化为空指针(C 语言使用符号常量 NULL 或 0,C++ 使用 nullptr 也可兼容 C 语言的 NULL),即不指向任何实际的对象。

例如:

```
int a = 5;
int *p = &a;            //定义指向 int 型的指针变量 p,初始值为变量 a 的地址
```

```
int *temp = *p;              //错,temp应被初始化指向int型的指针,改为int *temp = p;
char *pc = &a;               //错,定义指向char型的指针变量pc,不能用int地址初始化
char *pc = NULL;             //定义指向char型的指针变量pc,C语言中用NULL表示空指针
double b = 3.2;
double *q = &b;              //定义指向double型的指针变量q,初始化为变量b的地址
```

这样,p 指向了 a,q 指向了 b,而 pc 没有任何指向,如图 6-2 所示。

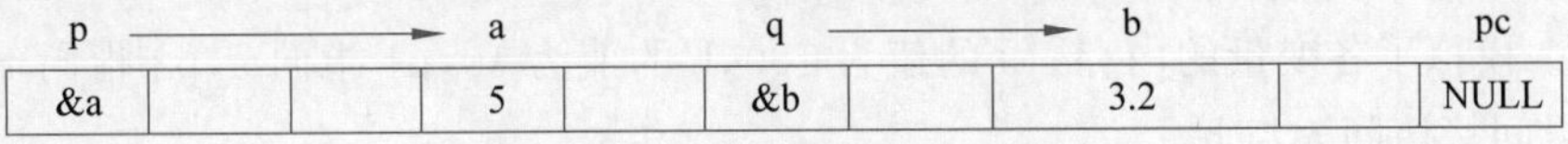

图 6-2　指针变量的定义及指向

2. 指针变量的运算

C&C++ 中,指针运算有两个重要的运算符:& 和 *。& 运算符(取地址)用于获取变量的内存地址,产生一个指向该变量的指针。* 运算符(解引用)用于解引用指针,访问或修改指针所指向的内存单元的值。合理使用指针可以提高程序的效率和灵活性,但同时要注意避免指针引用错误和野指针问题。

(1) 赋值。

给指针变量赋值时,右值是一个指向相同类型的指针。例如:

```
int *p1, *p2, a;
p1 = &a;                     //p1的值是指向a的指针,称为p1指向a
p2 = p1;                     //p2与p1共同指向a
```

(2) 解引用。

通过解引用操作符 * 来访问或修改指针指向的内存单元的值,这种通过地址访问内容的方式也称为间接访问。例如:

```
*p1 = 10;                    //将10赋给指针变量p1所指向的内存单元,也就是a = 10
*p2 = *p1;                   //将p1指向内存单元的值赋值给p2指向的内存单元
```

注意:

① 在变量定义时,* 用来声明变量是指针类型。在表达式运算过程中,* 可以是乘法运算符,也可以是指针的解引用运算符。例如:

```
int a = 3, b = 4, *p1= &a, *p2 = &b;
*p2 = *p1 * 5;               //*p1值即3,3×5得到15,赋给p2指向的内存,即等价于b=15
```

② 如果指针变量为空指针,表示此时指针没有指向任何有效内存,引用空指针会导致程序崩溃,所以在使用指针前一般需要先检查它是否为 NULL。

③ 如果指针变量为野指针,可能会导致程序出现严重的错误,甚至会导致整个程序崩溃。引用指针变量前一定要初始化或赋值。例如:

```
int *p, a = 5;
*p = a;                      //错,p未初始化是野指针,*p赋值会带来不可预料的后果
```

【例 6-2】 通过指针变量访问整型变量的实例。

```
int a = 100,b = 10;
int *p1 = &a, *p2;           //定义指针变量p1初始化指向b,定义p2未初始化
```

```
p2 = &b;            //变量 b 的地址赋给 p2
cout << a << " " << b << endl;
cout << *p1 << " " << *p2 << endl;
```

运行结果如下：

```
100 10
100 10
```

图 6-3 模拟了各变量的内存。a 的值为 100,b 的值为 10,p1 指向 a,p2 指向 b,通过 p1 与 p2 可以间接访问 a 与 b。

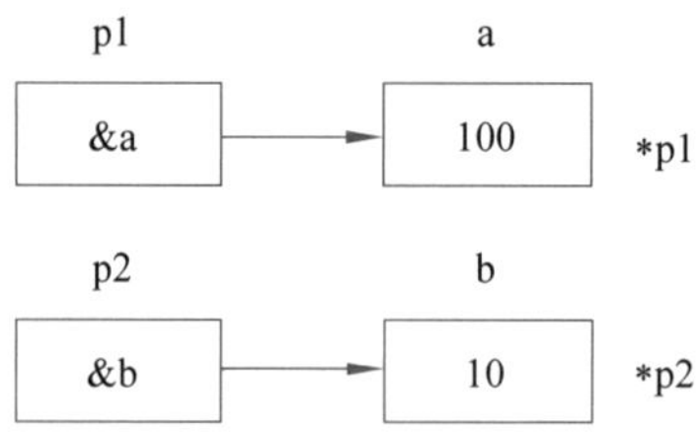

图 6-3　指针变量间接访问变量的内存

(3) 指针运算。

可以对指针变量进行加减运算,以访问相邻的内存单元。例如：

```
int a[5]={1,2,3,4,5}, *p = a; //a 等价于 &a[0],定义指针变量 p 指向数组首元素
p++;                          //p 指向下一个内存单元,即 p 指向 a[1]
int *q = p + 2;               //定义指针变量 q,初始化值为 &a[2]
int b = q - p;                //q 与 p 指向同一数组,因此 q-p 为它们之间的元素个数即 2
```

6.2.2　函数参数的址传递

指针变量作为函数形参,调用函数时实参传递的是内存地址,这种"址传递"意味着函数中可以通过指针变量间接访问或修改实参内存空间的值。

【例 6-3】　自定义 Swap 函数,实现两个整数的交换。

```
#include<iostream>
void Swap(int *pa, int *pb);
int main() {
    int a=3, b=5;
    Swap(&a, &b);
    std::cout<<"a=" << a <<",b="<<b;
    return 0;
}
void Swap(int *pa, int *pb){
    int tmp = *pa;
    *pa = *pb;
    *pb = tmp;
}
```

运行结果如下：

```
a=5,b=3
```

调用 Swap 函数时实参是 int 型变量地址，形参变量通过 * 访问和修改实参内存，如图 6-4 所示。需要注意的是，指针变量必须访问实际内存空间，不能是空指针或野指针。

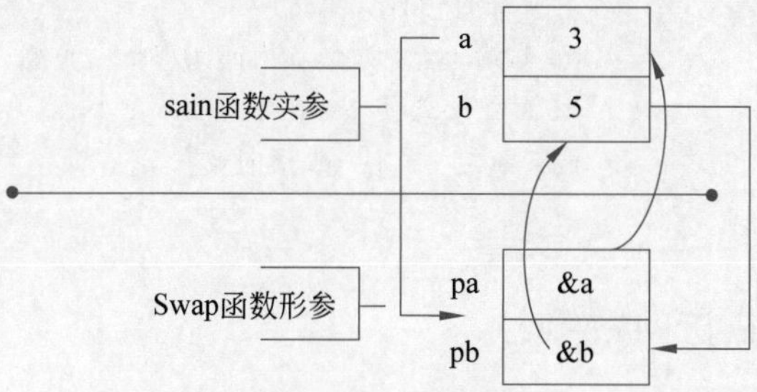

(a) 调用Swap函数（址传递）

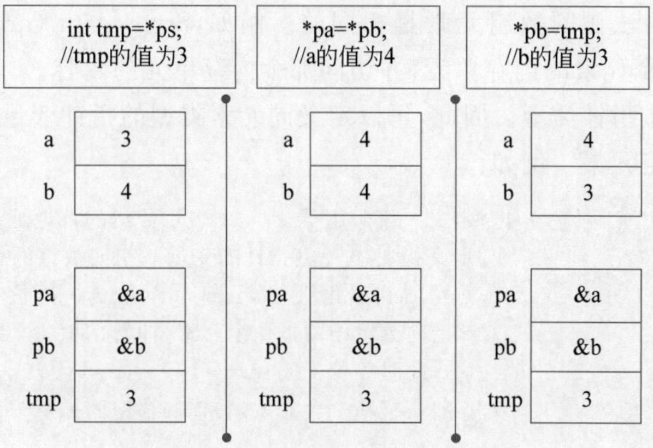

(b) Swap函数体内通过形参修改实参内存的值

图 6-4　址传递修改实参值

指针和引用都是址传递的方式，但是指针与引用在语义和使用上都有区别。

(1) 指针变量本身占据固定大小的内存，而引用只是别名不占用内存。

(2) 指针变量访问其指向地址的值要用 *，而引用直接使用引用变量名。例如，使用引用交换两个整数的函数为：

```
void Swap(int &ra, int &rb){        //引用变量不占内存
    int temp = ra;
    ra = rb;
    rb = temp;
}
```

调用 Swap 函数时实参是被引用的对象本身，例如：

```
int a=3, b=5;
Swap(a, b);                          //Swap 函数中的 ra 是 a 的别名,rb 是 b 的别名
```

(3) 指针变量在函数内部允许重新指向其他地址，从而改变其指向对象，而引用变量不能改变其绑定的对象。例如，下面的代码交换 pa 与 pb 的值，就是修改了指向，让 pa 指向 b，pb 指向 a，并没有修改 a 和 b 的值。

```
void Swap(int *pa, int *pb)
{
    int t, *tmp = &t;       //定义临时指针变量指向 t
    tmp = pa;               //pa 赋给 tmp,使 tmp 指向实参 a
    pa = pb;                //pb 赋给 pa,使 pa 指向实参 b
    pb = tmp;               //tmp 赋给 pb,使 pb 指向实参 a
}
```

6.2.3 使用指针变量访问数组

在数组中,数组名是指针(地址),类型是指向元素的指针,但值是指针常量。例如,int arr[10],arr 是数组名,它的值是数组的首地址(指针常量)。访问数组元素时,使用下标法访问数组元素和指针法访问数组元素是相同的。例如,arr[i]与 *(arr + i)等价,都是从 arr 地址开始移动 i 个元素的内存单元,并访问那个内存单元的内容。

数组的首地址是指针类型。因此,可以定义同元素类型的指针变量指向该数组,并通过该指针变量访问数组元素。例如:

```
int arr[10];            //定义一维数组 arr,arr 表示数组的首地址,即 &arr[0]
int *p = arr;           //定义指向 int 型指针的变量 p 指向数组的首元素
int *q = &arr[0];       //定义 q 初始化值为 &arr[0],&arr[0]等价于 arr、p
q++;                    //q 指向数组中的下一个元素,即 q 的值为 &arr[1]
*q = 5;                 //*q 此时等价于 *(arr+1)、*(p+1)、arr[1]、p[1]、q[0]
q[2]=8;                 //q 向右移动 2 个元素,将该内存空间被赋为 8,等价于 arr[3]=8
```

【例 6-4】 以指针方式求 5 个实数的平均值。

算法分析:定义 double 型数组保存 5 个值。定义指针变量 p 指向数组首元素,循环输入 5 个值并求和,和除以 5 后输出。

主要代码段如下:

```
double arr[N];                  //定义一个存储 N 个数的数组,N 是常量
double *p = arr;                //p 是指针变量,指向一维数组 arr[N]首元素
double sum = 0;
cout << "输入" << N << "个实数: ";
for(int i = 0; i < N; i++) {    //i 控制数组下标从 0~N-1
    cin >> *(p+i);              //*(p+i)等价于 *(arr+i)、arr[i]、p[i]
    sum += *(p+i);
}
double avg = sum / N;
cout<<"平均值="<<avg<<endl;
```

循环语句也可以写成:

```
for(int p = arr; p < arr+N;p++){   //p 从指向 arr 首元素直到指向最后一个元素
    cin >> *p;
    sum += *p;
}
```

6.2.4　陷阱：数组越界问题

数组操作时，实际上是通过地址（指针）访问数组元素的内存空间。数组名是首元素地址，地址值加 1 就是加到了 sizeof(数据类型)字节。如果数组长度为 n，数组名＋(n－1)×sizeof（数据类型）就已经到了数组的末尾；如果再继续加 1，就会访问数组之外的内存空间，如果外界的内存被其他变量所占用，就会意外地改写其他变量的值，如果要改写的是系统专用的内存空间，则会造成程序意外中止。例如：

```
int a[5];
a[5]=10;            //错误，数组越界，运行时会将 10 写到数组最后一个元素的下一个内存单元中
```

因此，在进行数组操作时，一定要切记数组的实际长度，可以增加限定条件判断数组是否已满、是否访问越界等，不要访问数组之外的内存空间。

C++ 提供了数组类或 Vector 容器来实现数组的功能，允许动态分配内存，使数组操作更安全。

6.3　一维数组与函数

数组在内存中是一块连续的内存，因此作为函数的形参时与普通变量不同。

6.3.1　一维数组作为函数的形参

一维数组作为函数的形参时，传递的是指向数组首元素的指针，而不是整个数组。因此函数至少要有两个参数：一是数组的形参定义，与声明数组类似，但是不用写长度，如 int a[]表示形参是一个包含若干 int 型元素的数组的首元素地址，等价于 int *a；二是数组的长度定义是一个 int 型变量。

例如，将一维数组的输出封装成 Output 函数，函数声明如下：

```
void Output(int a[], int n);
```

其功能是输出 int 型数组下标为 0 到 n－1 的元素的值。

Output 函数的定义如下：

```
void Output(int a[], int n){
for(int i=0; i<n; i++)      //用形参 n,不要用实参 N(数组长度)
      cout << a[i] << " "; //或 printf("%d ", a[i]);
    cout << endl;           //数组元素用空格分开,输出一行后加回车符
}
```

函数调用时，实参一般是数组名，也就是首元素地址，也可以是数组中任意元素地址。例如：

```
int a[5]={1,2,3,4,5};
Output(a,5);                    //输出数组所有元素
Output(a,3);                    //输出数组前 3 个元素: a[0],a[1],a[2]
Output(a+2,3);                  //输出数组 a[2]开始的 3 个元素: a[2],a[3],a[4]
```

【例 6-5】　修改例 6-1，自定义 3 个函数，分别实现输入、输出一组学生的年龄以及计算

平均年龄。主函数定义数组,调用函数实现功能。

算法分析:在主函数中定义实际的数组,然后调用自定义函数实现数组的元素输入、处理(求平均年龄)、输出的功能。

代码如下:

```
#include<iostream>
using namespace std;
const int N=30;
void Input(int a[], int n);
void Output(int a[], int n);
double Avg(int a[], int n);
int main(){
    int age[N];                           //定义一个能存储 N 个整数的数组保存年龄
    int n;                                //班级实际人数
    cout << "输入班级人数(<" << N << "):";
    cin >> n;
    cout << "输入"<<n<<"位同学的年龄: ";
    Input(age, n);
    cout <<n <<"位同学的年龄为: ";
    Output(age,n);
    double avg = Avg(age, n);             //求平均年龄
    cout << n << "位同学的平均年龄是: " << avg << endl;
    return 0;
}
void Input(int a[], int n){
    for(int i =0; i <n; i++)              //用形参 n,不要用实参数组长度 N
        cin >> a[i];                      //或 scanf("%d", &a[i]);
}
void Output(int a[], int n){
    for(int i=0; i<n; i++)                //用形参 n,不要用实参数组长度 N
        cout << a[i] << " ";              //或 printf("%d", a[i]);
    cout << endl;
}
double Avg(int * a, int n){               //* a 等价于 a[]
    int sum = 0;
    for(int i = 0; i < n; i++)
        sum += a[i];
    double avg = 1.0 * sum / n;           //求平均年龄
    return avg;
}
```

运行结果如下:

```
输入班级人数(<30):5
输入 5 位同学的年龄: 19 18 19 20 20
5 位同学的年龄为: 19 18 19 20 20
5 位同学的平均年龄是: 19.2
```

使用数组作为参数和使用简单变量作为参数有很大的区别。使用简单变量作为参数是值的传递;而数组作为参数时,是将数组首元素的内存地址传递给函数的形参,因此函数内部的形参通过实参的首元素地址和下标找到实参的元素,这就是地址引用。

函数定义内部修改形参数组的元素值，实际上修改的是实参数组的值。图 6-5 模拟了调用 Input 时形参数组与实参数组的内存分配。

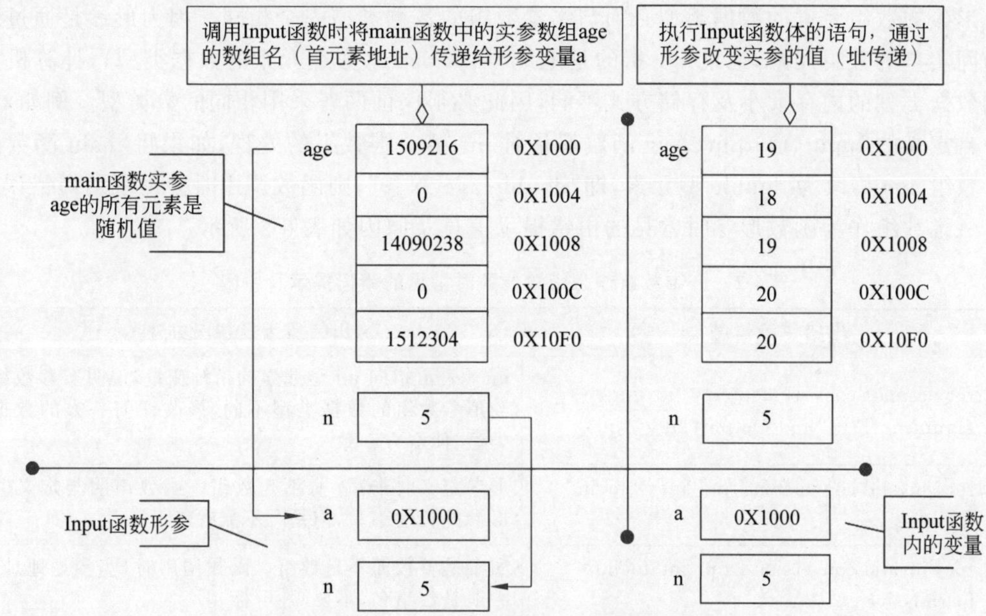

图 6-5　调用 Input 函数时数组作为函数参数的址传递

如果将 double avg＝Avg(age, n)改为 double avg＝Avg(age＋1, n－2)，则表示计算除第一个和最后一个之外的学生的平均年龄。两次函数调用时访问的数组元素范围如图 6-6 所示。

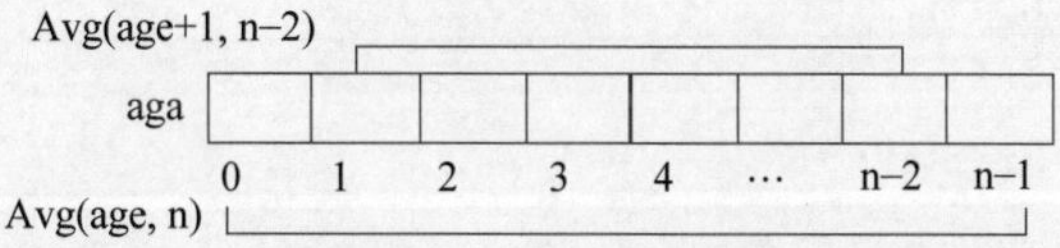

图 6-6　两次调用 Avg 函数时访问的数组元素范围

如果不希望在函数内部修改数组，则在自定义函数的声明和函数定义头部上为形参数组加上 const 修饰符。例如，Output 函数的功能是输出数组所有元素的值，为了防止函数内部修改数组元素的值，在 Output 函数的声明和定义头部分别对数组增加 const 修饰，函数调用表达式不变：

```
void Output(const int a[], int n);
```

函数定义的代码如下：

```
void Output(const int a[], int n){
    for(int i=0; i<n; i++)        //用形参 n,不要用实参数组长度 N
        cout << a[i] << " ";      //或 printf("%d", a[i]);
    cout << endl;
}
```

如果在增加 const 修饰形参变量的 Output 函数定义中增加一条语句“a[0]＝0;”，试图修改形参数组 a 的元素的值，编译时会出现错误，提示信息为：

```
[Error] assignment of read-only location '* a'
```

形参的数组元素的数据类型必须与实参数组的数据类型完全相同。因为形参是通过地址访问实参的数组元素，地址+1 指的是地址+1×sizeof(数组元素的数据类型)，计算机中不同数据类型的内存大小及存储方式不同，因此必须保证两者采用相同的数类型。例如，本例中自定义的 Input、Output、Avg 函数都是对 int 型一维数组的处理，如果将 main 函数的实参数组 age 修改为 double 型元素，即"double age[N];"，则函数调用时会出现编译错误。

一维数组作为函数形参时常见的出错提示信息及原因如表 6-2 所示。

表 6-2 一维数组作为函数参数时常见的错误提示及原因

出错提示信息	出错原因及解决办法
[Error] cannot convert 'double * ' to 'int * ' for argument '1' to 'void Output(int * , int)'	int * 表示指向 int 型元素的指针变量，说明实参数组与形参数组的数据类型不同，修改任何一方的数据类型，使双方一致
[Error] invalid conversion from 'int * ' to 'int' [-fpermissive]	形参定义时未写[]，不是数组。函数声明与定义时形参的长度不写，但是[]不能省略
[Error] invalid conversion from 'int' to 'int * ' [-fpermissive]	实参是整数而不是数组。函数调用时，实参是地址，一般是数组名，不要写[下标]
[Error] expected primary-expression before 'int'	实参调用错误。实参写数组名，不要写数组定义

【例 6-6】 形参数组与实参数组的内存大小。

阅读下面的代码：

```
#include<iostream>
using namespace std;
const int N = 5;
void test(int a[], int n);
int main(){
    int a[N] = {1,2,3,4,5};
    test(a,N);
    cout << "实参 a 的内存大小是" << sizeof(a) << "字节\n";
    return 0;
}
void test(int a[], int n){
    cout << "形参 a 的内存大小是" << sizeof(a) << "字节\n";
}
```

运行结果如下：

```
形参 a 的内存大小是 8 字节
实参 a 的内存大小是 20 字节
```

实参数组 a 由 5 个 int 型元素组成，会被分配 5×sizeof(int)字节，即 20B。而形参数组 a 接收的是实参 a 的值，是指针变量，指针变量所占内存大小依赖于系统架构，在 32 位系统中通常是 4 字节，64 位系统中通常是 8 字节。因此形参数组 a 分配的只是一个地址，并不是一个实际的数组，形参数组通过地址间接访问实参数组的内存空间。

*6.3.2　返回指针的函数

一个函数的返回值也可以是指针类型。返回数组名实际上就是返回数组的首地址(指针),返回类型使用指向数据元素类型的指针型:

数据类型　* 函数名(参数列表)

【例 6-7】　自定义函数 GetLoc,返回数组下标为第 index 个元素的指针。

算法分析:GetLoc 函数包括 3 个参数:数组首元素地址、数组长度、下标,函数返回值为指向数组元素的指针变量。函数体中返回数组中指定下标的地址。

代码如下:

```
#include<iostream>
int *GetLoc(int a[], int n, int index){
    return a + index;                              //返回 a + index 即 &a[index]
}
int main(){
    int a[] = {1,2,3,4,5}, n=5;
    int *p =GetLoc(a,n,2);                         //数组 a 中下标为 2 的指针赋给 p
    std::cout << "a[" << p-a << "]=" << *p;    //或 printf("a[%d]=%d",p-a,*p);
    return 0;
}
```

运行结果如下:

```
a[2]=3
```

如果修改 GetLoc 函数为:

```
int *GetLoc(int a[], int n, int index){
   int val = a[index];                     //定义局部变量 val 保存值
    return &val;                           //警告:返回局部变量 val 的地址
}
```

修改的 GetLoc 函数返回指向局部非静态变量的地址,编译时会出现警告:

```
[Warning] address of local variable 'val' returned [-Wreturn-local-addr]
```

运行时,局部变量 val 在函数调用结束后已被销毁,返回的是野指针赋给了 p,会出现未定义行为,如 a[−13]=0 或程序崩溃。

因此,函数体中不要返回局部变量的地址。安全返回指针应该是指向以下对象:

(1) 函数的形参为指针型的变量表达式,这些变量指向的实参空间是在主调函数中定义的,返回到主调函数后可以使用实参的地址。

(2) 静态变量或全局变量的地址,它们具有全局作用域或静态存储期,因此在整个程序执行期间都保持有效。

6.4　实用知识:数据处理的实用算法

在数学应用中经常会计算数据集的平均值、最大值、最小值、中值、方差、标准差等统计指标,此外,查找、排序也是数据处理中的基本算法。为了提高效率,可以将这些常用的功能封装成函数,以便在不同应用中复用。本节将介绍这些数据处理算法的设计思想。实际应用中,可以利用 C++ 标准库文件<algorithm>中提供的 C++ 丰富的通用算法函数,详见 10.7 节。

6.4.1 中值与方差(标准差)计算

1. 中值函数

中值是一组有序数值排在中间位置的值。如果这些数是奇数个,则中值是中间的数;如果这些数是偶数个,则中值是中间两个数的平均值。例如:

```
double a[5]={1,2,3,4,5};                    //中值是 a[2]即 3
double b[6]={1,2,3,4,5,6};                  //中值是(b[2]+b[3])/2 即(3+4)/2=3.5
```

【例 6-8】 自定义函数,求一组已排序数值的中值。

```
double Median(double a[], int n){
    int mid = (n - 1) / 2;                      //一组数中间元素的下标
    if (n % 2 != 0)                             //如果有奇数个
        return a[mid];
    else                                        //否则有偶数个
        return(a[mid] + a[mid+1]) / 2.0;
}
```

调用示例:

```
double median = Median(a,5);                //median 的值为 3
```

2. 方差函数

方差是数据集中各数据与其平均值之差的平方的平均值。标准差是方差的平方根,又称为均方差。在概率论和统计学中,一个随机变量的方差描述的是它的离散程度。若一组数的取值比较集中,则方差较小;反之,如果取值比较分散,则方差较大。

【例 6-9】 自定义函数,求一组数据的方差。

算法分析:自定义函数 Variance,返回数组的方差,函数体中调用类似例 6-4 中的自定义函数 Avg 得到平均值(要将形参 int 数组改为 double 数组),然后通过求和算法,对每个数与平均值的差的平方求和。

自定义 Variance 函数定义如下:

```
double Variance(double a[], int n){
    double sum = 0;
    double avg = Avg (a, n);                          //数组 a 的平均值赋给 avg
    for (int i = 0; i < n; i++)
        sum += (a[i] - avg) * (a[i] - avg);           //a[i]与 avg 之差的平方
    return sum/n;
}
```

调用示例:

```
double variance = Variance(a,5);            //方差为 2.91667
```

6.4.2 返回数组的最大值/最小值及下标

最小值与最大值的算法相同,只是判断大小的符号不一样。

以最大值为例。假设数组 a 有 n 个元素，声明一个变量 iMax，初始值是数组第一个元素的下标 0。定义循环变量 i，用于循环访问数组的其余元素（1≤i＜n），如果 a[i]值比 a[iMax]的值更大，修改 iMax 值为 i。循环结束后，iMax 就是数组最大值所在的下标，a[iMax]就是数组的最大值。

【例 6-10】 自定义函数，求一组数的最大值和最小值及其下标。

算法分析：一个函数只能有一个返回值，因此要设计两个函数。由于通过下标就能找到元素的值，因此返回值为最大值或最小值的下标。

MaxIndex 与 MinIndex 函数的原型声明如下：

```
int MaxIndex(double a[], int n);
int MinIndex(double a[], int n);
```

MaxIndex 函数定义如下，MinIndex 函数定义类似，仅仅将 if 表达式的＞改为＜。

```
int MaxIndex(double a[], int n){
    int iMax = 0;
    for (int i=1; i<n; i++ )
        if (a[i] > a[iMax])
            iMax = i;
    return iMax;
}
```

如果要在一个函数中同时得到最大值与最小值的下标，可以考虑使用引用型形参。代码如下：

```
#include<iostream>
using namespace std;
const int N = 5
void MaxMinIndex(doueble a[], int n,int &iMax, int &iMin);
int main(){
    double a[N]={3,1,2,5,4};
    int iMax, iMin;
    MaxMinIndex(a,N,iMax,iMin);
    cout << "最大值是: " << a[iMax] << "下标是: " << iMax << endl;
    cout << "最小值是: " << a[iMin] << "下标是: " << iMin << endl;
    return 0;
}
void MaxMinIndex(double a[], int n,int &iMax, int &iMin){
    iMax = iMin = 0;
    for (int i=1; i<n; i++ ){
        if (a[i] > a[iMax])
            iMax = i;
        if (a[i] < a[iMin])
            iMin = i;
    }
}
```

注意：求最大值与求最小值的条件表达式不属于对同一范围的分支，不能写成 if…else 语句。因为 a[i]小于 a[iMax]并不代表一定小于 a[iMin]。

6.4.3 顺序查找与折半查找

1. 顺序查找

顺序查找是一种常见的查找算法,对数组没有任何要求。从数组的起始元素到末尾元素逐个数据判断,如果与查找的数据相同,则查找结束;如果全部数据都没有发现与查找值相同的元素,则没有找到。算法比较简单,可参照例5-7求素数的算法实现。

【例6-11】 自定义查找函数——顺序查找法。

算法一:自定义Search函数,返回元素在数组中的下标,如果没有找到则返回-1。

```
int Search(int a[], int n, int key) {           //key是要查找的值
    int i;
    for (i = 0; i<n; i++)
     if (a[i] == key)
        break;
    if (i < n)                                  //break提前结束循环,找到了
        return i;                               //返回数组 a 中 key 值的下标
    else
        return -1;                              //没有找到,返回-1
}
```

调用示例:

```
int a[N]={3,1,2,5,4};
int index = Search(a,N,5);                      //Search函数返回3赋给index
```

算法二:自定义find函数,返回元素在数组中的指针,如果没有找到则返回NULL。

```
int * find(int a[], int n, int key) {           //key是要查找的值
    int * index = a;
    for (; index < a + n; index++)
        if ( * index == key)
            break;
    if (index < a+n)                            //break提前结束循环,找到了
        return index;                           //返回数组 a 中 key 值的地址
    else
        return NULL;                            //没有找到,返回NULL
}
```

调用示例:

```
int a[N]={3,1,2,5,4};
int * index = Search(a,N,5);                    //返回5的地址
if (index != NULL)
    cout << index - a;                          //输出5的下标为3
else
    cout << "没找到";
```

2. 折半查找法

折半查找是对有序列表常见的查找算法。假设一组数据由小到大排序,折半查找的思路是:判断有序列表的中间位置的数值与要查找的数值的关系。如果二者相等,说明找到了,查找结束;如果前者大于后者,则说明要找的数据在有序数列的前半段,否则说明该数在

有序列表的后半段。

假如有一组数据："int a[6]={1,2,3,4,5,6};"。设开始查找时的起点为 first=0,终点为 last=5(数组元素的最大下标是数组长度−1),则中间位置的下标为 mid=(first+last)/2=2。

若要查找的数值为 5,则第一次 mid=2,对应的元素是 a[2]=3＜5,说明要查找的数在数组的后半段。修改起点为 first=mid+1=3,last 不变,则 mid=(3+5)/2=4。a[4]=5,找到,结束循环。

若要查找的数值是 7,类似地重复上述过程,直到 first＞last 时结束,没找到 7。查找过程如图 6-7 所示。

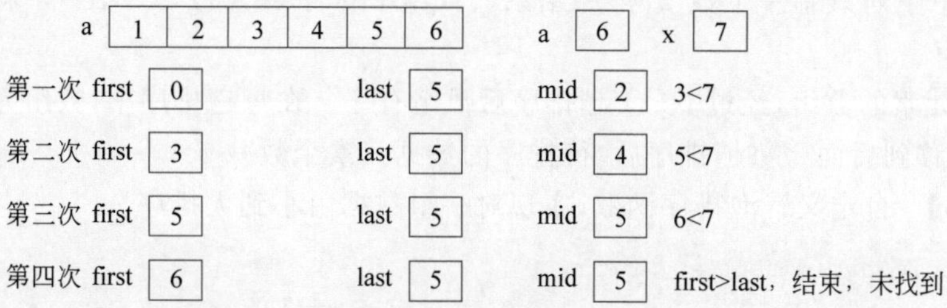

图 6-7 折半查找法示例

【例 6-12】 自定义折半查找函数,返回数组中第一次找到指定的数值的下标。如果没有找到,返回−1。

```
int BiSearch(const double a[],int n,double x) {
int first=0,last=n-1;
int mid=-1;
while(first<=last){
    mid=first+(last-first)/2;
    if(a[mid]>x)            //在前半段
        last=mid-1;
    else if(a[mid]<x)       //在后半段
        first=mid+1;
    else                    //找到了,结束查找
        break;
    }
    if(first<=last)         //说明是通过 break 退出循环的,找到了
        return mid;
    else                    //first>last,说明没找到
        return -1;
}
```

6.4.4 冒泡排序与选择排序

排序的算法比较多,经典的基本排序法有冒泡法、选择法、插入法等。

下面通过实例介绍冒泡排序和选择排序。

1. 冒泡排序

以生成非降序序列为例,冒泡法是每趟排序时两两交换,将最大的交换到未排序序列中的最后一个。

例如,有数组“int a[4]={2,8,5,4};”,则要经过3趟排序。

第1趟排序:a[0]<a[1],两者不交换;a[1]>a[2],两者交换;a[2]>a[3],两者交换。经过3次两两比较后,数值8被交换到未排序序列的最后一个。数组a序列变为{2,5,4,8}。序列分为两部分,{2,5,4}是未排序序列,{8}是已排序序列。

第2趟排序:a[0]<a[1],两者不交换;a[1]>a[2],两者交换;经过2次两两比较后,5被交换到未排序序列的最后一个,即倒数第二个位置。数组a序列变为{2,4,5,8}。未排序序列为{2,4}。

第3趟排序:a[0]<a[1],两者不交换。经过1次两两比较后,数值4排在倒数第3个位置。未排序序列只剩一个数2,排序结束。数组a排序后为{2,4,5,8}。未排序序列为{2},排序结束。

有N个元素的数组,经过N-1趟排序后数组有序。在每趟排序中,数组元素两两比较后,将较大数移到后面。每趟排序后,待排序的数据元素个数减1。

【例6-13】 自定义冒泡排序函数,实现对一组数据由小到大排序。

```
void BubbleSort(double a[],int n) {
    for(int j=1; j<n; j++)                  //进行 n-1 趟排序
        for(int i=0; i<n-j; i++)            //每趟排序的数据元素个数
            if (a[i] > a[i+1])              //判断是否交换
                swap(a[i],a[i+1]);          //调用标准 swap 函数交换 a[i]与 a[i+1]
}
```

2. 选择排序

以生成非降序序列为例,选择法是找到未排序序列的最小值的下标,将最小值与未排序序列中的第一个交换,然后对其余未排序序列继续求最小值下标和交换到序列头部,直到未排序序列剩余1个为止。

例如,有数组“int a[4]={2,8,5,4};”,则要经过3趟排序。

第1趟排序:最小值2(下标为0)无须交换。已排序序列为{2},未排序序列为{8,5,4}。

第2趟排序:未排序序列中的最小值4(下标为2)不是未排序序列的第一个,8与4交换(a[1]与a[3]交换)。已排序序列变为{2,4}。未排序序列为{5,8}。

第3趟排序:未排序序列中的最小值5是未排序中的第一个,不交换。已排序序列为{2,4,5},未排序序列为{8},排序结束。

有N个元素的数组,经过N-1趟排序后数组有序。在每趟排序中,找到未排序部分的数组元素最小值,若其下标不是未排序序列的第一个,就与未排序序列的第一个元素交换。每趟排序后,未排序的数据元素个数减1。

【例6-14】 自定义函数——一维数组的选择排序法。

```
void SelectSort(double a[],int n) {
    for(int i = 0; i < n-1; i++){      //进行 n-1 趟排序
        int k = i;                      //最小值下标 k
        for(int j = i+1; j < n; j++)
            if(a[j] < a[k])
                k = j;
    if(k != i)                          //k 不是未排序序列的第一个,交换
```

```
        swap(a[i],a[k]);
    }
}
```

6.4.5　插入与删除

1. 插入算法

向数组中插入元素，主要包括两种情况：一种是将 value 插入指定下标 index 处；另一种是将 value 插入已排序数组中的合适位置，保证有序。

【例 6-15】　自定义函数，将 value 插入数组 a 的 index 处。

算法分析：首先要保证数组 a 的实际长度 n 小于定义的最大长度 SIZE，同时 index 在数组下标范围，否则插入失败返回 false。插入算法是通过循环将 n－1 到 index 的元素依次后移一位，然后将 a[index]＝value。注意循环要从最后一个元素逐个向前，以免后移时覆盖后面的元素。插入成功后数组实际长度 n＋＋，因此形参 n 是引用变量。

参考代码如下：

```
bool insert(int a[],int &n,int SIZE,int index, int value){
    if(n>=SIZE || index <0 || index > n)     //无法插入,返回 false
        return false;
    int i = n-1;                             //数组最后一个元素的下标
    for(;i >= index; i--)                    //从后向前循环
        a[i+1] = a[i];                       //后移一位
    a[i+1] = value;                          //插入
    n++;                                     //数组实际长度+1
    return true;
}
```

【例 6-16】　自定义函数，将 value 插入已升序数组 a 的合适位置且保持数组有序。

算法分析：直观做法是先利用顺序查找法找到插入点 index，然后再用例 6-15 的算法将 value 插入 index 处，但这需要进行两次循环操作。新的算法将这两个循环合并为一个循环。定义循环变量 i 从数组末尾 a[n－1]开始向前遍历，当 value 小于 a[i]时，将 a[i]后移一位，直到 index 已遍历完数组头部或者遇到 value 大于或等于 a[i]时为止，将 value 写入下标 i 的空间。插入后 n 自增 1。

参考代码如下：

```
bool insert(int a[],int &n,int SIZE, int value){
    if(n>=SIZE)                             //无法插入,返回 false
        return false;
    int i = n-1;                            //数组最后一个元素的下标
    for(;i >= 0; i--)                       //从后向前循环
        if(a[i]>value)
            a[i+1] = a[i];                  //后移一位
        else
            break;                          //找到插入点
    a[i+1] = value;                         //插入在 i+1 位置
    n++;                                    //数组实际长度+1
    return true;
}
```

for 语句也可以改写为：

```
for(;i >= 0  && a[i]>value; i--){      //从后向前循环并且 a[i]大于 value
    a[i+1] = a[i];                     //后移一位
```

循环结束条件是 i<0 或者 a[i]<=value,循环结束后都要将 value 插入 i+1 位置。

2. 删除算法

删除数组中的元素,通常包括 3 种情况。

(1) 删除下标为 index 的元素。

算法分析：这是一个简单的循环,循环变量从 index+1 到 n-1,将每个元素赋给前一个元素,使得下标为 index 的元素被覆盖,数组长度减 1。考虑到健壮性,删除之前首先要判断 index 是否在数组范围,如果不在则结束函数。

(2) 删除第一个 value 值。

算法分析：首先顺序法找到要删除的 value 值所在下标,找到后结束循环,然后利用(1)的方法删除找到下标的元素,或者下标不在数组范围无删除。

(3) 删除数组中的所有 value 值。

算法分析：直观方法是循环利用(2)的方法,每次删除一个元素。注意要删除的元素可能连续存在,因此每删除一个元素,要将外层循环变量-1,下次循环时依然从此下标元素检查是否要删除。由于是二重循环,算法时间复杂度为 $O(n^2)$。更高效的算法是遍历过程中重新组织数据,使得所有要保留的值都在数组的前部。具体算法如下：

① 定义两个下标,i 用于遍历数组,j 用于记录删除后的数组下标,初始值均为 0。

② 遍历 i 从 0 到 n-1,如果 a[i]不是要删除的 value,则将 a[i]的值赋给 a[j],同时 j++;如果 a[i]是要删除的 value,则不赋值,继续下一次遍历。

③ 遍历完成后,j 的值就是新数组的大小。

【例 6-17】 自定义 3 个函数,分别实现以上 3 种情况的删除算法。

```
bool deleteByIndex(int a[], int &n, int index) { //删除下标为 index 的元素
    if(index<0 || index>n-1)                     //要删除的下标不在数组范围,结束
        return false;
    for(int i =index+1; i <n;i++)
        a[i-1] = a[i];                           //将元素赋给前一个元素实现左移覆盖
    n--;                                         //删除后数组实际长度减 1
}
bool deleteByValue(int a[], int &n, int value) { //删除第一个 value 值
    int i=n-1;
    for(;i>=0 && a[i]!=value;i--);               //不删除的值则一直向前遍历
    return deleteByIndex(a,n,i);                 //调用 deleteByIndex 函数删除
                                                 //下标 i 的元素
}
bool deleteAllValue(int a[], int &n,int value) {//删除所有 value 值
    int j=0;
    for(int i=0; i<n;i++)
        if(a[i]!=value)
            a[j++] = a[i];                       //将 a[i]赋给 a[j],同时 j++
    if(j<n) {
```

```
        n = j;                        //修改数组实际长度为 j
        return true;
    }else
        return false;                 //无删除
}
```

函数调用示例：

```
int a[8]={1,5,2,4,4,6,4,3}, n = 8, value = 4;
deleteByIndex(a,n,1);             //删除了 5,删除后 a 为{1,2,4,4,6,4,3}
deleteByValue(a,n,6);             //删除了 6,删除后 a 为{1,2,4,4,4,3}
deleteAllValue(a,n,value);        //删除所有 4,删除后 a 为{1,2,3}
```

6.5　二维数组与多维数组

二维数组类似于数学中的矩阵，适用于处理具有行和列的表格化数据。三维数组则可以表示三个维度的数据。例如，在三维空间中的点集，常常用在物理模拟、信号处理、医学成像和三维图形渲染等领域。随着维度的增加，多维数组可以表示更复杂的数据结构，适用于高级数据分析、机器学习特征表示等场景。

6.5.1　二维数组的定义与存储

1. 二维数组的定义与内存分配

二维数组的定义方式与一维数组类似，要给出数据类型、数组名和数组长度。数组长度有两个维度：行长度和列长度。例如：

```
int a[2][3];
```

定义数组 a 由 2 行 3 列共 6 个 int 型元素组成，每个元素由两个下标确定，一个是行下标，另一个是列下标。行下标和列下标都从 0 开始计数。即 a[0][0]、a[0][1]、a[0][2]、a[1][0]、a[1][1]、a[1][2]。

二维数组可以看作一个数组的数组。例如，"int a[2][3]; "也可以理解为数组 a 包括 2 个元素：a[0]和 a[1]，而 a[0]是由 3 个 int 型元素组成的一维数组，a[0]的 3 个元素分别是 a[0][0]、a[0][1]、a[0][2]；a[1]与 a[0]类似，也包括 3 个元素，分别是 a[1][0]、a[1][1]、a[1][2]。

二维数组中的元素是逐行进行存储的。例如，"int a[2][3];"的内存地址分配如下：

a[0][0]	a[0][1]	a[0][2]	a[1][0]	a[1][1]	a[1][2]
a+0			a+1		

数组名 a 代表二维数组的首地址，a+0 表示一维数组 a[0]的首地址，即第一行元素的首地址；而 a+1 表示一维数组 a[1]的首地址，即第二行元素的首地址。a[0]+0 表示 a[0][0]的地址，a[0]+1 表示 a[0][1]的地址，a[0]+2 表示 a[0][2]的地址。

2. 二维数组的初始化

初始化二维数组时，从首行首列(即 0 行 0 列)开始逐行赋值。例如：

```
int a[2][3]={1,2,3,4,5,6};
```

如果初始化列表的数据不足,则未赋值的元素被初始化为0。例如:

```
int a[2][3]={1,2,3};
```

则a[0][0]=1,a[0][1]=2,a[0][2]=3,其余3个元素都是0。

初始化时可以对每行元素加上花括号,更为清楚。例如:

```
int a[2][3]={{1,2,3},{4,5,6}};
```

如果表示行的花括号内的数据个数比列数小,则该行的其余元素赋值为0。例如:

```
int a[2][3]={{1,2},{3}};
```

则a[0][0]=1,a[0][1]=2,a[1][0]=3,其余3个元素都是0。

二维数组初始化列表时可以省略行的长度,但是不能省略列的长度。例如:

```
int a[][3]={{1,2,3},{4,5,6}};
```

6.5.2 二维数组元素的使用

二维数组的元素是逐行存储的,每行有相同的列数,每行每列存储着相同数据类型的元素,如int a[3][4]表示存储了3×4个int型元素。访问每个int型元素时,一般用双层循环,如外层循环控制行,内层循环控制每行的各列元素,实现逐行访问。也可以反过来,外层控制列,内层循环控制每列的各行元素,实现逐列访问。

【例6-18】 输入一个班级(最多35人)所有学生的平时成绩和期末成绩,计算总分,最后输出所有学生的平时成绩、期末成绩和总分。

每个学生的总分计算公式为:

$$总分=平时成绩\times 50\%+期末成绩\times 50\%$$

算法分析:假设一个班级最多有35人,定义一个二维数组,每行是一位学生的成绩,则行数不超过35,每行包括3列:总分、平时成绩、期末成绩。

首先由用户输入班级人数,然后根据人数输入每位同学的平时成绩和期末成绩,同时计算出总分,保存到该行的首列。最后按行输出所有同学的全部成绩。

二维数组定义以及输入输出代码如下:

```
double score[N][M];                              //N与M是符号常量,N为35,M为3
int nClassNum;                                   //班级实际人数
cin >> nClassNum;
for(int i=0;i<nClassNum; i++){
    cin >> score[i][1] >> score[i][2];           //输入平时成绩、期末成绩
    score[i][0] = score[i][1] * 0.5 + score[i][2] * 0.5;     //计算总分
}
cout << "总分      平时      期末\n";
for(int i=0; i<nClassNum; i++){                  //按行输出
    for(int j=0;j<M;j++)                         //输出该行所有列
        cout << setw(10) << score[i][j] << " ";
    cout << "\n";
}
```

6.5.3　二维数组与指针

1. 二维数组元素的指针

二维数组实际上是一个一维数组，这个一维数组的每个元素又是一个一维数组。例如：

```
int arr[3][4];
```

该语句定义了一个数组 arr，可以将数组 arr 看作由 arr[0]、arr[1]、arr[2]这 3 个元素组成，而每个元素又是由 4 个 int 型元素组成的一维数组。arr[0]、arr[1]、arr[2]都是一维数组名，代表一个不可变的地址常量，其值依次为二维数组每行首元素的地址。

二维数组名同样也是一个存放地址常量的指针，其值为二维数组中第一个元素的地址。二维数组名应理解为一个行指针，即 arr+0 的值与 &arr[0]的值相同，arr+1 的值与 &arr[1]的值相同，它们分别代表二维数组 arr 中第一、第二行的行数组首地址。而 arr[0]是 &arr[0][0]，arr[1]是 &a[1][0]，它们分别代表一维数组中首元素的地址。

二维数组元素的地址可以由表达式 &arr[i][j]求得，也可以通过每行的首地址来表示。若 0≤i<3 且 0≤j<4，则以下 5 个表达式都可以表示 arr[i][j]地址：

```
&arr[i][j]                //等价于 &arr[i][0] + j
arr[i]+j                  //arr[i]等价于 &arr[i][0]
*(arr+i)+j                //*(arr+i)等价于 arr[i]
&arr[0][0]+4*i+j          //&arr[0][0]每加 4 移动到下一行,加 4*i 后移动到 &arr[i][0]
arr[0]+4*i+j              //arr[0]等价于 &arr[0][0]
```

注意区分 arr 与 arr[0]。例如，arr+1 代表第二行的首地址，而 a[0]+1 代表下标为 0 的行(即第一行)中下标为 1 的列(即第二列)的元素地址。

因此也可以通过地址来引用二维数组。arr[i][j]可用以下 5 种表达式来引用：

```
arr[i][j]
*(arr[i]+j)
*(*(arr+i)+j)
(*(arr+i))[j]
*(&arr[0][0]+4*i+j)
```

2. 指向二维数组的指针变量

定义一个指向二维数组的指针变量，可以有几种不同的方式。

(1) 指向二维数组的行元素指针。

指针变量指向一个二维数组的首地址，也就是第一行(一维数组)的地址。例如：

```
int arr[3][4];
int (*ptr)[4] = arr;        //等价于 int (*ptr)[4] = &arr[0];
ptr = arr + 1;              //&arr[1]赋给 ptr,即 ptr 指向第二行
for(int i=0; i<3; i++)
    for (int j=0; j<4; j++)
        cin >> ptr[i][j];
```

(2) 指向一维数组的元素的指针。

指针变量指向二维数组中的首行首列元素的地址，也就是第一行数组名。例如：

```
int *p = arr[0];                    //等价于 int *p = &arr[0][0];
p++;                                //p 指向 arr[0][1]
for(int i=0; i<3*4; i++)
    cin >>p[i];
```

(3) 指针数组与二级指针。

见 6.6 节。

6.5.4 二维数组与函数

1. 二维数组作为一维数组传参

二维数组在内存中是按行连续存储的内存单元。因此可以将二维数组第一行第一列元素的地址作为函数实参传给形参是一维数组的函数,从而实现对二维数组的操作。

例如,在例 6-9 中求最小值下标函数的原型声明为:

```
int MaxIndex(int a[], int n);           //等价于 int MaxIndex(int *a, int n);
```

要求出二维数组中的最小值,可以调用 MaxIndex 函数来实现。假设有一个二维数组:

```
int arr[N][M]={{1,2,3,4,5},{6,7,8,9,10}};
```

这样调用 MaxIndex 函数:

```
int index = MaxIndex(arr[0], N*M);        //max 为最小值距离 &arr[0][0]的下标
int row = index/M;                        //行下标
int column = index%M;                     //列下标
int value = arr[row][column];             //最小值
```

这里,arr[0]等价于 &arr[0][0],是一个 double 型指针,可以作为实参传递给 MaxIndex 函数的形参 a;N*M 表示二维数组的元素个数,可以作为实参传递给 MaxIndex 函数的形参 n。调用 MaxIndex 函数得到的返回值是最小值距离 &a[0][0]的下标。根据二维数组的特点,通过除法和取余运算就可以得到行下标和列下标,最终获得最小值。

2. 二维数组整体传参

二维数组整体作为函数的形参时,要注意二维数组的首地址+1 是加一行元素的内存空间大小,因此至少要有 3 个参数:第一个形参是数组的实际行数,第二个形参是数组的实际列数,第三个参数是数组的形参定义,不写行的长度但列长度必须与实参相同。函数调用时,实参是数组名。例如:

```
void Input(int n,int m,int a[][M]){//等价于 void Input(int n,int m,int (*a)[M]);
    for(int i=0; i<n; i++)
        for(int j=0; j<m; j++)
            cin >> a[i][j];
int arr[N][M]={{1,2,3,4,5},{6,7,8,9,10}};
Input(2,3,arr);
```

实参 arr 的列数定义为 M,因此定义 Input 函数时参数 3 也必须是指向 M 列 int 型的二维数组指针,调用 Input 函数时,实际操作 arr 的前 2 行前 3 列。如果希望避免列数固定的问题,可以用指针数组或二级指针作为形参来实现,见 6.6 节。

二维数组作为函数的参数时常见的错误提示及原因如表 6-3 所示。

表 6-3　二维数组作为函数参数时常见的错误提示及原因

错误提示	错误原因
[Error] declaration of 'a' as multidimensional array must have bounds for all dimensions except the first	编译错误：形参为 a[][]错，应为 a[][M]。声明二维数组时，除了第一个维度之外的其他维度大小必须指定
[Error] cannot convert 'int (*)[10]' to 'int (*)[3]' for argument '1' to 'void Input(int (*)[3], int, int)'	编译错误：无法将实参的 int(*)[10]类型转换为形参的 int(*)[3]类型。形参的二维数组的列长度必须与实参二维数组的列长度相同
undefined reference to 'Input(int (*) [10], int, int)'	连接错误：找不到'Input(int (*) [10], int, int)'的定义，声明与定义不匹配或未定义。函数声明与函数定义的参数类型必须完全相同
[Error] cannot convert 'int**' to 'int (*)[5]' for argument '1' to 'void Output(int (*)[5], int, int)'	编译错误：无法将实参的 int **指针(指向 int * 指针的指针)转换为形参的 int(*)[5](列长度为 5 的二维数组)。这两种类型无法直接转换，可以重载函数或直接修改函数形参

3. C99 变长数组

C99 还提供了变长数组(Variable Length Array, VLA)机制，形参列表中，首先定义行长度和列长度，然后再利用这两个形参变量定义形参数组的行长度和列长度，这样在函数调用时动态生成形参二维数组，相比**更简洁、更灵活。但是 C99 特性并不是 C++ 标准。

使用 C99 修改 Intput 函数声明为：

```
void Intput(int n, int m, int a[n][m]);
```

* 6.5.5　多维数组

类似于二维数组，可以定义三维、四维数组，定义形式类似。例如：

```
int a[3][4][3];
```

声明一个三维数组 a，包括 3 个元素 a[0]、a[1]、a[2]；每个元素是一个二维数组，如 a[0]包括 4 个元素 a[0][0]、a[0][1]、a[0][2]、a[0][3]；而每个元素是一个由 3 个 int 型元素组成的一维数组，如 a[0][0]有 3 个元素 a[0][0][0]、a[0][0][1]、a[0][0][2]。类似于二维数组，多维数组的元素的存储顺序：首先是 a[0]的 4×3 个元素：a[0][0][0]、a[0][0][1]、a[0][0][2]、a[0][1][0]、a[0][1][1]、a[0][1][2]、a[0][2][0]、a[0][2][1]、a[0][2][2]、a[0][3][0]、a[0][3][1]、a[0][3][2]；然后是 a[1]的 12 个元素；最后是 a[2]的 12 个元素；如果是更多维的数组，用类似的方法定义和存储。

多维数组作为函数参数时，只有第一维长度允许省略，从第二维开始的各维长度不能省略。

6.6　指针数组与二级指针

指针数组是指元素是指针的数组，二级指针指变量类型是指向指针的指针。它们的主要用途之一是用来解决二维数组的形参列长度固定问题。可以用指针数组或二级指针作为形参。

6.6.1 指针数组

指针数组是指数组的每个元素都是指针。常见的应用是用指针数组来引用二维数组元素。若有以下定义：

```
int *pa[3],arr[3][2],i,j;   //p[3]是一个指针数组,它的 3 个元素都是 int 型指针
for (i =0; i<3; i++)
    pa[i] = arr[i];
```

右值 arr[i]是常量,表示 arr 数组每行的首地址。左值 pa[i]是指针变量,循环的结果使 pa[0]、pa[1]、pa[2]分别指向数组 arr 每行的第 1 列。这时可以通过指针数组 pa 来引用 arr 数组元素,例如,pa[i][j]表示 arr 数组中第 i 行第 j 列元素($0\leqslant i<3, 0\leqslant j<2$)。

注意：pa[i]中的值是可变的,而 arr[i]中的值是不可变的。

将指针数组作为函数参数时,可以避免考虑列长度问题。函数体内,可以用访问二维数组的方法访问数据,二维数组的列长度可以不同。例如,Output 函数输出指针数组：

```
void Output(int n, int m, int *p[]){      //若列长度相同传入 m
    for(int i=0; i<n; i++) {
        for(int j=0; j<m; j++)
            cout<<setw(8) <<p[i][j];
        cout << endl;
    }
}
void Output((int n, int *p[]){            //若列长度不同,数组末尾以 0 标记
    for(int i=0; i<n; i++){
        for(int j=0; p[i][j]!=0; j++)     //遇到结束标记停止该行
            cout << setw(8) <<p[i][j];
        cout << endl;
    }
}
```

函数调用示例：

```
Output(pa,3,2);
```

【例 6-19】 二维数组按行随机乱序。

算法分析：从所有行中随机抽取一行,与最后一行交换;再从前 n−1 行中随机抽取一行,与倒数第二行交换;直到最后一行为止。由于二维数组的每一行是一维数组,每次需要一个临时一维数组辅助,占用较多时间和空间。定义指针数组,每个元素指向二维数组的每一行,这样随机交换指针数组的元素(指针),时间与空间复杂度都比较低。

主要代码如下：

```
int *pa[N],arr[N][2]={{11,12},{21,22},{31,32}};
for (int i =0; i<N; i++)
    pa[i] = arr[i];          //指针数组的每个元素指向二维数组的每一行
srand(static_cast<unsigned int>(time(nullptr)));      //初始化随机种子
for (int i = N - 1; i > 0; --i)
```

```
    swap(pa[i], pa[rand() % (i + 1)]);      //随机取一个指针与第 i 个指针交换
Output(N,2,pa);                             //调用前面的 Output 函数输出指针数组
```

注意：乱序是数据预处理中常见的一个重要步骤，例如扑克牌洗牌的目的是为了打乱牌的顺序，提高牌的分布随机性。同样地，在机器学习和深度学习中，将训练数据集随机打乱，能够增加样本之间的差异，提高模型的泛化能力和训练效率。

6.6.2　二级指针

指向指针数据的指针变量称为指向指针的指针或二级指针。其定义形式为：

数据类型 **指针变量名;

例如：

```
int **p = pa;                 //定义二级指针 p 指向指针数组 pa 的首元素
Output(p,N,M);                //调用 Output 函数输出二维数组
```

二维数组 arr、指针数组 pa 与二级指针 p 在内存中的存储如图 6-8 所示。

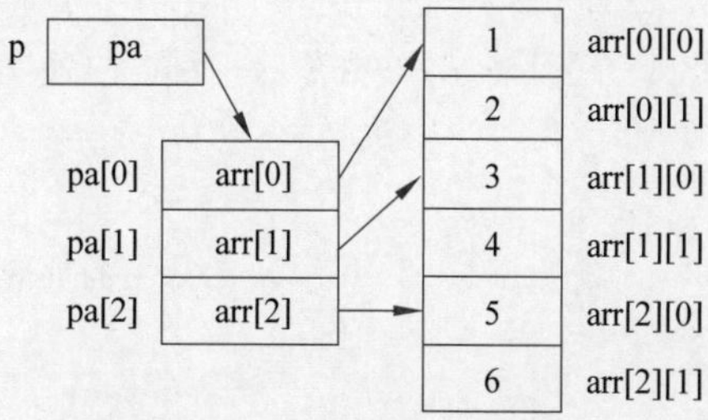

图 6-8　指针数组与二级指针在内存中的存储示意

指针数组和二级指针也经常用于处理字符串数组和动态分配内存等场景。

6.7　数据处理与工程应用

6.7.1　实现购物菜单的结账子功能

【例 6-20】　实现例 5-17 的购物子功能，用户选择输入水果及蔬菜的重量，按照系统内部定义的单价计算应付金额，多次选择时累加应付金额。

算法分析：要实现购物结账，应记录用户购买物品的重量以及卖场规定的单价，结账时应付金额累加。

定义一个数组存放商品的单价，假定有 5 种水果和 3 种蔬菜，按顺序存放单价并保存到一维数组中。定义一个数组存放用户购买的数量。两个数组的下标一一对应，初始值全部为 0，表示用户购物车为空。调用函数分别实现购买水果、购买蔬菜的功能，将用户输入的重量依次累加，写入对应下标的元素中；如果多次购买同类商品，应累加重量。

main 函数、购买水果和结账子功能的自定义函数代码如下：

```
int main(){
    double weight[N+M]={0};                     //用户购买的水果和蔬菜的重量
    double unit[N+M]={5,8,3.5,4.99,10,          //5 种水果单价
```

```
                    1.5,2.8,0.9};                       //3种蔬菜单价
    int choice = -1;                                    //初始化序号为-1
    while(true) {                                       //或 while(1)
        choice = menu();                    //调用 menu 函数得到用户输入的菜单项序号
        cout << "你选择了" << choice << endl;
        if(choice ==0)   {                              //如果序号是 0 就退出程序
            cout << "退出程序.";
            break;                                      //或 return 0;
        }
        switch(choice){                                 //根据 choice 调用各子功能函数
            case 1: fun1(weight,N); break;              //买水果
            case 2: fun2(weight+N,M); break;            //买蔬菜
            case 3: fun3(weight,unit,N+M); break;       //结账
            default: cout << "菜单输入错误\n";
        }
    }
    return 0;
}
void fun1(double w[], int n) {                  //输入用户购买水果的序号及重量
    cout << "请选择水果(1-苹果,2-梨,3-香蕉,4-石榴,5-葡萄),0 退出";
    int item; cin >> item;
    if(item>=1 << item<=n) {
        cout <<"请输入重量: ";  cin >>y;
        w[item-1] += y;                         //输入的重量 y 加入实参 weight 数组中
    }
}
void fun3(double w[], double u[], int n) {      //结账
    double cost = 0;
    for(int i=0; i<n; i++)
        if(w[i]!=0)                             //购买
            cost += w[i] * u[i];                //应付金额累加
    cout << "您一共花费: " << cost << "元.\n";
}
```

6.7.2 接收不定个数的整数

在前面的例子中,用户输入一组数据时,都是先输入个数,然后再输入指定个数的数据并保存。在实际应用中,经常让用户连续输入一组数据,直到结束为止。可以用两种方法解决这个问题。

方法一:预设一个结束值,用户连续输入一组数据,遇到指定的结束值结束。

【例 6-21】 修改例 6-5,连续输入一组学生的年龄(不超过 35),输入−1 表示结束。

算法分析:定义一个有 N(N=35)个 int 型元素的一维数组,定义一个变量 n 记录数组的实际元素数量,初始值为 0。循环,如果输入值是−1 或者达到最大长度 SIZE 时结束循环,否则写入数据中。接下来,可以使用变量 n 控制数组的输入、处理与输出等操作。

修改例 6-5 中的 Input 函数定义如下:

```
void Input(int a[], int SIZE, int &n ,int key){
    while(true){
```

```
        cin >> a[n];                //向数组中写一个数
        if(n<SIZE &&a[n]!= key)     //下标在数组范围且值非终止符时,数组长度+1
            n++;
        else                        //不满足条件时,结束循环
            break;
    }
}
```

调用 Input 函数时,实参 n 初始值为 0,传入后在函数内部根据输入的实际值修改 n。例如:

```
#define END_VAL -1
int age[N];                        //定义一个能存储 N 个整数的数组保存年龄
int n = 0;                         //班级实际人数 ,初始为 0
Input(age,N,n,END_VAL);            //调用 Input 函数输入值赋给 age,遇到 END_VAL 结束
```

方法二:从程序的安全性看,还需要增加数据输入错误的控制,如果输入的不是整数,则忽略输入内容,等待用户重新输入新的整数。

【例 6-22】 连续输入一组学生(不超过 35 人)的年龄(输入非数值字符,会被忽略),直到遇到 EOF 结束。

改进例 6-21 的 Input 函数,判断用户输入的值是否 EOF,如果遇到 EOF 则结束循环;如果接收值失败,则清除错误后重新等待输入;如果接收的是数值,则将其写入数组中并计数。循环结束后,返回数组及实际长度。

修改后的 Input 函数定义为:

```
void Input(int a[], int SIZE, int &n){
    while(true){
        if(n>=SIZE)
            break;
        cin >> a[n];                //向数组中写一个数
        if(cin.eof())               //是否遇到 EOF,在 Windows 以组合键 Ctrl+Z 结束
            break;
        else if(cin.fail()) {       //是否输入接收失败,如输入字符
            cin.clear();            //清除输入流的错误状态
            cin.sync();             //清空缓存区所有内容
        }else
            n++;
    }
}
```

如果数值之间以逗号等字符分隔,读取时要忽略该分隔字符。可以通过 cin.peek 获取下一个要读取的字符,如果是逗号则忽略该字符。

```
void Input(int a[], int SIZE, int &n){
    do{
        if(n>=SIZE)
        break;
        if(cin.peek()== ',')          //下一个字符是逗号字符则忽略
            cin.ignore();
        else {
```

```
            cin >> a[n];
            n++;
        }
    }while(cin.peek()!=EOF);              //遇到 EOF 结束循环
}
```

6.7.3 计算日平均温度与最大温差

在气象学中，通常用一天中2时、8时、14时和20时这4个时刻的气温的平均值作为一天的平均气温，结果保留一位小数，这样得出的结果就是日平均温度。

【例6-23】 一个二维数组存储了每天4个时刻的温度。计算一周中每天的日平均温度与日温差(最大温度与最低温度之差)，然后输出每天的日平均温度和日温差，并找出日温差最大的是本周的哪一天。

任务可以分解为求一维数组的平均值、最大值、最小值算法，难点是二维数组的行和一维数组的元素的对应。主要分解为以下几个任务。

(1) 定义一个一维数组存储二维数组每行的平均值(日平均温度)，函数声明如下：

```
void Avg(double t[][M], int n, int m,double a[]);
```

(2) 定义一个一维数组存储二维数组每行的最大值与最小值的差(日温差)，同时计算并返回一维数组的最大值(最大日温差)，函数声明如下：

```
int Diff(double t[][M], int n, int m, double a[]);
```

(3) 输出一个double型一维数组(日平均温度)以及输出一个int型一维数组(日温差)，函数声明如下：

```
void Output(double a[],int n);
void Output(double a[],int n);
```

(4) 计算一维数组的最大值与最小值的下标，函数声明如下：

```
void MaxMinIndex(double a[], int n,int &iMax, int &iMin);
```

(5) 在主函数中定义一个二维数组，调用Avg函数得到日平均温度并输出；调用Diff函数得到日温差与最大温差并输出。

Avg函数、Diff函数定义如下：

```
void Avg(int n, int m, double t[][M],double a[]){
    for(int i=0; i<n; i++)  {              //每行的各列值求平均值,保存到一维数组中
        a[i] = 0;
        for(int j=0; j<m; j++)             //循环,将二维数组 t 的第 i 行元素累加到 a[i]
            a[i] += t[i][j];
        a[i] /= m;                         //求平均值给 a[i]
    }
}
double Diff(int n, int m,double t[][M],double a[]){
//数组 a[i]保存对应 t[i]行的温差,首先找到每行的最大值-最小值得到每天的温差,然后调用
//MaxMinIndex 函数求出一组温差的最大值
    int iMaxDiff = 0;                      //最大温差的下标,初始为 0
```

```
    for(int i=0; i<n; i++){                          //每天的最高温度-最低温度写到 a[i]中
        int iMax = 0,iMin=0;
        MaxMinIndex(t[i],m,iMax,iMin);               //得到第 i 行的最大值与最小值下标
        a[i] = t[i][iMax] - t[i][iMin];              //最大值-最小值得到的差写入 a[i]
        if(a[i] > a[iMaxDiff])
            iMaxDiff = i;                            //记录最大温差的行
    }
    return iMaxDiff;
}
```

*6.7.4　动态规划算法应用实例

动态规划(Dynamic Programming,DP)是一种在数学、计算机科学和经济学中广泛使用的,通过把原问题分解为相对简单的子问题的方式求解复杂问题的方法。对于常见的实际应用,如求最短路径问题、库存管理、网络流优化等问题,用动态规划方法比用其他方法求解更为方便。

能够利用动态规划求解的问题必须满足以下 3 个条件。

(1) 最优化原理。一个最优策略的决策过程中所产生的子问题的子策略也是最优的。

(2) 无后效性。每个阶段的决策只取决于前一个阶段的决策,与更靠前的决策无关。也就是说,子问题之间是相互独立的。

(3) 重叠子问题。在最优解问题中,总是不断调用同一个问题,而不是产生新问题。动态规划通过记忆化存储子问题的解,避免重复计算,从而提高效率。

【例 6-24】　求矩阵的最小路径。

有矩阵 a,从左上角的数字开始每次只能向右或者向下走,最后到达右下角的位置。路径上所有的数字累加起来就是路径和,返回所有的路径中最小的路径和。例如,有以下矩阵:

$$\begin{bmatrix} 1 & 2 & 3 & 4 \\ 4 & 1 & 5 & 3 \\ 2 & 6 & 2 & 4 \end{bmatrix}$$

从左上角的 1 开始→向右走到 2(2<4)→向下走到 1(1<3)→向右走到 5(5<6),向下走到 2(2<3),向右走到 4,因此路径和=1+2+1+5+2+4=15。

这是一道经典的动态规划的题目。a[i][j]代表从起点到达(i,j)点的路径长度,dp[i][j]代表从起点到达到(i,j)点的最短路径长度,则 dp[i][j]=min(dp[i−1][j],dp[i][j−1])+a[i][j]。

源程序如下:

```
#include<iostream>
#include<cmath>
using namespace std;
const int M = 10;
const int N = 10;
int minPathSum(int m, int n, int a[][N]);
```

```
int main(){
    int a[M][N]={{1,2,3,4}
                ,{4,1,5,3}
                ,{2,6,2,4}};
    cout << "矩阵从左上角到右下角的最小路径和=";
    cout << minPathSum(a, 3, 4);
    return 0;
}
int minPathSum(int m, int n, int a[][N]){
    int dp[m][n];
    dp[0][0] = a[0][0];
    for (int i = 1; i < m; i++)            //给行初始化
        dp[i][0] = dp[i - 1][0] + a[i][0];
    for (int i = 1; i < n; i++)            //给列初始化
        dp[0][i] = dp[0][i - 1] + a[0][i];
    for (int i = 1; i < m; i++)            //给剩余元素初始化
        for (int j = 1; j < n; j++)
            dp[i][j] = a[i][j] + min(dp[i-1][j],dp[i][j-1]);
    return dp[m - 1][n - 1];
}
```

程序运行结果如下：

```
矩阵从左上角到右下角的最小路径和=15
```

注意：

(1) minPathSum 函数可以简单修改后实现从矩阵左上角到达任意点的最短路径。

增加两个形参：row 接收点所在第几行，col 接收点所在第几列；修改 return 语句，将 m 与 n 分别改为形参 row 与 col。

(2) C++ 中可以直接使用标准的 min 函数，如 min(2,3)返回两个数的较小值 2。

(3) C 语言中，要自定义 min 函数：

```
int min(int a,int b){              //C 语言中要定义
    return a >= b ? b : a;
}
```

C 语言中，还要将 const 定义符号常量改为 #define 宏定义。例如：

```
const int N =10;
```

改为

```
#define N 5
```

6.8 练习与思考

6-1 输出低于平均分的学生序号及成绩。要求输入一组学生的成绩(double 型)，序号按输入顺序定义为 0,1,2,…，当成绩为 −1 时输入结束。输出序号时按序号 1,2,…输出，成绩保留小数点后 1 位。

6-2 向一个有序数组(由小到大)中插入一个数据，使其仍然保持有序性。例如，数组

a={1,3,5,7,9},插入 key 值 4 后的 a 是{1,3,4,5,7,9},数组长度加 1。如果数组空间已满,则无法插入。

6-3　输入年份和月份,计算该月有多少天。

说明:将 12 个月的天数定义成一维数组{31,28,31,30,31,30,31,31,30,31,30,31},然后利用月份作为数组下标找到天数。如果是闰年且 2 月则 29 天。

6-4　输入一个整数 n,然后输入 n 个整数,输出 n 个整数的标准差,小数点后保留 2 位。

6-5　输出 Fibonacci 前 n 项的值。要求第 0 项为 0,第 1 项为 1,……。

6-6　n 个观众为 5 个选手投票,选手编号为 1,2,3,4,5。要求输入 n,然后输入 n 个用户投票的选手编号,按选手序号输出每位选手的编号和票数,每位选手信息占一行,如果未得票则不输出该选手。

6-7　输入 n(2≤n≤10000),统计输出 2～n 的所有素数。第一行输出素数的总数,第二行开始,由小到大输出所有素数,每行输出 10 个素数,每个素数占 5 位右对齐。

说明:可以使用例 5-6 求素数的算法。建议查阅资料学习更优化的算法,例如埃氏筛法和欧拉筛法。

6-8　以下面的形式输出 n 行(n≤10)杨辉三角形。

```
1
1  1
1  2  1
1  3  3  1
1  4  6  4  1
```

提示:定义一个 10×10 的二维数组 a,用变量 n 控制实际值的行数和列数。首先初始化所有行的第 1 列和对角线的值为 1,如第 i 行的 a[i][0] = a[i][i] = 1;然后从下标 2(第 3 行)开始,为每列的第 1 到 i−1 列的元素赋值,如第 i 行第 j 列 a[i][j] = a[i−1][j−1] + a[i−1][j]。输出时只输出下三角矩阵。

6-9　若有语句 int a[8],则下列对 a 的描述中正确的是(　　)。

A. 说明 a[8]是整型变量

B. 定义了一个数组 a,数组 a 共有 9 个元素

C. 定义了一个名称为 a 的一维整型数组,共有 8 个元素

D. 以上 3 个答案均不正确

6-10　要定义一个具有 5 个整型元素的一维数组 arr,并初始化各元素的值依次为 30,20,−5,0,0,则下列定义语句中错误的是(　　)。

A. int arr[5]={30,20,−5};　　B. int arr[5]={30,20,−5,0,0};

C. int arr[]={30,20,−5};　　D. int arr[]={30,20,−5,0,0};

6-11　假设定义数组"int a[10];",则数组 a 能访问的元素的下标范围是 0～9。一旦超过这个范围,如访问 a[10],可能会出现的情况不包括(　　)。

A. 编译不通过　　B. 运行正常

C. 运行显示意外值　　D. 运行时异常退出

6-12　已知自定义函数的原型声明如下:

```
int max(int a[],int n);
```

如果主函数中定义了数组“int arr[10];”赋予初始值,则主函数中调用 max 函数语法正确的是(　　)。

A. int maxValue=max(a,10);　　B. int maxValue=max(int a[],10);

C. int maxValue=max(arr,10);　　D. int maxValue=max(int arr[],10);

6-13 假设定义了数组“int a[10];”,则程序中使用“a[10]=1;”,表示(　　)。

A. 将数组 a 的最后一个元素之后的空间赋值为 1,可能导致严重后果

B. 将数组 a 的第一个元素赋值为 1

C. 将数组的所有 10 个元素都赋值为 1

D. 将数组 a 的最后一个元素赋值为 1

6-14 下面对二维数组 x 的定义错误的是(　　)。

A. int x[][3]={{0},{1},{1,2,3}};

B. int x[][3]={0,1,2,3};

C. int x[3][3]={{1,2,3},{1,2,3},{1,2,3}};

D. int x[3][]={{1,2,3},{1,2,3},{1,2,3}};

6-15 若有说明:“int a[][2]={1,2,3,4,5,6,7};”,则 a 数组第一维的大小是(　　)。

A. 2　　B. 3　　C. 4　　D. 7

6-16 若二维数组 a 有 m 列,则在 a[i][j]前的元素个数为(　　)。

A. j*m+i　　B. i*m+j+1　　C. i*m+j-1　　D. i*m+j

第7章 字符型数组与字符串处理

C语言中,通常用一维字符数组表示一个字符串,二维字符数组表示字符串数组,其中每一行表示一个字符串。字符串是一种常见的数据结构,广泛应用在文本处理和清洗、网络爬虫和数据抓取、文件处理和日志分析、通信协议等场景。C++除了支持C语言的字符串,还提供了专有的字符串string类型。本章重点介绍C语言中字符串及其处理,以便理解计算机的底层编程和内存分配机制。9.7节介绍C++中更便捷的字符串操作。

7.1 字符数组的定义与初始化

字符串常量是用一对双引号括起来的字符序列,如"hello"。在内存中会分配一组连续的内存单元,按顺序存放每个字符常量,末尾加上特定的结束符'\0'(ASCII码为0)。例如,"hello"在内存中的字符存放顺序是'h','e','l','l','o','\0',共计6个字符。

h	e	l	l	o	\0

利用数组存储和处理字符串时,由于其末尾的特殊结束符'\0',字符数组在输入输出、遍历、赋值、比较等方面都具有自己的特性。

7.1.1 字符数组的定义

定义字符数组的方法与定义数值型数组的方法相同,只是字符数组的类型名为char。

其定义的一般形式是:

```
char 数组名[数组长度];              //一维字符数组定义
char 数组名[行长度][列长度];        //二维字符数组定义
```

例如:

```
char ch[10];          //定义了 ch 为一维字符数组,包含 10 个字符元素
char arr[5][10];      //定义了 arr 为二维字符数组,包含了 50 个字符元素
```

字符串以'\0'为结尾,因此字符数组长度为实际字符个数加1。例如字符数组ch是由10个字符组成的,因此最多能够存储9个字符和一个'\0'。

7.1.2 字符数组的初始化

字符数组的初始化与数值型数组初始化没有本质区别,但字符数组除了可以逐个给数组元素赋予字符外,也可以直接用字符串对其初始化。

例如下面的初始化语句:

```
char str1[15]={'H','o','w',' ','a','r','e',' ','y','o','u'};          //' '表示空格
char str2[ ] = {'H','o','w',' ','a','r','e',' ','y','o','u','\0'};
char str3[ ] = {"How are you"};          //或 char str3[ ]= "How are you";
```

它们在内存中的存储情况如图 7-1 所示。

	0	1	2	3	4	5	6	7	8	9	10	11	12	13	14
str1	H	o	w		a	r	e		y	o	u	\0	\0	\0	\0

	0	1	2		4	5	6	7	8	9	10	11
str2	H	o	w		a	r	e		y	o	u	\0

	0	1	2		4	5	6	7	8	9	10	11
str3	H	o	w		a	r	e		y	o	u	\0

图 7-1 3 个字符数组在内存中的存储情况

str1 的长度为 15,初始化的值会依次赋值给字符数组的每一个元素,其余的值自动赋值为 0(即'\0')。注意,定义数组时,数组长度必须大于或等于初始值长度,否则赋值将超出数组的边界,会发生不可预料的错误。

str2 和 str3 的数组长度根据初始化的值决定。如果使用字符常量初始化,最后一个元素一定要有'\0',因为字符数组的输出是从字符数组首地址开始逐个字符输出,直到遇到'\0'为止。

类似地,可以使用字符常量或字符串定义和初始化一个二维字符数组,例如:

```
char diamond[5][6]={{' ',' ','*'},{' ','*',' ','*'},
{'*',' ',' ',' ','*'},{' ','*',' ','*'},{' ',' ','*'}};
```

或者

```
char diamond[5][6] = {"  *", " * *", "*   *", " * *", "  *"};
```

用它代表一个由星号组成的菱形:

```
  *
 * *
*   *
 * *
  *
```

7.1.3 字符数组元素的使用

字符数组的每个元素是一个字符,因此可以通过下标访问和修改数组中的字符,循环条件通常是遇到字符串末尾的结束符'\0'时结束。例如下面的代码段:

```
char str[] = "Hello";                                  //定义及初始化字符数组 str
cout << "First character: " << str[0] << endl;        //输出字符 H
```

```
str[0] = 'h';
cout << "Modified string: " << str << endl;        //输出一行字符串 hello
for (int i = 0; str[i] != '\0'; i++)              //循环条件也可以是 str[i]!=0
    cout << str[i];                                //依次输出 hello
```

7.1.4　陷阱：字符串使用＝和＝＝的问题

字符数组不是基本数据类型，不能像字符变量一样直接使用＝赋值，也不能直接使用＝＝实现字符串的比较。

以下语句中的＝是初始化，是正确的：

```
char str3[ ] = "How are you";
```

但是下面的语句是错误的：

```
char str3[ ];                        //错误，定义数组时没有给出长度或没有初始化
str3="How are you";                  //错误，str3 是一个数组名，不能作为左值
str3[12] = "How are you";            //错误，str3[12]是一个字符，右值不能是字符串
```

类似地，要比较两个字符串是否相同，直接用＝＝也是错误的。例如：

```
str3=="How are you"                  //错误，==找不到匹配函数
```

C 语言提供了字符串处理的标准库函数来实现字符数组的赋值与比较大小等功能，详见 7.6 节。

7.2　字符数组的输入与输出

字符数组的输入和输出可以与数值型数组一样，用循环语句将字符逐个输入到字符数组或将字符数组的各元素逐个输出，在此不再赘述。本节主要讨论以字符串形式给字符数组赋值或输出的方式。

字符串由 0 个或多个字符组成，以'\0'为结束标记。因此只要知道字符串的首地址，就可以逐个找到所有字符，直到遇到'\0'。基于字符串的这个特点，C 语言与 C++ 都提供了多种字符数组输入输出函数，实现一次性输入或输出一个字符数组。

7.2.1　接收一个单词给字符数组

C++ 中使用 cin 接收一个单词，也可以使用 C 语言提供的 scanf 函数。

1. C++ 的 cin

使用 cin 接收一个单词意味着从标准输入（例如键盘）读取一串字符，直到遇到一个空格、制表符或换行符为止。cin 将读取到的字符序列保存到字符数组中，末尾自动增加'\0'。其一般形式是：

cin >>字符数组名;

例如：

```
char ch[10];
cin >> ch;
```

由于定义字符数组的长度为10,因此输入的单词应不超过9个有效字符,否则可能导致缓存区溢出。

注意:只有字符数组才允许一次性接收其全部元素(字符),而数值型数组必须通过循环的方式依次接收每一个元素(数值)。

对于二维数组,可以将每一行看作一个字符串完成输入。例如:

```
char s[5][101];
for(int i = 0; i < 5; i++)
    cin >> s[i];            //输入的每行字符串写到第 i 行的 s 中,每行末尾补'\0'
```

2. scanf 函数

scanf函数的格式字符串%s接收一个字符串,直到遇到空格、制表符或换行符结束。将读取到的字符存储在字符数组中,末尾自动增加'\0'。其一般形式为:

scanf("%s",字符数组名);

例如:

```
char s[10];
scanf("%s",s);              //%s 是字符串格式,参数列表中写字符数组名,即数组首元素地址
```

7.2.2 接收一行句子给字符数组

1. C++ 的 cin.getline 方法

如果要接收一个句子,即空格、制表符、换行符都是字符串中的有效字符,可以使用cin提供的cin.getline方法。它从输入流cin读取字符,直到遇到结束符或者达到最大字符数为止,将读取的字符保存到字符数组,末尾自动加上'\0'。其一般形式是:

cin.getline(参数1,参数2,[参数3]);

说明:

(1) 参数1是字符数组名,用户输入的字符串将保存在该数组名为首地址的数组中。

(2) 参数2是字符数组的最大长度,注意,输入一旦越界,就会造成程序中止。

(3) 参数3是字符串的结束符,默认值是'\n',cin.getline遇到结束符后结束读取,并不保存此结束符。

例如,以下的写法是正确的:

```
char s[N];                  //N 是符号常量
cin.getline(s,N);           //输入一行字符(包括空格,最多 N-1 个)到字符数组 s
cin.getline(s,N, '\n');     //等同于 cin.getline(s,N);
cin.getline(s,N, ' ');      //最多接收 N-1 个字符,遇空格结束,等同于 cin >> s;
```

2. fgets 函数

fgets函数是C标准函数,用于从输入流(如标准输入流stdin)接收字符,直到遇到换行符或达到接收个数为止,将所有读到的字符包括换行符都写到实参数组中。函数原型声明为:

char * fgets(char * s, int n, FILE * stream);

第一个参数s是指向字符数组的指针变量,实参一般是字符数组名,用于保存要接收的

字符串；第二个参数 n 表示最多读取 n－1 个字符或遇到'\0'，然后末尾自动补'\0'，这可以避免读取字符串超过字符数组大小造成缓存区溢出；第三个参数 stream 指定了输入流，如果是标准输入设备则实参是 stdin，如果是文件则使用相应的文件指针。

例如：

```
char s[N];                    //N 是符号常量
fgets(s,N,stdin);             //s 接收一行字符,最多接收 N-1 个字符,或遇到'\n'结束
```

由于 fgets 接收的字符串末尾可能是'\0'(接收 N－1 个字符)或'\n' '\0'(接收小于 N－1 个字符)，因此处理字符数组时要注意对'\n'的处理，例如首先将'\n'替换为'\0'。

3. gets_s 函数

早期 C 标准中提供了 gets 函数用于从键盘读取一个字符串，直到遇到换行符为止，由于 gets 函数读取的字符串不做长度边界检测，存在缓冲区溢出的安全风险，从 C11 标准开始已被废弃。

C11 标准继续支持 fgets 函数之外，还提供了可选扩展的 gets_s 函数用于取代旧版本的 gets 函数(注意很多编译器目前仍不支持 gets_s)。函数原型为：

```
errno_t gets_s(char * s, size_t n);          //errno_t 类型是 int 型,接收错误代码
```

gets_s 与 fgets 类似，能够利用参数 n 控制读取字符的最大长度，以防止缓冲区溢出；区别是 fgets 可能会保留换行符，而 gets_s 不保留换行符。此外，fgets 返回指向缓冲区的指针，而 gets_s 返回错误代码。因此，fgets 函数更为通用，但要处理可能的'\n'。

7.2.3　输出字符串

1. C++ 的 cout

字符数组可以一次性输出，即无须通过循环逐字符输出。其一般形式为：

cout << 字符数组名;

cout 输出时，从字符数组名对应的首地址开始，逐个字符输出，遇到第一个空字符'\0'时认为字符串结束，停止输出。例如：

```
char s[80]= "Knowledge is power.";
cout << s;              //输出数组 s 的所有字符直到'\0'为止,注意,不要写成 cout<<s[80];
cout << s+10;           //从 s[10]元素的地址开始输出字符,直到遇到'\0'为止
```

输出结果如下：

```
Knowledge is power.is power.
```

注意：字符数组末尾必须有'\0'，否则输出会一直到内存中出现'\0'为止，可能有乱码。

对于二维数组，按行输出每行的字符串。例如：

```
char s[][101]={"hello","hi","how are you"};
for(int i = 0; i < 3; i++)                    //输出 3 行字符串
    cout << s[i] << endl;
```

2. puts 函数

puts 是包含在 stdio.h(std 命名空间的 cstdio)中的函数，作用是输出字符串。它从字符串的首元素开始输出，遇到'\0'结束，最后输出换行符。例如：

```
char s[80]= "Knowledge is power.";
puts(s);              //输出数组 s 的所有字符直到'\0'为止,注意不要写成"puts(s[80]);"
puts(s+10);           //从 s[10]元素的地址开始输出字符,直到遇到'\0'为止
```

puts 函数比 cout 方法会多输出一个换行符,因此输出结果是:

```
Knowledge is power.
is power.
```

3. printf 函数

printf 函数的格式字符串%s 输出一个字符串,从首地址开始逐个字符输出,遇到'\0'时结束,不输出换行符,等价于 cout 输出语句。例如:

```
char s[]="hello\0hi";
printf("%s",s);             //输出字符串 hello,遇到'\0'截止,后面的 hi 无法输出
printf("%c",s[6]);          //输出下标为 6 的字符,即 h
```

7.2.4 陷阱:混合输入字符串和数字的问题

混合输入字符串和数字时可能会导致问题。

【例 7-1】 第一行输入一个整数 n,然后输入 n 行,每行输入一串字符(允许包括空格,不超过 80 个字符)。结束后输出字符串。

算法分析:第一行输入一个 int 型值给变量 n,按回车键后,循环 n 次,每次读一行可以包含空格的字符串。循环结束后输出字符串。因此要定义一个二维字符数组,行长度为 1,列长度至少为 81。核心代码如下:

```
int n;
cin >> n;
cin.get();                       //或"getchar();"接收缓存区中的换行符
char s[n][81];                   //s 可以保存 n 行字符串,每个字符串最多 80 个字符
for(int i=0; i<n; i++)
    cin.getline(s[i],81);        //接收第 i 行字符串赋给 s[i]
for(int i=0; i<n; i++)
    cout << s[i] << endl;        //输出 s[i]
```

注意:输入字符或字符串时要注意缓存区中的换行符是否影响输入结果。本例中,使用 cin>>n 语句接收一个整数后,换行符会保留在缓存区中。这样,下一个 cin.getline 语句只会接收到空字符串""。例如,本例中若无“cin.get();”,运行结果为:

```
3↙
Hello↙
How are you↙
(空行)
Hello
How are you
```

7.3 字符数组与函数

7.3.1 字符数组作为函数的形参

遍历字符数组时通常无须知道数组长度,而是判断元素值是否为'\0'。因此函数形参只

需字符数组地址，实参传递字符数组首地址或者字符串。

【例 7-2】　自定义函数，求字符串的长度（有效字符的个数）。

```
int length(char s[]) {            //等价于 int length(char * s)
    int i;
    for (i = 0; s[i] != '\0'; i++ )
        ;
    return i;
}
```

函数调用时，实参可以是字符数组名，也可以是字符串。例如：

```
char str[]="hello";
cout << length(str);              //输出 5
char * p = str;
cout << length(p);                //输出 5
```

调用 length 函数时，将实参数组 str 的首地址传递给形参数组 s，即形参数组 s 的值也是实参数组 str 的首地址，因此 length 函数内部操作的是实参数组的内存空间。

注意："hello"是字符串常量，C++ 中的类型为 const char *，而 length 函数的形参是 char * 类型，执行"cout << length("hello");"语句时可能会出现警告错误"[Warning] deprecated conversion from string constant to 'char * ' [-Wwrite-strings]"。

因此，如果函数中不修改字符数组，建议形参加上 const 修饰符，以方便用户调用，并且避免不必要的内部修改。例如，修改 length 函数声明为：

```
int length(const char s[]);
```

【例 7-3】　比较两个字符串的大小。

比较两个字符串的大小，就是首先比较两个字符串的第一个字符的大小，如果相同继续比较下一个字符，直到相同位置的字符不同或者至少其中一个字符串已到最后一个字符为止，不同字符的 ASCII 码大小就是两个字符串的大小。例如，"hello" < "hi"，"hello" > "Hello"等。代码如下：

```
#include<iostream>
using namespace std;
int Compare(char s1[], char s2[]);        //自定义函数,返回 s1 与 s2 的差
int main(){
    const int N = 100;
    char s1[N], s2[N];
    cin >> s1 >> s2;                      //输入两个字符串,用空格或回车或 Tab 键分隔
    int n = Compare(s1,s2);
    if (n > 0)
        cout << "s1>s2";
    else if(n==0)
        cout <<"s1==s2";
    else
        cout <<"s1<s2";
    return 0;
}
//比较两个字符串相同位置上的字符,若不相等就停止比较,返回对应字符的差值
```

```
//返回值>0说明 s>t;返回值<0说明 s<t;返回值为 0 说明 s==t 成立
int Compare(char s[],char t[]) {
    int i=0,j=0;
    for(; s[i] != '\0' && t[j] != '\0'; i++, j++)
        if (s[i] != t[j])
            break;
    return s[i]- t[j];
}
```

图 7-2～图 7-5 展示了几种 s 和 t 执行 return s[i]－t[j]的情况。

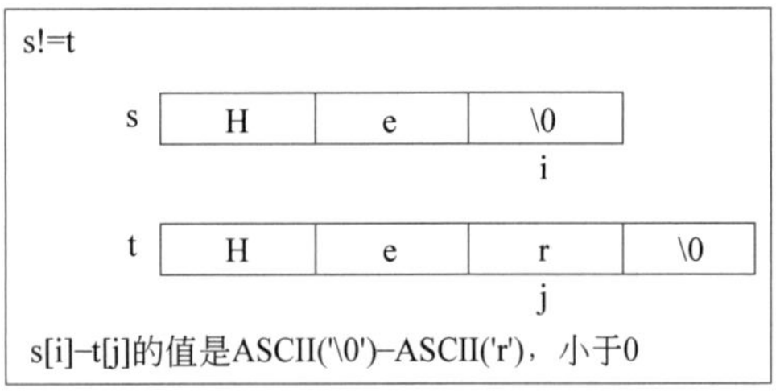

图 7-2　字符串比较示例 1——s 长度小于 t

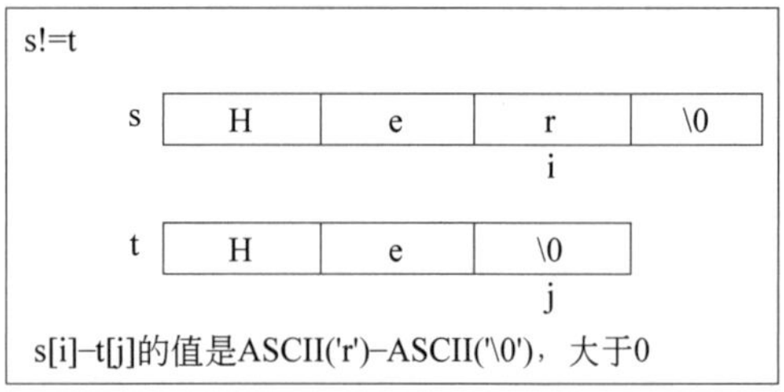

图 7-3　字符串比较示例 2——s 长度大于 t

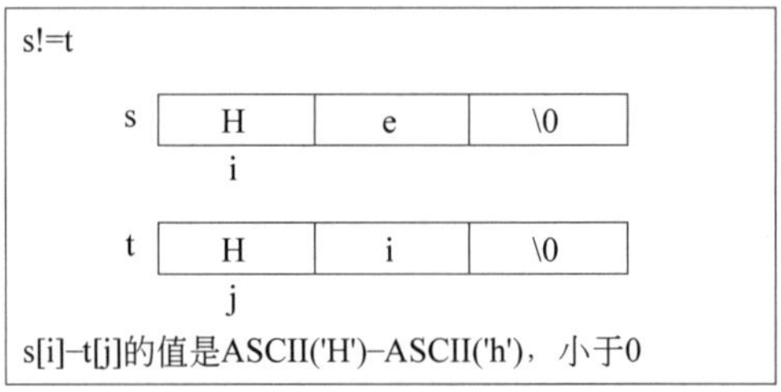

图 7-4　字符串比较示例 3——s 与 t 相同位置的字符不同

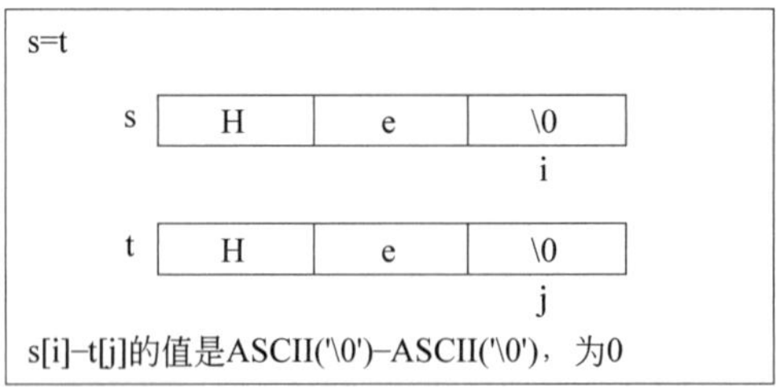

图 7-5　字符串比较示例 4——s 与 t 的长度相同并且相同位置的字符全部相同

【例 7-4】 自定义函数，删除一个字符串中的所有指定字符。例如删除所有的空格。

算法与例 6-16 的 deleteAllValue 函数相同：

(1) 定义下标变量 i 和 j，初始值均为 0。

(2) 如果下标为 i 的字符不是要删除的字符，则将下标 i 的字符复制到下标 j，j 的值加 1。

(3) 下标 i 的值加 1，重复(2)，直到遇到字符'\0'结束循环。

(4) 下标 j 的字符为'\0'。

例如,要删除字符串"How are you"中的所有空格,遍历前后数组的变化如下(遍历后 i=11,j=9)。

下标	0	1	2	3	4	5	6	7	8	9	10	11
遍历前	H	o	w	␣	a	r	e	␣	y	o	u	\0
遍历后	H	o	w	a	r	e	y	o	u	\0		

自定义 DelChar 函数,形参有两个:字符数组,要删除的字符。定义如下:

```
void DelChar(char s[], char ch) {
    int i = 0, j = 0;
    for(; s[i] != '\0'; i++) {
      if(s[i] != ch) {                    //不是要删除的字符
        s[j] = s[i];
        j++;
      }
    }
    s[j] = '\0';
}
```

函数调用示例:

```
char s[] = "How are you";
DelChar(s, ' ');
cout << s;
```

运行结果如下:

```
Howareyou
```

注意:如果不写"s[j]='\0';",程序运行时会在"How are you"的后面出现一些不可预料的特殊字符。因为字符数组的输出是从首地址开始逐个输出字符,直到遇到'\0'为止。

*7.3.2　数组作为函数的返回值

函数的返回值可以是基本的数据类型,也可以是一个地址。形参数组的值实际上是实参数组的首元素地址。如果要返回数组,使得函数返回值是数组的首地址,就可以实现函数调用表达式作为另一个函数调用的实参的功能。

数组作为函数的返回值时,函数定义及函数声明的返回值类型是指针,即

数据类型 *

调用函数时,函数表达式可以写到其他表达式中,或作为函数的实参。一个常见的应用是直接输出修改后的字符数组的值。

【例 7-5】　修改例 7-4,函数返回值是数组首地址,允许主调函数直接输出删除后的字符串。

修改函数声明和函数定义头部的返回类型为 char *,然后在函数定义的末尾加上"return s;"语句,返回数组的首地址。主函数中对函数返回值的数组直接执行输出操作。

修改的函数定义如下：

```
char* DelChar(char s[],char ch) {
    //与例 7-4 的 DelChar 函数体相同
    return s;                    //末尾增加返回指向字符数组的指针
}
```

函数调用示例：

```
char s[] = "How are you";
cout << DelChar(s, ' ');        //函数调用后返回指向字符数组的指针,输出字符串
```

注意：函数返回的指针必须返回函数调用结束后仍然存在的指针，通常是形参变量、静态变量或常量。例如，本例返回的 s 是形参变量，其值是主调函数中实参数组首地址，函数返回后，能够访问该实参数组，可以用 cout 语句输出该数组。

7.3.3 字符串数组

数组的元素可以是一个字符串，因此可以使用二维数组或指针数组存储一组字符串。

(1) 使用二维数组存储。定义二维数组行长度为字符串的数量，列长度至少为字符串中的最大长度。例如：

```
char s[3][20]={"Practice","Judge","Knowledge"};     //所有字符串长度均小于 20
for(int i=0; i<3; i++)
    cout << s[i] << endl;                            //每行输出一个字符串
```

(2) 使用指针数组存储。每个元素指向一个字符串。例如：

```
char *p[3] = {"Practice","Judge","Knowledge"};
for(int i=0; i<3; i++)
    cout << p[i] << endl;           //每行输出一个字符串
```

两种方法都能够输出一组字符串，但是二维数组能够修改字符串中的值，而指针数组不能修改，两者在存储上的区别如图 7-6 所示。二维数组被分配了连续的内存单元，然后初始化值为 3 个字符串，每个字符串不足列长度的位置被默认初始化为'\0'。因此在输出时，每一行可以当作一个字符串来输出，也可以赋值和修改。例如：

```
strcpy(s[2], "Success");
s[0][6] = 's';
```

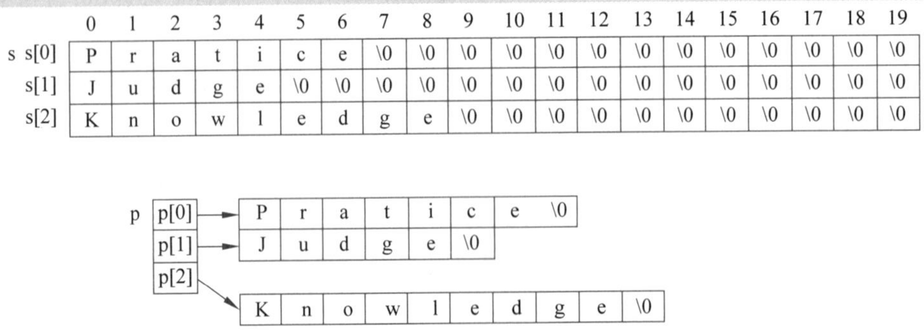

图 7-6 指针数组与二维数组存储一组字符串的区别

*7.4　字符串与数值型的转换函数

stdio.h 和 std 命名空间中的 cstdio 文件中提供了 sprintf、sscanf 函数，用于处理字符串与数值类型之间的转换。

7.4.1　利用 sprintf 函数将数值转换为字符串

C 语言提供了通用的函数 sprintf 可以将数值转换为字符串，此外还可以加入各种格式控制。其使用方法与 printf 基本相同，只是将输出到屏幕的内容存入指定的字符数组。sprintf 函数返回成功写入的字符总数，不包括追加在字符串末尾的空字符'\0'。如果写入失败则返回一个负数。

例如下面的代码段：

```
#include<cstdio>
using namespace std;
char sn[10];
sprintf(sn,"%d-%d-%d", 2016, 1, 5);        //将输出内容 2016-1-5 保存到 sn 数组中
cout << sn << endl;                        //输出结果：2016-1-5
double f = -123.45;
char sf[20];
sprintf(sf, "%lf", f);                     //将输出结果-123.450000 保存到 sf 数组中
cout << sf << endl;                        //输出结果：-123.450000
```

注意：定义的字符数组要预留足够的长度，例如 f 按 lf 格式转换为字符串为－123.450000，共 11 个字符，加结束符，因此字符数组 sf 的长度若小于 12 会造成写入溢出，运行时出现警告错误 warning：…writing a terminating nul past the end of the destination…。

7.4.2　利用 sscanf 函数将字符串转换为数值

与 sprintf 对应的是 sscanf 函数，它可以将字符串转换成数值。sscanf 的用法与 scanf 基本相同，只是从键盘接收改为从字符串接收。sscanf 函数返回成功读取的项数，如果读取失败则返回一个负数。

例如下面的代码段：

```
char a[] = "12.345";
int n;
float f;
sscanf(a,"%d",&n);             //将数组 a 的字符串值转换成整数，保存到变量 n 中
sscanf(a,"%f",&f);             //将数组 a 的字符串值转换成单精度浮点数，保存到变量 f 中
printf("Integer=%d\n", n);     //输出结果：Integer=12
printf("Real=%f\n", f);        //输出结果：Real=12.345000
```

7.5　实用知识：字符串处理函数

标准 C&C++ 库中包含了大量处理字符串的函数，C 语言中为 string.h，C++ 中为 std 命名空间的 cstring。

7.5.1 常用函数

字符串最常见的操作包括求字符串长度,比较、复制、连接等。

1. 求字符串长度

strlen 函数返回字符串 s 的长度(不包括结尾的空字符)。

函数原型声明为:

size_t strlen(const char * s);

例如:

```
char s1[]="hello";
size_t n = strlen(s1);                    //n 为 5
```

2. 字符串比较

strcmp 函数包括两个参数,分别是指向要比较的两个字符串的指针变量 s1 和 s2,返回值如果是正整数则 s1 大于 s2,如果是负整数则 s1 小于 s2,如果是 0 则 s1 等于 s2。

函数原型声明为:

int strcmp(const char * s1, const char * s2);

strncmp 函数与 strcmp 函数类似,增加了第 3 个参数为整数 n,作用是比较两个字符的前 n 个字符是否完全相同,其余用法相同。

例如:

```
char s1[] = "hello", s2[] = "he@she";
bool flag = strcmp(s1,s2)==0;            //返回 false
bool flagn = strncmp(s1,s2,2)==0;        //返回 true
```

3. 字符串复制

strcpy 函数包括两个参数,将第 2 个参数 s 指向的字符串复制到第 1 个参数 d 指向的字符数组中,包括'\0'。函数不检查数组的大小,因此要确保 d 的实参数组长度不小于 s 的字符串长度。函数返回 d 值,可以继续作为下一个函数调用的实参或表达式中。

函数原型声明为:

char * strcpy(char * d, const char * s);

strncpy 与 strcpy 函数类似,增加了第 3 个参数为整数 n,作用是复制 s 的前 n 个字符到 d 中,其余用法相同。

例如:

```
char s1[]="hello", s2[]="he@she", s3[20];
strcpy(s3,s1);                           //s3 为"hello"
strncpy(s3,s2,3);                        //s3 为"he@lo",因为不复制'\0'
```

4. 字符串连接

strcat 函数包括两个参数,与 strcpy 参数和返回值类型相同,区别是追加到第 1 个参数 d 指向的字符数组末尾。同样要注意 d 的实参数组长度要足够大。

函数原型声明为:

char * strcat(char * d, const char * s);

strncat 与 strcat 函数类似，增加了第 3 个参数为整数 n，作用是将 s 的前 n 个字符追加到 d 中。

例如：

```
char s1[] = "hello", s2[] = "he@she", s3[20] = "we";
strcat(s3,s1);                              //s3 为"wehello"
strncat(s3,s2,3);                           //s3 为"wehellohe@"
```

7.5.2 字符或子串查找与替换

1. 查找字符在字符串中的位置

strchr 函数查找字符 ch 在字符串 s 中第一次出现的位置。从 s 首元素开始向后查找，如果找到了则返回指向该字符的指针，如果不存在则返回 NULL。

strrchr 函数与 strchr 类似，区别是查找字符 ch 在字符串 s 中最后一次出现的位置。从 s 末尾元素开始向前查找，如果找到了则返回指向该字符的指针，如果不存在则返回 NULL。

这两个函数都包括两个参数：字符串 s 和字符 ch，返回的是第一次找到字符的指针，若找不到则返回 NULL。

例如：

```
char filename[] = "hello.cpp";
char * sub = strchr(filename, 'k');         //sub 为 NULL
char * dot = strrchr(filename, '.');        //dot-filename 为 5
```

2. 查找子串在字符串中第一次出现的位置

与 strchr 函数类似，查找子串在字符串中的位置使用 strstr 函数，作用是在字符串中查找子串第一次出现的位置，两个参数均是指向字符串的指针，返回找到的指针或 NULL。标准 C 函数库中未提供 strstr 函数。

例如：

```
char * findfirst = strstr("Hello,World,World", "World");
```

findfirst 指向下标为 6 的 World 的 W 位置。

3. 将字符串中的子串用另一子串替换

cstring 中并没有提供标准库函数实现替换，但可以综合利用 strcpy、strcat、strstr 函数实现。自定义 replace 函数，包括 3 个参数：s 为字符串，oldsub 为子串，newsub 为替换用的新子串。函数返回替换后的字符串 s。函数定义如下：

```
char * replace(char * s,const char * oldsub, const char * newsub){
    char * p=s,tmp[1001];                   //p 指向 s,tmp 为临时数组
    int n_old = strlen(oldsub);             //被替换的子串长度
    int n_new = strlen(newsub);             //替换的新子串长度
    //处理
    p =strstr(s,oldsub);                    //p 为 oldsub 在 s 中的指针
    while(p!=NULL) {                        //找到了
        strcpy(tmp, p +n_old);              //tmp 复制了 oldsub 后面的字符串
        strcat(strcpy(p,newsub),tmp);       //p 复制了 newsub 后连接 tmp
```

```
        p = strstr(p + n_new,oldsub);            //从替换子串后面的位置开始找
    }
    return s;                                    //返回 s
}
```

本函数调用时的一个安全隐患是 s 指向的字符数组长度要足够大于替换新串后的长度,tmp 长度也要足够大,否则会发生混存区溢出。为了增加安全性,函数内要增加一些错误处理机制,例如在处理之前计算 oldsub 在 s 中出现的次数 cnt,然后计算将 cnt×(n_new-n_old)+strlen(s)的值是否小于 s 定义的长度,如果是则可以完成替换,否则无法完成,不替换,返回 NULL。修改 replace 函数,增加一个参数 size_t MAX_SIZE 接收 s 的定义长度;修改函数体,在//处理行的前面增加处理语句如下:

```
int cnt=0;                                       //oldsub 在 s 中出现的次数
while((p = strstr(p,oldsub))!=NULL){
    cnt++;
    p = p +n_old;
}
if(strlen(s)+(n_new-n_old) * cnt>=MAX_SIZE)      //MAX_SIZE 为 size_t 型参数
    return NULL;
```

7.5.3 字符串分割

strtok 函数将一个字符串分割为若干子串,这是常用的文本处理应用。

函数原型声明为:

char * strtok(char * str, const char * delim);

第 1 个参数 str 是要被分割的字符串,第 2 个参数 delim 是用于分割的分隔符字符串。该函数会修改原字符串 str,返回分割后的第一个子串。后续调用时,可以传入 NULL 作为第 1 个参数,继续获取下一个子串。

【例 7-6】 将一个字符串按指定分隔符分割出多个子串,保存到二维字符数组中。

算法分析:定义二维字符数组保存分割出的子串,行长度为预计最多的子串个数,列长度为子串的最大长度,实际行长度初始为 0。调用 strtok 函数得到按指定分隔符分割出的第一个子串,如果不是 NULL,将子串写入二维数组中,同时行实际长度加 1,然后继续调用 strtok 函数得到下一个子串,直到得到的子串为 NULL 为止。

代码段如下:

```
char str[] = "apple,banana,orange",delimiter[] = ",";         //字符串与分隔符子串
char strList[5][101];                         //二维数组保存分隔的子串
int n=0;                                      //分割出的子串个数,即 strList 的实际行数
char * token = strtok(str, delimiter);        //得到按逗号分割出的第一个子串
while (token != NULL) {
    strcpy(strList[i], token);                //将分割出的子串写入二维字符数组第 i 行
    token = strtok(NULL, delimiter);          //NULL 作为第 1 个参数获取下一个子串
    n++;
}
```

7.5.4 内存处理函数

在 std 命名空间的 cstring(或 string.h)头文件中,包含了多个与内存处理相关的函数,

可以用于对内存块进行各种操作。

(1) memset 函数。其作用是将指定的内存区域的所有字节值设置为特定的值。函数原型声明为：

void * memset(void * s, int c, size_t n);

其中，s 指向内存区域的起始地址，c 为要设置的值(如 0)，n 为要设置的字节数。函数返回指向 s 的值。例如：

```
int a[5];
memset(a,0,sizeof(a));          //将 a 的所有元素的每字节均设为 0
```

(2) memcpy 函数。其作用是将一块内存区域的数据复制到另一个内存区域。函数原型声明为：

void * memcpy(void * dest, const void * src, size_t n);

其中，dest 指向目标内存块的起始地址，src 指向源内存块的起始地址，n 是要复制的字节数。函数返回指向 dest 的值。例如：

```
char src[] = "Hello, world!";
char dest[20];
memcpy(dest, src, strlen(src) + 1);          //将 src 复制给 dest,包括结尾的'\0'
```

7.6　字符串处理综合应用

7.6.1　所有单词首字母大写

【例 7-7】 将一个句子的所有单词首字母大写。

算法分析：一个句子中单词之间以一或多个空格分隔。因此定义一个标记变量如 isNewWord 初始为 true。循环访问字符数组，如果第 i 个字符不是空格并且 isNewWord 为 true 时说明是单词的开始，将该字符变为大写字母，同时 isNewWord 变为 false；否则 isNewWord 为 true，继续循环判断下一个字符，直到遇到空白符'\0'为止。

将字符转换为大写字母可以使用 cctype 中的 toupper 函数或自定义语句。

参考代码如下：

```
#include<iostream>
#include<cctype>
using namespace std;
void capitalizeWords(char* s) {
    bool isNewWord = true;
    for (int i = 0; s[i] != '\0'; i++) {
        if (isNewWord && s[i]!= ' ') {          //是单词首字符
            s[i] = toupper(s[i]);               //toupper 是 cctype 中的函数
            isNewWord = false;
        } else if (s[i]== ' ') {
            isNewWord = true;
        }
    }
}
```

主函数示例：

```
char str[1001];
cin.getline(str,1001);                    //最多输入 1000 个字符
capitalizeWords(str);
cout << "首字母大写后：" << str << endl;
```

7.6.2 合并两个有序字符串

【例 7-8】 合并有序的两个字符串为一个字符串。

例如，已知字符数组 s1[]="adg"，s2[]="cef"，则合并后的字符数组 t[10]="acdefg"。注意数组 t 要预留足够的空间保存两个字符串。

这是典型的排队合并问题。算法如下。

(1) 定义 3 个变量 i、j 和 k 分别控制数组 s1、s2 和 t 的下标，初始值都是 0。

(2) 当 s1 和 s2 的下标 i 和 j 都不是结束字符'\0'时，比较 s1[i]与 s2[j]，将较小的值写入 t 中，同时修改 k 的下标并将较小值的下标(i 或 j)加 1。

(3) 循环结束后(s1 或 s2 已添加完毕)，分别检查 s1 和 s2，将未写完的数组的全部剩余字符按顺序添加到 t 的末尾。

(4) 在 t 的末尾补上'\0'。

自定义 Merge 函数如下：

```
void Merge(char t[], char s1[], char s2[]){
    int i=0, j=0, k=0;
    while (s1[i] != '\0' && s2[j] != '\0'){
        if(s1[i] < s2[j])  {
            t[k] = s1[i];
            i++;                        //也可以将 i++与上一句合并
        }else {
            t[k] = s2[j++];             //等价于两条语句：t[k] = s2[j]; j++;
        }
        k++;
    }
    if(s1[i] != '\0'){
        while (s1[i] != '\0')
            t[k] = s1[i++];             //等价于两条语句：t[k] = s1[i]; i++;
    }else if (s2[j] != '\0')  {
        while (s2[j] != '\0')
            t[k] = s2[j++];             //等价于两条语句：t[k] = s2[j]; j++;
    }else
        ;                               //什么也不做，可以不写 else
    t[k] = '\0';
}
```

7.6.3 身份证号码是否合法

【例 7-9】 判断一个二代身份证号码是否合法。

身份证号判断规则：前 17 位号码对应的权值分别为 7、9、10、5、8、4、2、1、6、3、7、9、10、

5、8、4、2，各位值乘以对应权值后相加再除以 11 所得的余数对应的校验码是：

```
0  1  2  3  4  5  6  7  8  9  10
1  0  X  9  8  7  6  5  4  3  2
```

如果校验码等于第 18 位字符，则身份证号就是合法的。

算法分析：

(1) 判断身份证号码字符串 s 的长度是否 18 位，如果不是则不合法，结束。

(2) 定义一个保存 17 位号码权值的 int 型数组 w，定义一个保存 11 位校验码的字符数组 m。例如：

```
int w[17] = {7,9,10,5,8,4,2,1,6,3,7,9,10,5,8,4,2};
char m[12] = "10X98765432";
```

(3) 按规则计算身份证号码前 17 位的值乘以对应权值的和，得到 sum 的值。注意，s[i]转换为其对应的整数，再与 w[i]相乘。例如，s[i]的值为'5'，其对应的 w[i]为 7，因此 sum += ('5'-'0') * 7。

(4) s[17](第 18 位校验码)改为大写字母，判断其是否与 m 数组中下标为 sum%11 的值相同，如果是则身份证合法，否则不合法。

7.7　练习与思考

7-1　输入一行字符，统计并输出大写字母、小写字母、数字、空格、其他字符的个数。

7-2　自定义函数实现字符串的连接，主函数接收从键盘输入的两个字符串，调用自定义函数实现字符串的连接。自定义函数的原型声明如下：

```
void str_cat(char a[],char b[]);
```

或

```
char* str_cat(char a[],char b[]);
```

如果用前一种声明方式，函数调用完毕后，字符串 b 连接到字符数组 a 的尾部；如果用后一种声明方式，函数调用完毕后，字符串 b 连接到字符数组 a 的尾部，返回值是字符数组 a 的首地址，可以作为字符串继续参与函数调用。

注意：字符串要以'\0结尾。

7-3　从身份证号中提取出生日期。将出生日期对应的位(第 7 位开始的 8 位字符)保存到一个新的字符串中。

7-4　统计一个字符串中的大写字母的个数。

7-5　删除一个字符串中除了大小写字母之外的其他字符。

7-6　自定义一个函数，将字符串逆序，函数返回逆序后的字符串。

7-7　自定义一个函数，判断一个字符串是否回文。

7-8　自定义函数实现字符加密功能。加密算法是将字符串中的每个字符循环平移 3 位(如 a 变为 d，b 变为 e，……，y 变为 b，z 变为 c)，如果是大写字母则平移后要转换为对应的小写字母。

7-9　自定义一个函数，将一个字符串中所有数字字符提取出来，组成一个长整数(long

型),返回提取出的长整数,如果没有则返回 0。如 H12a34d3f89 提取出的长整数是 1234389。

7-10 将一个十进制整数转换为十六进制。如 100 返回 64,−127 返回−FF。

说明:十六进制数符保存到字符串"0123456789ABCDEF",定义一个字符数组 s 保存十六进制,下标 i 初始为 0。然后判断整数 n,若是 0 则返回 0;若是负数则 s[i++]='-'。然后循环处理 n,当 n 不等于 0 时,将字符串下标为 n%16 的字符赋给 s[i++],然后 n/=16 继续下一次循环判断。循环结束后,将 s 逆序,末尾补上空白符'\0'。

7-11 下面的语句定义了两个字符数组 sa 和 sb:

```
char sa[]="hello";
char sb[]={'h', 'e', 'l', 'l', 'o'};
```

以下说法中正确的是( )。

A. 数组 sa 和数组 sb 使用同一个内存,只是名字不同

B. 数组 sa 的长度等于数组 sb 的长度

C. 数组 sa 的长度大于数组 sb 的长度

D. 数组 sb 的长度小于数组 sb 的长度

7-12 已知有定义"char s1[20],s2[20];",判断字符串 s1 是否大于字符串 s2 时,应当使用( )。

A. if (s1>s2)　　B. if (strcmp (s1,s2))

C. if (strcmp (s1,s2)<0)　　D. if (strcmp (s1,s2)>0)

7-13 下面程序段的运行结果是( )。

```
char a[]= "hello";
char b[]= "Hi";
strcpy(a,b);
printf("%c",a[4]);
```

A. i　　B. l　　C. o　　D. '\0'

7-14 定义一个字符数组 s,执行下面的语句段后,语句"cout << s;"的执行结果不是"How are you!"的是( )。

A. char s[20]; cin >> s;运行时输入"How are you!"

B. char s[20]; cin.getline(s,20); 运行时输入"How are you!"

C. char s[20]; strcpy(s,"How are you!");

D. char s[20]="How are you!";

7-15 下面对 C++ 语言字符数组的描述中错误的是( )。

A. 不可以用关系运算符对字符数组中的字符串进行比较

B. 字符数组中的字符串可以整体输入、输出

C. 可以通过赋值运算符"="对字符数组整体赋值

D. 字符数组可以存放字符串

第8章

文件与数据处理

在程序设计中，文件读写是一项基础且至关重要的操作。随着大数据处理、机器学习、科学模拟等领域的飞速发展，高效地处理和存储海量数据集成为了不可或缺的能力，文件操作成为了连接数据与应用之间的桥梁。

磁盘，作为计算机的外部存储器，凭借其长期保存信息的特性，自然而然地成为了数据读写的主要对象。本章介绍文件的存储特点与文件操作的基本概念，包括文件类型（如文本文件与二进制文件）、文件系统的基本原理，以及如何在C语言和C++这两种语言中实现文件的创建、打开、读写、关闭等常见操作。

8.1 文件概述

8.1.1 文件存储类型

文件是由若干字符（字节）按顺序组成的，包括文本文件和二进制文件。

1. 文本文件

文本文件以字符编码形式存储数据。例如，ASCII编码中，每个字节存放一个字符。这种文件便于对字符进行逐个处理和输出，使用方便，用记事本等文本工具可以直接打开阅读，常见文件格式如.txt、.csv、.html等。但文本文件一般占存储空间较多，而且要花费转换时间用于二进制形式与字符编码（如ASCII码）间的转换。如整数12345，用文本文件保存是5B，分别保存5个字符对应的ASCII码。

2. 二进制文件

二进制文件以机器可读的二进制形式存储数据，数据按内存中的存储形式输出，也就是字节流。二进制文件占用较小的存储空间，不依赖于任何字符集，使得二进制文件更加通用和灵活，读写速度较快，适合处理大量数据的应用程序文件，如图像、视频、专有数据、可执行文件等。

二进制文件用记事本等文本工具打开后看到的是乱码，通常用专门的软件浏览，常见文件格式如.exe、.jpg、.png、.mp3等。如整数12345，用二进制保存占4B（按内存中int的二进制存储形式）。

8.1.2 文件对象

C语言和C++都支持文件操作，但它们在文件操作的接口和抽象级别上有所不同。

1. C++ 的 I/O 流

C++语言的输入/输出是以流(stream)的方式来处理的,分为输入流和输出流。输入流是指从键盘、文件等流向程序内部的数据流,输出流是指从程序内部流向显示器、打印机、文件等的数据流。

C++的输入输出流对象主要包括标准输入输出流和文件输入输出流。标准输入输出流通过 cin 和 cout 来实现。文件输入流基于 C 标准库中的文件操作函数封装成 fstream 类(类的概念见 9.1 节),其中输入流通过创建 ifstream 类对象来指定要读取的文件,创建 ofstream 类对象指定要写入数据的文件,也可创建 fstream 对象实现同时读写。为了协调内存中程序与输入输出对象之间读写速度的差异,增加了缓存区,如图 8-1 所示。

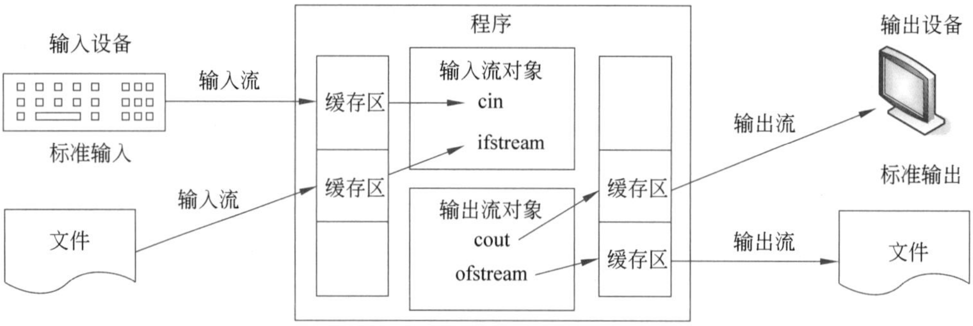

图 8-1　C++ 的 I/O 流

2. FILE 类型

在 C 语言中操作文件要用到 FILE 结构体类型(结构体的概念见 9.4 节),它定义在 stdio.h 中。每当打开一个文件时,系统都会自动创建一个 FILE 结构体类型的变量,用来存储该文件的相关属性信息,如文件读写位置、文件大小等。要访问文件,首先要通过指向 FILE 结构体类型的指针变量指向要操作的文件,然后调用与文件有关的函数。

8.2　C++ 文件打开与关闭

对文件进行操作要经过以下几个步骤,如图 8-2 所示。

(1) 在文件头部包含 fstream 库文件。

(2) 打开文件。新建文件流对象,与要操作的文件建立联系(文件名、操作方式等)。

(3) 操作文件。操作文件流对象,实现数据的输入输出功能。

(4) 关闭文件。关闭文件流对象,断开与文件的联系。

8.2.1　文件的打开

文件流对象可以在初始化时打开文件,即创建文件流对象时自动调用该类的构造函数打开文件;也可以先创建文件流对象,然后使用该类的 open 方法打开文件。

文件的打开方式有 3 种:只读、只写和可读写。

1. 以只读方式打开文件

创建 ifstream 流对象,指定要操作的文件名,操作方式默认是只读。

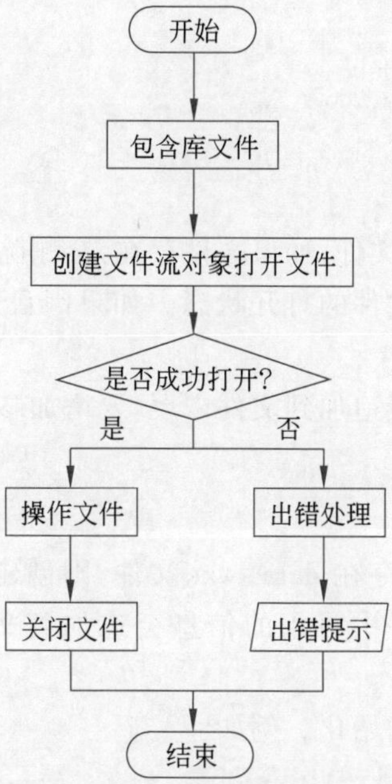

图 8-2　C++ 文件操作流程图

打开文件有以下两种方法。

(1) 用定义对象时初始化的方法打开文件。例如：

```
ifstream ifs("data1.txt");
```

该语句创建 ifstream 类型对象 ifs,打开当前目录下的 data1.txt 文件。如果文件不存在,则创建一个新的文件。

(2) 定义对象后,用 open 方法打开文件。例如：

```
ifstream ifs;
ifs.open("data1.txt");
```

上面的语句创建输入流对象 ifs,执行 open 方法文件。

双引号中的文件名如果不包含路径,是指当前目录。也可以指定路径,使用/或\\分隔目录名。例如：

```
ifstream ifs("d:\\data1.txt");          //打开 D 盘下的 data1.txt 文件
ifstream ifs("/data/d.ini");            //打开根目录中 data 目录下的 d.ini 文件
```

读取文件前要检查文件打开状态。如果文件已成功打开,ifstream 流的 is_open 方法返回 true;如果因文件不存在、文件名错误或路径错误、权限或锁等问题导致无法打开时返回 false。代码段如下：

```
if(!ifs.is_open()){          //或!ifs 判断文件对象是否为空
    cout << "File not Exist!";
    return 1;                //返回一个表示打开失败的值,如 1,或用 exit(1);
}
```

2. 以只写方式打开文件

类似地,写文件使用 ofstream 对象指定要操作的文件名,默认的操作方式是只写。

例如：

```
ofstream ofs1("data1.txt");
ofstream ofs2("d:\\data1.txt");
ofstream ofs3;
ofs3.open("/imgs/1.jpg");
```

当文件不存在时，会创建新文件；如果文件存在，会删除原文件后新建文件。同样地，以只写方式打开文件后也要判断文件的打开状态。如果因目录不存在、权限等问题导致无法打开会返回 false。

如果希望将写入的内容直接追加到文件末尾，要增加参数为 ios∷app。例如：

```
ofstream ofs;
ofs.open("data1.txt", ios::app);
```

执行时，如果当前目录中不存在 data1.txt 文件，则创建一个空文件；如果存在该文件，则以追加方式打开文件，向文件中写入的信息会追加到文件的末尾，原来的数据并不会消失。

也可以在定义对象的同时初始化。例如：

```
ofstream ofs("data1.txt", ios::app);
```

3. 以读写方式打开文件

文件允许同时读写，使用 fstream 流对象，并指定读写方式。例如：

```
fstream fs("data1.txt", ios::in|ios::out);
```

该语句打开当前目录下的 data1.txt 文件，操作方式为读写。第二个参数是读写方式，ios∷in 表示只读，ios∷out 表示只写，ios∷in|ios∷out 表示读写。

除了 in 和 out 之外，C++ 还有多种操作方式：app 指文件存在时将数据添加到文件末尾，binary 指以二进制形式操作文件(若不指定，C++ 默认打开文本文件)。例如：

```
fstream fs("data1.txt", ios::out | ios::binary);
```

该语句打开当前目录下的 data1.txt 文件，操作方式为二进制文件。注意，如果写入文件时使用二进制形式操作，那么也要使用二进制形式读取文件。

8.2.2 文件的关闭

文件在操作完成后必须关闭，断开文件流与文件的联系，保证将缓存区中的数据写入文件中。如果要再修改，重新执行打开操作。

关闭使用 close 方法，无参数。例如，要关闭上面的 ifs 对象，执行以下语句：

```
ifs.close();
```

8.3 C++的文件读写

8.3.1 fstream 类的常用检查方法

文件操作的每个动作执行都可能失败，如打开文件失败、读取数据失败等。fstream 类中提供一些重要的成员函数来检测文件操作的状态。

(1) eof 方法检测是否到达文件尾。如果到达文件尾返回 true,否则返回 false。用法与 cin.eof()相同,例如:

```
if(!ifs.eof()) {
    //操作文件语句
}
```

(2) fail 方法判断文件操作是否成功。如果打开文件流对象失败或者遇到无效的输入格式,返回 true。用法与 cin.fail 相同,例如:

```
if(ifs.fail())  {
    //错误处理
}
```

8.3.2 文本文件的读写

文件打开时默认的操作方式是文本文件。文本文件支持对文件的顺序访问,即打开文件后从文件的第一个字符开始逐个读取字符,直到文件末尾。

1. 写文本文件

ofstream 类是从 ostream 类派生的,所以可以使用 ostream 类中定义的流插入运算符<<、put 成员函数等,实现从内存变量到文件的输出过程。例如,创建了 ofs 对象后:

```
ofs <<字符;
ofs.put(字符);
```

【例 8-1】 将一个字符串写入文件中。

代码如下:

```
#include<iostream>
#include<fstream>
using namespace std;
int main(){
    ofstream ofs("data1.dat");          //打开文件,只写模式
    if (!ofs.is_open()) {               //打开文件失败则提示出错后返回
        cout << " File write failure!";
        return 1;
    }
    char s[80]="hello\nhow are you\nok";
    ofs << s;                           //将字符串的值写入文件中
    ofs.close();                        //关闭文件
    return 0;
}
```

执行程序后,控制台窗口中没有显示实际的内容,但是在当前目录下会看到多了一个 data1.dat 文件,文件内容为字符数组 s 的值,如图 8-3 所示。

【例 8-2】 将一个一维数组写入数据文件中。

算法分析:类似于 cout 输出到屏幕方法,定义 ofstream 流对象打开文件,利用该流对象实现"输出"到文件,关闭文件对象。

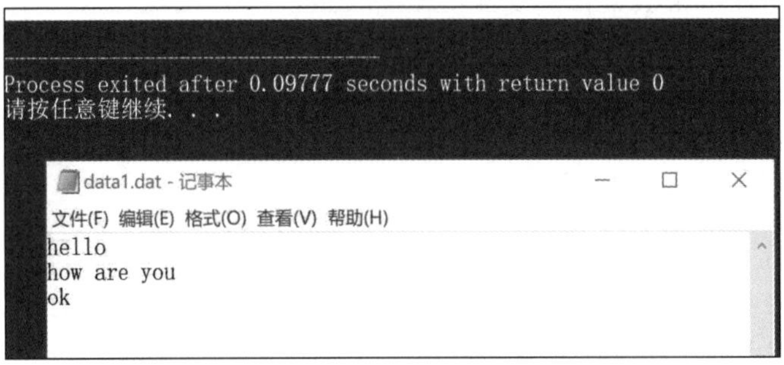

图 8-3 写数据到文件 data1.dat 的运行结果

主要代码段如下：

```
double data[]={90,85,82,88,75};
ofstream ofs;
char filename[100];             //要写入的数据文件名
cout <<" Input filename: ";
cin >> filename;                //用户输入文件名
ofs.open(filename);             //打开用户指定的文件,如果不存在则新建文件
if (!ofs.is_open()) {           //打开文件失败则提示出错后返回
    cout << " File write failure!";
    return 1;
}
for (int i=0; i<N; i++ )        //遍历一维数组,输出到文件
    ofs << data[i] << " ";
cout << "File write OK.";
ofs.close();
```

运行时,出现提示信息“Input filename:”,用户输入文件名,如“e:/test.txt”,则将数组数据写入该文件,然后显示“File write OK.”。查看 E 盘根目录,打开 test.txt 文件后可见数组的 5 个值。如果没有 E 盘或者 E 盘无写入权限时,文件创建失败,则输出结果为 File write failed!。

2. 读文本文件

ifstream 类是从 istream 类派生的,所以可以使用 istream 类中定义的流提取运算符>>和 get、getline 等成员函数,实现从文件到内存变量的输入过程。用法与 cin 相同。

【例 8-3】 读取 data1.dat 文件中的字符,逐个显示到显示器。

算法分析:成功打开文件后,定义循环语句,当文件未到末尾时,读取文件中一个字符保存到字符变量,输出该字符。当到达文件末尾时结束循环,最后关闭文件。

主要代码段如下：

```
ifstream ifs("data1.dat");        //data1.dat 文件与当前程序在同一目录
if(!ifs.is_open()){
    cout << "File not Exist!";
    return 1;
}
char ch;
```

```
while(true) {                          //无限循环
    if(ifs.eof())                      //如果文件末尾,结束循环
        break;
    ifs.get(ch);                       //读一个字符,也可以使用 ifs >> ch;
    cout<<ch;                          //输出读取到的字符
}
ifs.close();
```

读取文件操作的状态可以用 good 或 fail 成员检测，如果读取成功则调用 ifs.good()得到 true，读取失败则调用 ifs.fail()得到 true。

【例 8-4】 读文件中的一组数据。如“90.5 85 82 88”。

算法分析：定义一个一维数组保存数据，定义一个字符数组保存用户输入的文件名，数组长度都要足够大。类似例 8-3 的步骤实现打开文件→读数据并写入数组元素→循环直到读文件末尾或读取失败位置→关闭文件。最后循环输出数组所有元素。

主要代码如下：

```
double data[N];                        //N 为常量,如 100
char filename[100];                    //要读取的数据文件名
cout <<" Input filename: ";
cin >> filename;                       //用户输入文件名
ifstream ifs(filename);                //打开 filename 文件,如果不存在则失败
//读取文件中的值依次保存到一维数组的各元素中
int num = 0;                           //数组长度,初始为 0
while(ifs>>data[num]) {                //循环读取
    num++;                             //读取成功则 num 加 1
}
ifs.close();                           //关闭文件
//输出一维数组的值
cout << "Read " << num << " data.\n";
if(num>0) {
    cout << data[0];
    for (int i = 1; i < num; i++ )
        cout << " "<< data[i];
}
```

假设数据保存在 d:\test.txt 中。运行结果如下：

```
Input filename:d:/test.txt
Read 4 datas.
90.5 85 82 88
File read OK.
```

如果输入文件名 test.txt 中没有数据，运行结果如下：

```
Input filename:test.txt
Read 0 datas.
```

【例 8-5】 读指定格式的一组数据文件。

data2.dat 文件的形式如下：

```
90.5  85  82  88
85    88  78  68
88    92  90  75
```

算法分析：类似于例8-4，定义二维数组保存数据，然后可以定义一个指向一维数组的指针变量指向第0行第0列元素，顺序读取文件中数据到数组中。

主要代码如下：

```
double data[N][M];                    //定义二维数组,N是行长度常量,M是列长度常量
double * p = &data[0][0];             //定义指针变量p指向第一个double元素
ifstream ifs;                         //定义ifs对象
//打开文件代码略
while(true){
    ifs >> * p;                       //读文件中一个数据写到p指向内存
    if (ifs.eof() || ifs.fail())      //文件已到末尾后或者读取失败则结束程序
        break;
    p++;                              //p加1,指向data中的下一个double元素
}
int num = p - * data;                 //计算输入的数值个数,* data等价于&data[0][0]
cout << "Read " << num << " datas.\n";
//输出二维数组的值,行数=数值个数除以二维数组的列数
for(int i=0;i<num/M;i++){
    for(int j=0;j<M&& i * M+j<num;j++)        //注意:最后一行的列可能小于M
        cout << data[i][j] << " ";
    cout << endl;
}
//文件关闭等代码略
```

8.3.3 二进制文件的读写

读写二进制文件与文本文件类似，同样经历文件的打开、读取、关闭3个过程。注意，要在文件的打开方式中增加参数ios::binary。

1. 写二进制文件

写二进制文件主要用write成员函数来实现。函数的原型声明为：

ostream& write(const char * buffer,int len);

指针变量buffer指向内存中一段存储字符串的存储空间。len是待写入的字节数。

例如，下面代码段的功能是将一个double值写入文件中：

```
ofstream ofs("data.dat", ios::binary);
double val=1;
ofs.write(reinterpret_cast<char * >(&val),sizeof(double));
```

其中，val是double型数据，使用reinterpret_cast<char * >(&val)将&val强制转换为char * 类型的指针；使用sizeof计算出double型变量在内存中分配的实际字节。

【例8-6】 将一组学生的总分写入文件中。

设定文件名名当前目录的data.dat，int型数组stu记录了一组学生的总分。创建ofs对象打开文件后，将stu所有元素的值写入文件中，有两种方法：

(1) 循环访问数组的每个元素，通过 ofs.write 方法写入文件中，参数 buffer 接收第 i 个元素的地址 &stu[i]，参数 len 接收 int 类型的字节数。代码如下：

```
for(int i=0;i<N;i++)              //循环访问每个元素，依次写入 ofs 中
    ofs.write(reinterpret_cast<char * >(stu),sizeof(int) * N);
```

(2) 一次性将数组全部值写入 ofs 中，ofs.write 中的参数 buffer 接收数组首地址即 stu，参数 len 接收数组大小，即 sizeof(stu)或 sizeof(int) * N。代码如下：

```
ofs.write(reinterpret_cast<char * >(&stu[i]),sizeof(int) * N);
```

程序运行后，将 stu 数组的值写入当前目录的 data 子目录下的 data.dat 文件中。用记事本打开磁盘中的该文件，看到的是乱码。读取二进制文件需要知道文件的写入格式，并按要求用二进制方式读取。

2. 读二进制文件

读取二进制文件主要用 read 成员函数来实现。函数的原型声明为：

istream& read(char * buffer,int len);

与 write 函数类似，指针变量 buffer 指向内存中一段存储空间，len 是读取的字节数(或遇到文件结束或读入失败则结束)。例如，下面代码段的功能是读取 data.dat 文件中 30 字节(或遇 eof 结束)到字符数组 s 所指的内存中：

```
ifstreamifs("data.dat", ios::binary);
char s[30];
ifs.read (s,30);
```

【例 8-7】 读取例 8-6 文件 data.dat 中的一组学生的总分。

算法分析：定义一个足够大的数组 stu 保存总分，初始长度 n 为 0。文件中学生总分以 int 型的二进制方式写入，因此循环读取 int 值大小，写入数组 stu[n]中，同时数组长度 n 自增 1，重复读取直到无数据为止，得到了数组的实际长度。

主要代码如下：

```
int stu[N];                               //N 为数组长度常量
ifstream ifs("data.dat",ios::binary);     //二进制读 data.dat 文件
if(!ifs.is_open()){
    cout<<"open error!"<<endl;
    return -1;
}
int n=0;                                  //n 为数组 stu 的实际元素个数，初始为 0
while(ifs.read(reinterpret_cast<char * >(&stu[n]),sizeof(int)))
    n++;
```

8.3.4 随机读写

读取视频、游戏等大型二进制文件时，一般需要快速定位到特定位置，这需要使用二进制文件的随机定位功能。C++ 的 fstream 类中提供了一组方法，并通过定位器和定位方式来控制随机定位的位置和移动方向，实现随机定位到指定位置进行读写操作。

1. 定位器与定位方式

定位器用来设置文件指针的位置。包括以下 3 个。

(1) ios∷begin：文件头，指向文件的第一字节。

(2) ios∷cur：文件的当前位置。

(3) ios∷end：文件尾，指向文件最后字节之后的位置。

定位方式用于控制文件指针的移动方向和距离。主要包括 seekg 与 seekp 方法。seekg 方法用于设置输入流的文件指针位置；seekp 方法用于这是输出流的文件指针位置。它们的函数原型声明如下：

```
istream & seekg (int offset, int mode);
ostream & seekp (int offset, int mode);
```

第 1 个参数 offset 是移动的字节数，正数表示向文件尾部移动，负数表示向文件头部移动，0 表示不移动。第 2 个参数 mode 是定位器，当定位为 ios∷beg 时 offset 必须≥0，ios∷end 时 offset 必须≤0，ios∷cur 时 offset 可以是 0、正整数或负整数。

注意：随机定位的位置必须在文件大小范围内，否则可能会导致未定义的行为。

【例 8-8】 随机读写例 8-6 文件的例子。

```
1   fstream file("data.dat", std::ios::in | std::ios::out | std::ios::binary);
2   file.seekp(20, std::ios::beg);                    //第 2~8 行修改文件中的部分数据
3   file.seekp(40, ios::cur);                         //从当前位置向文件尾移动 40 字节
4   int t[3]={901,902,903};                           //数组 t 保存要写入的数据
5   file.write(reinterpret_cast<char * >(t), sizeof(int) * 3);
                                                      //将数组值写入文件
6   file.seekp(-4, ios::end);
7   int end=9999;
8   file.write(reinterpret_cast<char * >(&end),sizeof(int));
                                                      //文件中写入 4 字节
9   file.seekg(0, ios::beg);                          //第 9~13 行读文件到数组 a
10  int a[N];                                         //a 保存从文件中读取的一组值
11  int n=0;
12  while(file.read(reinterpret_cast<char * >(&a[n]),sizeof(int)))
13      n++;
14  file.close();
```

程序第 2～8 行完成修改文件中的部分数据，第 9～13 行读取文件内容。具体说明如下。

(1) seekp 的 p 指 put，作用是随机定位输出流指针。第 2 行将输出流指针移动到文件头部的第 20 字节处，第 3 行再次移动该指针向文件末尾移动了 40 字节即从文件头部开始移动 60 字节(移动了 15 个 int 元素)，第 5 行利用 write 方法写入 3 个 int 值，替换了原有的 3 个 int 值。

(2) 第 6 行继续利用 seekp 随机定位到文件末尾前 4 字节处(最后 1 个 int 元素位置)，第 8 行利用 write 方法写入了 1 个 int 值替换。

(3) seekg 的 g 指 get，作用是随机定位输入流指针。第 9 行利用 seekg 随机定位输入流指针到文件头部，接下来循环读取 1 个 int 型值写入数组 a 中，直到文件末尾或读取失败为止。

(4) 一个程序中如果要用 fstream 对象同时读写，注意随机定位不要混用，本例中首先利用 seekp 方法完成了随机定位的写操作，然后再用 seekg 进行随机定位的读操作。如果写一部分就读，然后再写，可能会出现指针不同步造成混乱问题。

2. 获取文件当前定位

如果要获取文件当前指针位置，主要使用文件流的 tellg 与 tellp 方法来实现。两者都无参数，返回文件流的位置，通常可用 size_t 或 auto 类型保存。其中：

(1) 文件流对象.tellg()返回输入流的当前位置。

(2) 文件流对象.tellp()返回输出流的当前位置。

【例 8-9】 计算例 8-6 中 data.txt 文件的字节大小。

算法分析：C++ 没有直接统计文件字节大小的函数，但是可以利用 seekg 方法定位到文件尾，再利用 tellg 获得输入流的位置，值为整数，也就是文件字节大小。

代码段如下：

```
ifs.seekg(0,ios::end);
auto size = ifs.tellg();
cout << "file size = " << size << "B";
```

8.4 C 语言的文件操作

与 C++ 类似，C 语言通过一系列的函数实现文件的打开、关闭、读写等操作，打开文件时，通过一个指向 FILE 结构体的指针变量与文件建立关联，然后通过这个指针变量实现文件的读写等操作，关闭文件时回收指针变量指向的内存空间。结构体概念见第 9 章。

8.4.1 C 语言的文件打开与关闭

C 语言的标准输入库 stdio.h 文件中提供 fopen 函数打开文件，函数的原型声明是：

```
FILE * fopen(const char * filename, const char * mode);
```

其中，filename 是要打开的文件名，mode 是打开方式，函数返回指向 FILE 结构体类型的指针。FILE 类型是 C 标准库中表示文件的主要数据结构，它包含了描述文件的重要信息，例如文件描述符(整数 id)、缓冲区(存储数据)、文件位置指示器(读写位置)、文件状态等信息。

常用的文本文件打开方式如表 8-1 所示。这 6 种方式加 b，即 rb、wb、ab、rb＋、wb＋、ab＋，表示以相应方式打开二进制文件。

表 8-1　C 语言的 fopen 函数中的常用文件打开方式

打开方式	说　明
"r"	以只读方式打开文本文件。如文件不存在则失败
"w"	以只写方式打开文本文件。如文件不存在则新建，如文件存在则丢弃后新建
"a"	以追加方式打开文本文件。如文件不存在则新建，如文件存在则从末尾开始写
"r＋"	以读更新方式打开文本文件。如文件不存在则失败
"w＋"	以写更新方式打开文本文件。如文件不存在则新建，如存在则丢弃后新建
"a＋"	以追加并可读方式打开文本文件。如文件不存在则新建，如文件存在则从末尾开始写

文件关闭时使用 fclose 函数，函数的原型声明是：

```
int fclose(FILE * filename);
```

关闭正常完成时返回0,出错时返回EOF。

C语言的文件打开及关闭的语句段示例如下：

```
FILE * fp;
fp = fopen("data1.dat", "r");                //打开文件
if (fp == NULL){
                                             //文件打开失败处理
}
……                                           //文件操作
fclose(fp);                                  //关闭文件
```

8.4.2 C语言的文件读写

1. C语言的文件读写函数

C语言提供一系列函数实现文件的读与写操作,与标准输入输出函数类似,只是增加了一个参数——指向要读写数据的文件的指针。

(1) fscanf函数。与scanf函数类似。例如,“fscanf(fp,"%d", &n);”的功能是从fp指向的文件中读取一个整数到整型变量n中。

(2) fprintf函数。与printf函数类似。例如,“fprintf(fp, "%d", n);”的功能是将整数n的值写入fp指向的文件中。

(3) fgetc函数。与getchar函数类似。例如,“fgetc(fp);”的功能是从fp指向的文件中读取一个字符。

(4) fputc函数。与putchar函数类似。例如,“fputc('a', fp);”的功能是向fp指向的文件中写入一个字符常量'a'。

(5) fgets函数。例如,“fgets(s,10,fp);”的功能是从fp指向的文件中读取最多9个字符(遇到换行符或读取9个字符时结束)写入字符数组s中(末尾自动添加'\0')。

(6) fputs函数。例如,“fputs(s,fp);”的功能是将字符数组s的值写入fp指向的文件中。

(7) fread函数。从文件中读取指定大小的字节数写入指定的内存中,一般用于二进制文件的读操作中,返回实际读取的字节数,如果返回值小于预期读取的字节数则说明读失败。例如,“fread(s, sizeof(char),10, fp);”的功能是从fp指向的文件中读取10个字符写入字符数组s中。

(8) fwrite函数。将从指定的内存地址开始的若干字节的内容写入文件中,一般用于二进制文件的写操作,返回实际写入的字节数,如果返回值小于预期写入的字节数则说明写失败。例如,“fwrite(s, sizeof(char),10, fp);”的功能是将字符数组s中的10个字符写入到fp指向的文件中。

(9) feof函数用于检查文件是否已经到达文件末尾。例如：

```
char c;
while (!feof(fp)) {
    c = fgetc(fp);
    //处理读取到的字符
}
```

【例 8-10】 用 C 语言改写例 8-4 读文件中的一组数据。如“90.5 85 82 88”。

用 C 语言改写后的代码如下：

```
#include<stdio.h>
#define N 100
int main(){
    double data[N];
    FILE * fp;                          //定义打开文件的指针变量 fp
    char filename[100];                 //文件名,最长 99 个字符
    printf("Input filename:");
    scanf("%s", &filename);             //用户输入文件名,如 d:/data.txt
    fp = fopen(filename,"r");           //打开文件
    if(fp==NULL){
        printf("File not exist!");
        return 1;                       //文件打开失败结束程序
    }
    //读取文件中的值依次保存到一维数组的各元素中
    int num = 0;                        //数组长度,初始为 0
    while(fscanf(fp, "%lf", &data[num]) != EOF)
        num++;
    //输出一维数组的值
    printf("Read %d data.\n",num);
    for (int i = 0; i < num; i++)
        printf("%lf ", data[i]);
    printf("\nFile read OK.\n");
    fclose(fp);                         //关闭文件
    return 0;
}
```

运行结果如图 8-4 所示,读取了文件中的值并输出了相应的信息。

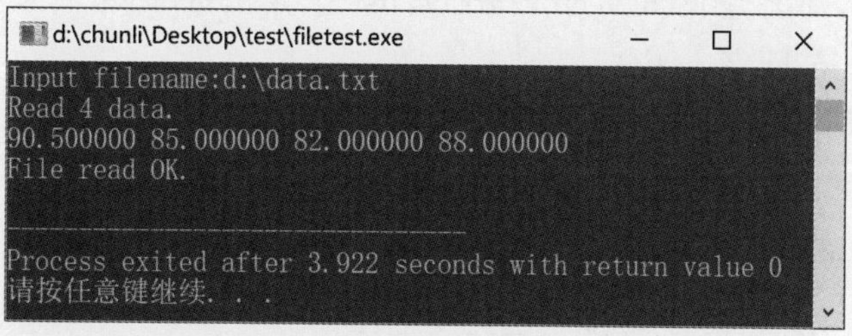

图 8-4　C 语言读文件示例的运行结果

2. C 语言的随机定位

C 语言中提供了几个函数用于实现文件的随机定位功能,主要包括 3 个函数。

(1) fseek 函数。用于将文件位置指针设置到指定的位置。其函数原型声明为：

```
int fseek(FILE * stream, long int offset, int whence);
```

stream 是文件指针;offset 是相对于 whence 的偏移量,单位是字节;whence 是定位的参考点,包括 3 个值：SEEK_SET(文件开头)、SEEK_CUR(当前位置)、SEEK_END(文件末尾)。例如：

```
fseek(fp, 10, SEEK_SET);         //将文件位置指针移动到文件开头之后的第 10 字节
fseek(fp, -5, SEEK_CUR);         //将文件位置指针在当前位置向前移动 5 字节
fseek(fp, 0, SEEK_END);          //将文件位置指针移动到文件末尾
```

(2) ftell 函数。用于获取当前文件位置指针的值,即相对于文件开头的字节偏移量。其函数原型声明为:

```
long int ftell(FILE * stream);
```

例如:

```
long pos = ftell(fp);            //获取当前文件位置指针的值并存储在变量 pos 中
```

(3) rewind 函数。用于将文件位置指针重新定位到文件开头。其函数原型声明为:

```
void rewind(FILE * stream);
```

例如:

```
rewind(fp);                      //将文件位置指针移动到文件开头
```

*8.5 实用知识:带参数的 main 函数

main 函数也可以带参数,用于程序启动时接收命令行参数,参数是可选的,但是必须按照特定顺序出现。例如:

(1) int main(int argc, char * argv[]){}。参数 argc 用于存放命令行参数的个数,至少为 1;参数 argv 是一个指针数组,长度为 argc,指向命令行中的每一个参数。

(2) int main(int argc, char * argv[], char * envp[]){}。envp 也是一个指针数组,数组的每个元素是指向每一个环境变量的指针,最后末尾元素为空指针。

注意:C++ 中,还允许使用 vector、array、list 等其他 STL 容器来存储命令行参数。STL 容器的定义见第 11 章。

【例 8-11】 读取带参数 main()函数的程序的参数和环境变量。

参考代码如下:

```
#include<iostream>
using namespace std;
int main(int argc,char * argv[],char * envp[]){
    int i = 0;
    for (i = 0; i < argc; i++)
        cout << argv[i] << endl;
    for(i = 0;envp[i] != NULL;i++)
        cout << envp[i] << endl;
    return 0;
}
```

程序运行时,第一个 for 循环语句输出了程序的文件全路径名,第二个 for 循环语句输出了机器的环境变量,如图 8-5 所示。

【例 8-12】 修改例 8-1,将用户输入的文件名改为执行时作为程序的参数。

算法分析:本程序允许用户执行时带一个参数:数据文件名,如果用户未带参数,表示

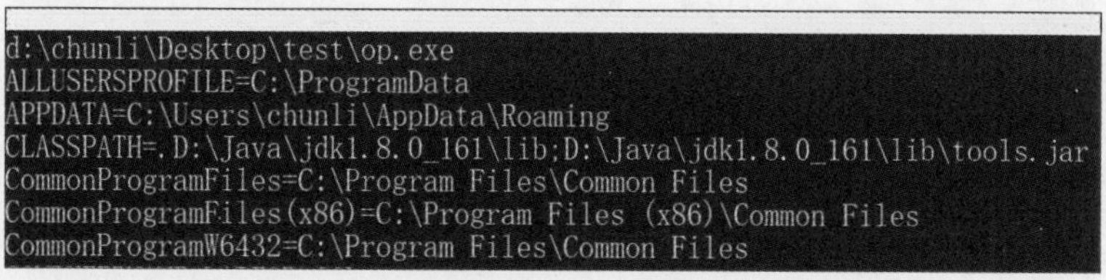

图 8-5　带参数的 main()函数的运行结果

没有数据文件,读取会失败。如果 argc 的值大于 1,则 argv[1]的值就是数据文件名。

修改例 8-10 中“char filename[100];”后面的 2 行输入字符串语句为:

```
if(argc>=2)
    strcpy(filename,argv[1]);          //用 argv[1]赋值得到文件名
main 函数头部为 int main(int argc,char * argv[],char * envp[]){
```

保存源程序后,单击 Dev-C++ 菜单的“运行”→“参数”命令,在“参数”窗口的“传递给主程序的参数”中输入数据文件名,如“data.txt”,如图 8-6 所示,单击“确定”按钮后关闭窗口。编译并运行程序。程序在运行时会读取参数。

如果在命令行方式下执行,在可执行文件名后面加一个空格,再输入要传递的参数值。图 8-7 显示了在命令行方式下输入参数的程序运行结果。

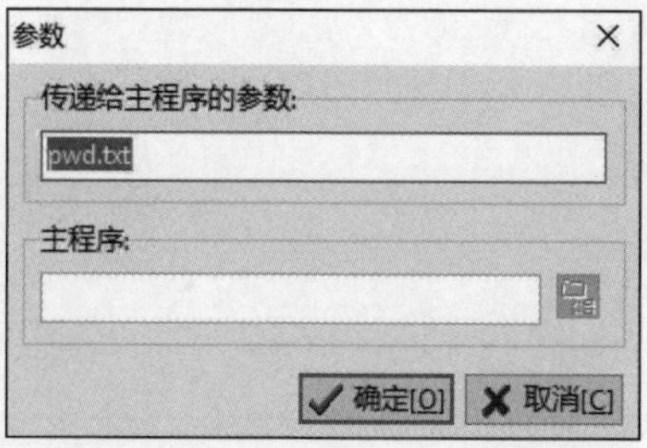

图 8-6　设置传递给程序的参数

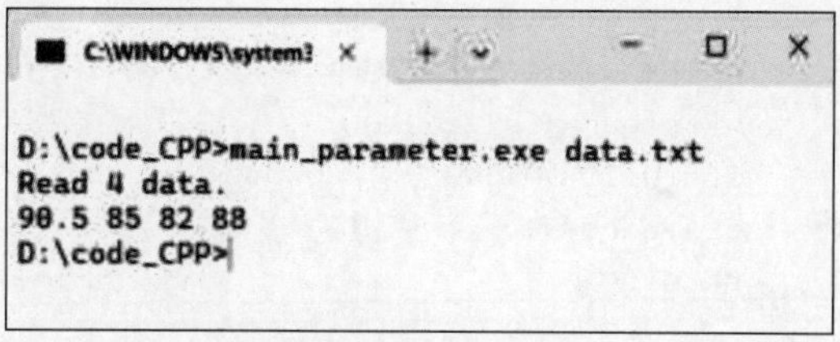

图 8-7　在命令行方式下输入参数的程序运行结果

8.6　文件应用示例

8.6.1　密码文件的读写

【例 8-13】　读写简单的加密字符串。

字符串中的字符是 ASCII 码值为 0～127 的字符。加密规则如下:加密时将字符串中的每个字符向右循环移 3 位,解密时将加密字符串中的每个字符向左循环移动 3 位。例如,hello 加密后是 khoor。

算法分析:读密码文件,如果文件不存在,输出提示“初始化,无密码”;如果文件存在,读取密码信息后输出,然后允许用户输入新的密码,加密后写入密码文件中。

参考代码如下:

```
#include<iostream>
#include<fstream>
#include<cstring>
```

```
using namespace std;
const char sfile[] = "pwd.txt";           //定义全局符号常量 sfile,值为要打开的文件名
const int n = 3;                          //加密时的循环右移量
void changePwd(char s[],int n);           //字符串加密:向右循环移 n 位
void recoverPwd(char s[],int n);          //字符串解密:向左循环移 n 位
int main(){
    const int N = 20;
    char spwd[N];
    ifstream ifs(sfile);
    if(!ifs.is_open()) {                  //无密码文件,初始化无密码
        cout << "初始化,无密码\n";
    }else{                                //有文件,从文件中读取密码
        ifs.read((char *) spwd, N);
        cout << "读取密码:" << spwd <<  "\n";
        recoverPwd(spwd,n);               //解密
        cout << "你的密码是: " << spwd;
    }
    ifs.close();
    //用户输入新的密码,加密
    cout << "请修改密码: ";
    cin >> spwd;
    cout << "你的新密码是: " << spwd;
    changePwd(spwd,n);
    cout << "\n 加密后是: " << spwd << endl;
    //加密后的密码写入文件
    ofstream ofs(sfile);
    ofs.write((char *) spwd, N);
    ofs.close();
    return 0;
}
//字符串加密
void changePwd(char s[],int n){           //向右循环移 n 位
    for(int i=0;s[i] != '\0'; i++)
        s[i] = (s[i] + n) % 128;
}
//字符串解密
void recoverPwd(char s[],int n) {         //向左循环移 n 位
    for(int i=0;s[i] != '\0'; i++)
        s[i] = (128 + s[i] - n) % 128;
}
```

8.6.2 学生成绩分段统计效果图

【例 8-14】 从文件中读取学生成绩数据并显示分段统计效果图。

C 语言标准库中没有图形库,需要应用第三方图形库,如 Turbo C 中的 graphics.h,VC 中的 windows.h 等。

本例中,采用输出字符"="(其个数与统计数据对应)的方法输出分段统计图。从文件中读取数据到一维数组 a 中,从文件中读取的数值个数是数组 a 的长度,定义一维数组

num[10]以记录每个阶段的人数，num[0]记录 0～9 分数段的人数，num[1]记录 10～19 分数段的人数，……，num[9]记录 90～100 分数段的人数。

（1）main 函数中的代码如下：

```
char sfile[] = "score.txt";                          //成绩文件名
double a[N];                                          //保存学生成绩
int len = ReadFromFile(a,sfile,N);                    //读文件到数组 a 中,返回读取个数
int num[10]={0};                                      //学生分段统计数
Section(a,len,num);                                   //分段统计分数,写到 num 中
cout << "成绩分段统计\n";
char s[10][10]={"0-9","10-19","20-29","30-39","40-49","50-59","60-69","70-
79","80-89","90-100"};
for(int i=0;i<10;i++)
    cout << setw(7) << s[i];
cout << endl;
for(int i=0;i<10;i++)
    cout << setw(7) << num[i];
cout << "\n 分段效果图";
for(int i=0;i<10;i++){
    cout << "\n" << setw(6) << s[i] << "(" << setw(2) << num[i] << "):";
    for(int j=0; j<num[i]; j++)
        cout << '=';
}
```

（2）自定义函数的代码如下：

```
int ReadFromFile(double data[],string filename,int MaxSize){     //读文件到数组中
    ifstream ifs(filename);                          //打开文件,如果文件不存在,则结束程序
if(!ifs.is_open()){
        cout << "File not exist!";
        return -1;
    }
    int num = 0;                                     //数组长度,初始为 0
    while(num<MaxSize && ifs >> data[num] && !ifs.fail())
        num++;
    return num;
}
void Section(double data[],int n, int num[]){  //分段统计人数到 num 中
    for(int i=0; i<n; i++){
        int  seg =  (data[i]==100) ? 9 : (data[i] / 10);
        num[seg]++;
    }
}
```

（3）运行结果如下：

```
成绩分段统计
    0-9  10-19  20-29  30-39  40-49  50-59  60-69  70-79  80-89 90-100
      0      0      2      2      3      3      9     10     13      8
分段效果图
 0-9(0):
10-19(0):
20-29(2):==
```

```
30-39(2):==
40-49(3):===
50-59(3):===
60-69(9):=========
70-79(10):==========
80-89(13):=============
90-100(8):========
```

8.6.3 温度周报文件的读写

【例 8-15】 读温度周报文件,其保存一周中每天 4 个时段的温度。

已知在当前目录中保存了 temperature.txt,其中的数据如下:

```
29.1  32  30    26.8
26    30  32    28.5
26.4  28  27.6  25.7
……
```

数据格式是:每行保存一天的 4 个时段,文件中存放了一周 7 天的数据,占 7 行。

算法分析:打开文件后,每次读取一个数写到数组中。二维数组按行存储,因此定义一个行变量 n,初始值为 0;定义一个列变量 m,初始值为 0。每写入一个数,执行"m ++;"。如果 m 已到了列的末尾,则执行"m = 0;n++;",使得下一个数写到下一行的第 0 列。重复上述过程,直到将文件中的数据读完。

主要代码如下:

```
double t[N][M] = {0};                    //保存一周 7 天的温度,N 与 M 为常量
ifstream ifs("temperature.txt");         //省略文件是否成功打开检查
int n = 0;                               //数组的长度
int m = 0;
while(ifs >> t[n][m];) {
    m = m+1;
    if(m%M == 0) {
        m = 0;
        n++;
    }
}
ifs.close();
Output(t,N,M);                           //输出二维数组,Output 函数定义略
```

8.7 练习与思考

8-1 编写程序实现文件的复制,源文件名和目标文件名由用户输入。

提示:从源文件中逐个字符(或字节)读取,写入目标文件中。

8-2 读取一组数据写入文件 data.txt,如果文件创建或打开失败,输出提示"不能创建/打开文件"后结束。程序运行时,第一行输入一个整数 n 表示数据的个数,第二行输入 n 个 int 型整数,用空格分隔。程序结束后使用记事本打开当前目录 data.txt 观察结果。

8-3　有一组学生(1～100 人)的成绩为 5 分制(0～5 的整数)。编写程序读取数据文件到数组中,并将分值计算为百分制(5 分制成绩 * 20)。然后将所有成绩重新写入数据文件。

8-4　一个文件中保存一篇英文文章。请编写程序统计文章中的单词数量。

说明:单词之间以空格或回车作为分隔符。

8-5　C++ 中,操作文件要包含的头文件是(　　)。

A. iostream　　B. fstream　　C. stdio.h　　D. stdlib.h

8-6　用来检验文件尾部结束的成员函数是(　　)。

A. fail()　　B. end()　　C. eof()　　D. endl()

8-7　C++ 中,打开文件可以在创建文件流对象时初始化,也可以使用文件流对象的(　　)方法。

A. open　　B. close　　C. input　　D. append

8-8　若一个二进制文件有 2000B,当前文件对象 file 的位置指向第 1000B。若有语句"file.seekp(－100, ios::cur);",执行后文件位置指向第(　　)。

A. 900　　B. 1100　　C. 1900　　D. 2100

8-9　以下关于文件操作的叙述中,不正确的是(　　)。

A. 打开文件的目的是使文件对象与磁盘文件建立联系

B. 文件的读写过程中,程序将直接与磁盘文件进行数据交换

C. 关闭文件的目的之一是保证输出的数据写入硬盘文件

D. 关闭文件的目的之一是释放内存中的文件对象

8-10　下面的程序段实现将一个一维数组写入文件中。请填空。

```
double data[5]={90,85,82,88,75};
char filename[80] = "scores.txt";                //文件名
ofstream ofs(filename);                          //打开该文件
if(________) {                                   //文件打开不成功
    cout << "File open failure!";
    return 1;
}
for(int i=0;i<5;i++)
    ________<<  data[i]  << "  ";                //写文件
________;                                        //关闭文件
```

第9章 自定义数据类型

用户自定义类型(User-Defined Type,UDT)指的是程序员根据特定需求而自定义的新数据类型,这些自定义类型通常比基本数据类型(如整数、浮点数、字符串等)具有更复杂的语义,能够更有效地表示和处理特定问题领域中的数据。C语言支持的用户自定义类型包括结构体(struct)、联合体(union)和枚举(enum),C++在C语言基础上又增加了面向对象编程中的类类型(class)。

本章重点介绍C++的类类型和C&C++的结构体类型。类和结构体都是自定义一个新的数据类型来描述现实中的对象,两者在使用上有一些区别。

9.1 C++的类与对象

类是一种用户自定义的类型,它将不同类型的数据和与这些数据有关的操作封装在一起,描述一组对象的属性(数据特征)和方法(行为),如图9-1所示。类具有对数据的抽象性、封装性,用户只能通过公有的接口(函数)操作和访问对象。

图9-1 学生类与一组学生对象实例

9.1.1 类的定义

声明类类型时,使用关键字class声明一个新的数据类型名称,然后用一对花括号封装该类型的数据成员和成员函数,花括号末尾以分号结束。

对象只能访问public(公有的)成员,可将允许用户操作的成员定义为public访问权限。默认情况下,成员的访问权限是private(私有的),即只允许对象内部的成员访问。

1. 类的成员声明

类声明的一般形式为：

```
class 类名{
public:
    公有数据成员和成员函数;
protected:
    保护数据成员和成员函数;
private:
    私有数据成员和成员函数;
};
```

类的定义和使用有以下特点。

(1) 访问权限控制。类的数据成员和成员函数的访问权限有 3 种：public(公有的，类的对象能够访问的成员)、protected(受保护的，派生类对象的内部能访问的成员)、private(私有的，只能被类的对象内部能访问和使用的成员)。访问权限的设置与书写顺序无关，默认的访问权限是 private。

(2) 抽象和封装。public 成员是类与外界的接口。用户只能通过 public 成员操作类对象。private 型提供了严密的封装性，任何对象都不能访问私有成员(即使该成员确实存在)。一般将数据成员定义为 private 型，保护内部数据只能通过指定的接口访问。

(3) 内存分配。类是一种类型，类本身不占内存。当定义类的对象时，按照类定义时的数据成员的定义顺序，依次按照数据类型依次分配内存单元。每个对象的数据成员占据独立的内存单元。类的成员函数只在被对象调用时才获得内存，调用完毕后释放内存。类中的数据成员不能在类定义时初始化。静态数据成员除外。

【例 9-1】 定义 Student 类。每个学生包含基本信息(学号、姓名、性别、年龄)，学生具有录入基本信息、浏览等功能。

在本例中定义 Student 类描述学生类的通用特征和功能的声明：

```
1   class Student {
2   public:
3       void Set(int i_ID,char s_name[],char c_sex,int i_age);//设置学生基本信息
4       void Output() const;                                 //输出学生基本信息
5       void SetAge(int i_age);                              //设置年龄
6       int GetAge() const;                                  //读取年龄
7   private:
8       int ID;                                              //学号
9       char name[21];                                       //姓名
10      char sex;                                            //性别
11      int age;                                             //年龄
12  };
```

其中，第 1 行用关键字 class 声明了一个 Student 类(即用户自定义类型)。第 3～6 行声明了 Student 类的公有成员函数(注意：这是成员函数原型，并未实现其具体功能)。第 8～11 行定义了 Student 类的私有数据成员，即学生类的共同属性。

2. 类的成员函数定义

类定义的内部仅声明了成员函数的原型，还需要在类定义的外部完成函数的定义。在类的外部实现成员函数定义时，要在函数名前面加上“类名::”，以表示类的作用域。

【例 9-2】 定义 Student 类(续)。

本例接着例 9-1 进行 Student 类的成员函数的定义：

```
#include<iostream>
#include<cstring>
using namespace std;
void Student::Set(int i_ID,char s_name[],char c_sex,int i_age) {
    ID=i_ID;
    strcpy(name,s_name);          //cstring 库函数：字符串复制
    sex=c_sex;
    age=i_age;
}
void Student::Output() const{
    cout<<"ID:"<<ID<<",Name:"<<name<<",Sex:"<<sex<<",Age:"<<GetAge()<<"\n";
}
int Student::GetAge() const{
    return age;
}
void Student::SetAge(int i_age) {
    age=i_age;
}
```

说明:(1) 在类的外部定义类的成员函数时,必须使用"类名::"来指定成员函数的所属类。如果省略这一前缀,则定义的是普通函数。例如：

```
void SetAge(int i_age);               //普通函数,调用示例：SetAge(18);
void Student::SetAge(int i_age);   //Student 类成员函数,调用示例：Stu1.SetAge(18);
```

(2) 如果成员函数不修改对象的任何数据成员,则应在函数声明和定义末尾加上 const 修饰,这不仅有助于提高代码的可读性和可维护性,同时向使用者表明该函数时安全的,不会改变对象的状态。

注意：加 const 修饰符与无 const 修饰符的成员函数是两个不同的重载函数。例如：

```
void Output();                        //可修改数据成员的成员函数
void Output() const;                  //不修改数据成员的成员函数
```

(3) 有些成员函数的实现相对简单,例如,只包含赋值语句和 if 语句,没有循环语句和 switch 语句。这些成员函数的实现可以直接写在类定义内部,默认是内联函数(inline),编译器会将内联函数调用替换为函数体的代码,从而避免函数调用的开销。

以 Student 类的 GetAge 函数为例,代码段如下：

```
class Student{
public:
    int GetAge(){return age;}          //在类的内部直接写函数定义
    ……                                 //其他成员定义
};
```

类的成员函数的在语法上与普通函数基本一致,都支持重载、默认参数和内联定义等特性。然而,它们在使用上存在明显区别。普通函数体现了过程式编程思想,重点在于封装独立功能以便复用,并通过函数名直接调用；而类的成员函数体现了面向对象编程的封装思

想，将数据和行为封装在一起，只能通过类的对象来调用，并且具有权限控制。

为了便于在程序的多个部分使用类类型，类的声明和定义一般放在文件的头部，或者类的声明放在头文件(.h)，类的定义放在源程序(.cpp)，各源程序中使用＃include 指令来包含头文件，多文件工程见 12.1 节。

9.1.2　创建和使用对象

定义类类型后，可以像普通数据类型一样定义类的变量，称为对象或类的实例。注意，对象只能访问类的公有成员。

1. 对象的内存分配原则

定义对象时，对象的内存分配通常遵守以下几个原则。

(1) 每个对象的数据成员按照定义时的顺序来连续分配。也就是说，第一个定义的成员变量会被分配在对象内存的起始位置。所有对象共享类的静态成员，如图 9-2 所示。

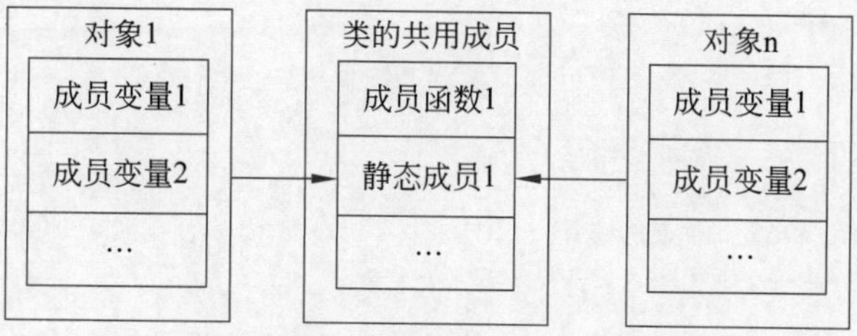

图 9-2　类和对象的成员内存分配示意

(2) 成员函数不会占用对象的内存空间，它们是类的功能代码，用于操作数据成员。因此，当对象调用该成员函数时，函数开始为其内部定义的形参和局部变量分配内存，函数体执行完毕后，这些内存被释放。数据成员则直到该对象被释放时释放内存。

(3) 为了提高访问效率，编译器往往根据硬件平台采用“内存对齐”策略。内存对齐是指将数据按照特定的边界(通常是 4 字节或 8 字节)对齐，不对齐的成员变量之间插入填充字节。例如 Student 类型按 4 字节对齐时，ID 占 4 字节，name 与 age 占 22 字节，然后填充 2 字节对齐，age 占 4 字节，总计 32 字节。

2. 通过对象访问成员

对象通过点(.)成员运算符访问，一般格式为：

对象名.公有数据成员名

或

对象名.共有成员函数

【例 9-3】　定义学生类对象，实现一个学生的信息输入与输出。

Student 类的定义和成员函数定义代码见例 9-1 和例 9-2。本例创建一个 stu1 对象，实现值的输入与输出。

主函数的代码段如下：

```
Student stu1;
//stu1.Output();                                    //输出随机值
int id,age;
char name[21],sex;
```

```
cout<<"Input Stu1's Information\n";
cout<<"ID:";  cin>>id;                    //输入学号
cin.ignore(80,'\n');                      //消除上一行输入的回车
cout<<"Name:"; cin.getline(name,20);      //输入姓名,允许空格
cout<<"Sex(F/M):";  cin>>sex;             //接收一个字符给性别
cin.ignore(80,'\n');                      //清除当前行(防止输入多个字符)
cout<<"Age:"; cin>>age;                   //输入年龄
stu1.Set(id,name,sex,age);
cout<<"----------------------------\n";
cout<<"Student stu1's Information:\n";
stu1.Output();
```

运行结果如下:

```
Input Stu1's Information
ID:1
Name:Zhang San
Sex(F/M):F
Age: 19
------------------------------------
Student Stu1's Information
ID:1, Name:Zhang San, Sex:F, Age:19
------------------------------------
```

stu1.Output 方法用于显示 stu1 对象的信息。如果数据成员未初始化,将显示随机值。通过 stu1.Set 方法赋值后,调用 stu1.Output 将显示具体的数值。

3. 通过指针访问成员

定义指向类对象的指针变量,然后通过这个指针间接访问该对象的成员。例如:

```
Student stu1;
Student *p = &stu1;
(*p).Output();
```

这段代码中,定义了 Student 类对象的指针变量 p,初始化指向 stu1。然后通过解引用操作符 * 访问 stu1 对象,再利用.运算符访问对象的成员函数 Output。由于.优先级高于 *,所以 *p 必须加圆括号。

习惯上指针变量使用箭头操作符->访问类对象的成员,两种方式等价。例如:

```
p->Output();                //更简洁直观
```

4. this 指针

每个类成员函数都有一个隐藏的参数:this 指针,它指向该函数所属类的对象,*this 就是当前对象。成员函数中访问的成员变量实际上是指"this->成员变量"。例如:

```
Student stu1,stu2;
stu1.Output();              //输出 stu1 对象的 ID、name、sex、age 成员的值
stu2.Output();              //输出 stu2 对象的 ID、name、sex、age 成员的值
```

成员函数内的每个数据成员都有隐式的 this 指针指向调用该函数的对象,因此能够正确识别。如果函数定义内部的数据成员与形参变量名相同时,数据成员变量名要显式加上 this 指针来区分。如例 9-2 中定义的 Set 成员函数,每个形参变量均取不同名字区分。如果

显式使用 this 指针，即使形参变量名允许与数据成员同名也不会产生歧义。

```
void Student::Set(int i_ID,char s_name[],char sex,int age) {
    ID = i_ID;                //等价于 this->ID, i_ID
    strcpy(name,s_name);      //等价于 strcpy(this->name, s_name);
    this->sex = sex;          //右值 sex 指形参,左值 this->sex 是数据成员
    this->age = age;          //右值 age 指形参,左值 this->age 是数据成员
}
```

在类的成员函数 return 语句中，要返回类对象本身时，使用 * this 表示当前对象本身，语法是 return * this。例如在 Student 类中增加成员函数：

```
void Student::GetSelf() {
    return * this;             //返回当前对象
}
```

9.1.3　构造函数和析构函数

类的对象与其他数据类型一样，可以在定义的同时进行初始化。

定义对象时自动调用构造函数实现数据成员的内存分配与初始化，释放对象时自动调用析构函数释放内存。

1. 构造函数

构造函数是类的公有成员函数，函数名是类名，无返回值，可以被重载。当定义对象时，系统根据初始化值自动调用相应的构造函数对数据成员进行初始化。

如果不定义构造函数，系统会提供一个默认的构造函数，默认构造函数的形式为：

类名() { }

它是一个不含任何实现代码的空函数。

注意：只要定义了构造函数，系统提供的默认构造函数就无效。所以，只要定义构造函数，就必须自定义无参构造函数。

修改 Student 类的定义，增加多个构造函数。由于 Student 类有 4 个数据成员，创建对象时的初始化可以有以下几种方式：

```
Student ();
Student(int i_ID);
Student(int i_ID, char s_name[]);
Student(int i_ID, char s_name[], char c_sex);
Student (int i_ID, char s_name[], char c_sex, int i_age);
⋮
```

构造函数可以通过默认参数实现重载功能。

例如，上面 Student 类的 5 个构造函数可以合并为一个构造函数，函数声明为：

Student(int i_ID=1, const char s_name[]="", char c_sex='F', int i_age=10);

函数定义：

```
Student:: Student(int i_ID,const char s_name[],char c_sex,int i_age){
    cout<<"Construct Student "<<s_name<<".\n";
    Set(i_ID, const_case<char * >(s_name), c_sex, i_age); //调用 Set 函数
}
```

注意：构造函数中的第2个形参s_name的默认值""为const char *型，而Set成员函数中的第2个形参是char *型，无法将const char *隐式类型转换为char *，要使用const_cast<类型>(值)将常量指针类型转换为非常量的指针。另一种方式是修改Set函数的声明为const char *。

创建对象时，根据对象的初始化形式，选择一个合适的构造函数来创建。例如：

```
Student s1;
```

s1调用构造函数初始化后，所有数据成员都被赋给默认参数值。

```
Student s2(10,"Wang ming");
```

s2调用构造函数初始化后，ID是10，姓名是Wang ming，性别与年龄被赋给默认值。

构造函数的另一个写法是**初始化列表形式**。初始化列表写在构造函数头部的括号后面，增加冒号，多个成员之间使用逗号分隔开，然后是花括号的函数体。执行时首先执行初始化列表，然后是函数体中的语句。例如：

```
Student::Student(int i_ID,const char s_name[], char c_sex, int i_age)
                    :ID(i_ID), sex(c_sex), age(i_age){
    strcpy(name,s_name);
}
```

在冒号后面的初始化列表中，ID(i_ID)等价于在函数体内的赋值语句ID = i_ID;，初始化列表也初始化了sex和age；而name要使用strcpy函数，必须写在函数体中。

2. 析构函数

当对象生存期结束时，系统自动调用析构函数释放对象的内存空间。析构函数名是在类名前面加上波浪号(～)。析构函数没有返回值类型，没有参数，所以一个类只有一个析构函数。同样，系统会提供一个默认的析构函数，形式为：

~类名() {}

Student类的默认析构函数定义如下：

```
~Student() {}
```

自定义Student类的析构函数，如下面的代码表示Student对象使用完毕要回收时输出该对象的name：

```
Student::~Student(){
    cout << "Destruction Student "<< name <<".\n";
}
```

3. 对象创建与销毁的次序

对象就是class定义的类类型的变量，创建对象时，系统为类对象的数据成员分配内存空间，然后使用构造函数对数据成员进行初始化。对象的生存期结束(如函数调用完毕)时，系统将自动调用析构函数清理对象所占的内存空间，销毁对象，这个过程成为析构。一般情况下，析构的顺序总是与构造的顺序相反，即先构造的对象后析构。

【例9-4】 使用前面自定义的Student类定义，分析下面代码段中自动调用Student类的构造函数与析构函数的顺序。

```
Student stu1, stu2(1),stu3(2,"Wang ming");
Student stu4(3,"Li xiao",'F'), stu5(4,"Zhang san",'F',20);
Student &stu6 = stu1;
Student * p = &stu1;
```

运行结果如下：

```
Construct Student.
Construct Student.
Construct Student Wang ming.
Construct Student Li xiao.
Construct Student Zhang san.
Destruction Student Zhang san.
Destruction Student Li xiao.
Destruction Student Wang ming.
Destruction Student.
Destruction Student.
```

从输出信息的姓名可以验证出，构造函数调用顺序为 stu1、stu2、stu3、stu4、stu5，析构函数调用顺序为 stu5、stu4、stu3、stu2、stu1。

引用型变量 stu6 仅是 stu1 对象的别名，没有创建新的内存空间，不会调用类的构造函数。指针变量 p 保存的是 stu1 的地址，也不会调用类的构造函数。

9.1.4 对象数组

与其他数据类型类似，可以定义类类型的数组，称为对象数组。例如，保存一个班级的学生信息，可以定义一个学生对象数组，以上述的 Student 类为例，定义一个学生对象数组的语句如下：

```
Student stuArr[30];
```

系统自动调用构造函数对 stuArr 数组中的每个 Student 对象进行初始化。

【例 9-5】 利用前面定义的学生 Student 类定义，实现一组学生信息的输入和输出。

主要代码如下：

```
Student stuArr[3]={Student(1,"zhangsan"),Student(2,"lisi",'F'),
                   Student(3,"wangwu",'M',18)};        //构造 3 个 Student 对象
for(int i=0; i<3; i++){
    stuArr[i].Output();
```

运行结果如下：

```
Construct Student zhangsan.
Construct Student lisi.
Construct Student wangwu.
ID:1, Name:zhangsan, Sex:F, Age:10
ID:2, Name:lisi, Sex:F, Age:10
ID:3, Name:wangwu, Sex:M, Age:18
Destruction Student wangwu.
Destruction Student lisi.
Destruction Student zhangsan.
```

9.1.5 运算符重载

基本数据类型都提供一些运算符以实现对数据的处理，实际上可以把运算当作函数来考虑，运算符就是函数名，运算符实现的功能封装在函数体内，用户使用运算符实现对数据的处理。函数通过重载不同的数据类型，实现同一个操作符对不同数据类型的处理。例如运算符“+”表示和，可以求 1+2、1.5+2.5 等求和运算。

C++ 中允许对类进行运算符重载，使得自定义的类类型同样支持运算符的操作。运算符重载函数可以通过成员函数或普通函数来实现。

1. 赋值运算符的重载

赋值运算符(=)的功能是将右值复制给左值，因为左值必须是类对象，因此将其定义为成员函数。C++ 会产生一个默认的赋值运算符重载函数，实现将一个类的对象的值复制给同类的另一个对象的功能。函数原型声明为：

```
类 & operator=(参数);
```

函数名必须是 operator 加运算符，访问权限是 public 型。

【例 9-6】 定义一个 Point 类，包含平面坐标点坐标 x 与 y，重载运算符=实现赋值。

```
class Point{
public:
    Point& operator=(const Point &p);
    ...
};
Point& Point::operator=(const Point &p){
    x = p.x;
    y = p.y;
    return *this;         //返回值是当前对象，便于将赋值运算符=应用到表达式中
}
```

调用示例：

```
Point p1(1,5);
Point p2, p3;
p2 =p1;
p3.operator=(p1);         //等价于 p3 = p1
```

函数形参使用引用类型可提高效率，使用 const 修饰限定形参为只读。函数返回值类型是 Student&，这样调用函数返回了当前对象的引用，避免了返回值临时创建对象。返回的 *this 可以继续将赋值运算符应用到表达式中。例如，“p3 = p2 = p1;”是正确的，首先 p2 对象调用 operator=，将 p1 的值复制给 p2，然后 p2 作为形参，被 p3 调用，将 p2 的值复制给 p3。

2. 输入输出运算符的重载

C++ 的 iostream 库提供了输出流对象 cout 和输入流对象 cin，在类中重载提取运算符>>和插入运算符<<，可以实现输入和输出对象的数据。

(1) 提取运算符的重载。

提取运算符>>是双目运算符，左边是 istream 类的对象，右边的操作数是系统提供的基本数据类型的变量或用户自定义类型的对象。因此运算符重载的原型是：

istream& operator>>(istream&,类型名);

提取运算符>>是 istream 对象调用的，因此不能作为自定义类的成员函数，只能通过普通函数来实现。

【例 9-7】 定义运算符重载函数实现 Point 对象的输入。

普通函数只能访问类的公有成员。代码如下：

```
istream& operator>>(istream& in, Point &p){
    double x,y;
    cout << "输入 x 坐标:";    in >>x;
    cout << "输入 y 坐标:";    in >>y;
    p.Set(x,y);             //调用 Point 的成员函数 Set 实现
    return in;              //返回形参 in,可以作为下一个输入重载函数的参数
}
```

(2) 插入运算符的重载。

插入运算符<<是双目运算符，左边是 ostream 类的对象，右边的操作数是系统提供的基本数据类型或用户自定义类型的数据。因此运算符重载的原型是：

ostream& operator<<(ostream& ,类型名);

同样地，插入运算符<<是 ostream 对象调用的，只能通过普通函数来实现。

【例 9-8】 定义运算符重载函数实现 Point 对象的输出。

普通函数只能访问类的公有成员。代码如下：

```
ostream& operator<< (ostream& os, Point &p) {
    os << "(" << p.GetX() << "," << p.GetY() << ")";
    return os;
```

对象示例：

```
Point p4;
cin >> p4;
cout << "p4=" << p4;
```

运行结果如下：

```
输入 x 坐标:2.8↙
输入 y 坐标:3.6↙
p8=(2.8,3.6)
```

执行 cin 语句时，调用运算符重载 operator>>(cin,p8)，执行函数体语句。执行 cout 语句时，按左结合逐项执行插入运算符，首先执行 cout <<"p8＝"即 operator<<(cout, "p8＝")，返回 cout 后再执行 cout <<p8。

3. 四则运算符的重载

大多数数值支持加、减、乘、除等四则运算。四则运算符都是双目运算符，操作方法相同，以下以加号(＋)为例，说明四则运算符的重载方法。

实现运算符“＋”时，如果左边是自定义对象，则该运算符重载既可以作为成员函数也可以作为普通函数来实现。当定义为该对象的成员函数时，左边对象为当前对象，右边对象作为参数传递；当定义为普通函数时，两个对象均作为参数传递。如果“＋”左边并非用户自定义对象，则只能使用普通函数实现。

【例 9-9】 修改 Point 类,增加 3 个加法运算符重载函数:点+点,点+值,值+点。

算法分析:加法运算产生一个新的点,因此返回值类型为 Point。点+点与点+值定义为成员函数,有一个形参;值+点定义为普通函数,有两个形参。参考代码如下:

```
class Point{
public:
    Point operator+(Point &p);                       //点+点
    Point operator+(double dis);                     //表示与 x 方向坐标加
    …
};
Point Point::operator+(Point &p){                    //成员函数,只有一个形参
    Point tmp(x + p.x, y + p.y);                     //x 指 this->x
    return tmp;                                      //return 定义的 tmp 对象的值
}
Point Point::operator+(double dis){                  //成员函数,只有一个形参
    return Point(x + dis, y);                        //可以直接返回临时 Point 对象
}
Point operator+(double dis, Point &p){               //值+点:外部普通函数,两个形参
    return Point(p.GetX() + dis, p.GetY());          //只能访问类的公有成员
}
```

调用示例:

```
Point p5(2,3),p6, p7, p8;
p6 = p5 + 4;
p7 = p5 + p6;
p8 = 6.8 + p5;
```

p5+4 将调用 p5.operator+(4),p5+p6 将调用 p5.operator(p6),而 6.8+p5 调用普通函数 operator+(6.8,p5)。

*9.2 C++类的进一步定义

9.2.1 C++类的继承性

面向对象程序设计有 3 个主要特点:封装性、继承性和多态性。前面已经介绍了面向对象程序设计的重要基本特征——封装性,本节主要介绍继承性。

继承性是面向对象程序设计的重要基本特征。继承的目的是实现代码重用,它允许在已有类的基础上创建新的类,新类可以从一个或多个已有类中继承操作和数据,而且可以重新定义或增加新的数据和操作,从而形成类的层次或等级。已有类称为基类或父类,在它的基础上建立的新类称为派生类或子类。

以下是两种典型的使用继承的场景。

(1) 当创建的新类与现有的类相似,只是多出若干成员变量或成员函数时,可以使用继承,这样不但会减少代码量,而且新类会拥有基类的所有功能。

(2) 当需要创建多个类,它们拥有很多相似的成员变量或成员函数时,也可以使用继承。可以将这些类的共同成员提取出来,定义为基类,然后从基类继承。这样既可以节省代码,也方便后续修改成员。

图 9-3 所示的人、学生、本科生、研究生等类的层次关系就是类的继承的一个例子。在类的层次中,越上层的类越抽象,越下层的类越具体;子类继承了父类的全部特征,同时可以

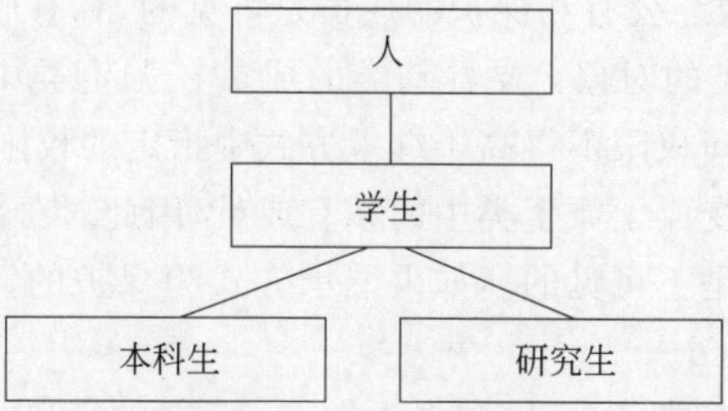

图 9-3　类的继承举例

具有新的特征，或者对父类的特征进行重写。

1. 基类和派生类

在定义类 B 时，如果它使用了一个已定义的类 A 的部分或全部成员，则称类 B 继承了 A，或由类 A 派生出类 B。并称类 A 为基类或父类，类 B 为派生类或子类。

一个派生类又可以作为另一个类的基类，这样一个基类可以直接或间接派生出若干派生类，构成树状的继承关系。

例如，类 Y 继承类 X 的特性，类 Z 又继承类 Y 的特性，从而间接继承类 X 的特性。因而类 X 是类 Y 的直接基类，是类 Z 的间接基类；类 Y 是类 X 的直接派生类，类 Z 是类 X 的间接派生类。类 X、Y、Z 形成了一个类层次。

继承分为单继承和多继承。单继承是指派生类只从一个基类派生。多继承是指派生类从多个基类派生。本书仅简单介绍单继承。

2. 派生类的声明

从一个基类派生出子类的一般格式为：

```
class 派生类名：继承方式 基类名{
        成员声明;
};
```

说明：

(1) class 是类定义的关键字，用于告诉编译器下面定义的是一个类。

(2) 派生类名是新定义的类名。

(3) 继承方式可以是 private、public、protected 之一。此项的默认值为 private。派生类名和继承方式之间用冒号隔开。

3. 继承方式

继承方式限定了基类成员在派生类中的访问权限，包括 public(公有的)、private(私有的)和 protected(受保护的)。此项是可选的，如果不写，默认为 private。表 9-1 列出在 3 种继承方式下基类成员在派生类中的访问权限，分为以下两种情况。

表 9-1　3 种继承方式的成员访问权限

继承方式\基类成员类型	public	protected	private
public	public	protected	不可见
protected	protected	protected	不可见
private	private	private	不可见

(1) 基类成员对派生类：公有和保护的成员是可见的，私有成员是不可见的。

(2) 基类成员对派生类的对象：要看基类的成员在派生类中变成了什么类型的成员。基类成员在派生类中的访问权限不得高于继承方式中指定的权限。例如，私有继承时，基类的公有成员和私有成员都变成了派生类中的私有成员，因此对于派生类中的对象来说，基类的公有成员和私有成员就是不可见的。如果继承方式为保护的，那么基类成员在派生类中的访问权限最高为 protected。

【例 9-10】 定义一个基类 People 和派生类 Student 的简单示例。

People 是基类，Student 是派生类。Student 类继承了 People 类的成员，同时还新增了自己的成员变量 score 和成员函数 setScore、getScore。参考代码如下：

```
#include<iostream>
#include<string>
using namespace std;
//基类--People
class People{
public:
    void setName(string name);
    void setAge(int age);
    string getName();
    int getAge(){return this->age;}
    void Output();
private:
    string name;
    int age;
};
void People::setName(string name){
    this->name = name;
    //string类见 9.7节
}
void People::setAge(int age){
    this->age = age;
}
string People::getName(){
    return this->name;
}
void People::Output() {
    cout<<name<<"年龄: "<<age<<
endl;
```

```
//派生类--Student
class Student: public People{
public:
    void setScore(float);
    float getScore(){return score;}
    void Output();
private:
    float score;
};
void Student::setScore(float
score){
    this->score = score;
}
void Student::Output() {
    People::Output();
    cout << "成绩:" << score << endl;
}
int main(){
    Student stu;
    stu.setName("刘洋");
    stu.setAge(17);
    stu.setScore(92);
    cout << stu.getName()
        <<"的年龄是 " << stu.getAge()
        <<",成绩是 "<< stu.getScore();
    stu.Output();
    return 0;
}
```

运行结果如下：

```
刘洋的年龄是 17,成绩是 92
刘洋年龄: 17
成绩: 92
```

说明：

(1) 代码中派生类第一行：“class Student:public People {”声明派生类 Student 以公有继承方式继承基类 People。

(2) 基类 People 与派生类 Student 中都定义了 Output 方法用于输出。Student 的 Output 成员函数体中，首先调用基类的 Output，由于同名，因此前面加了作用域 People::。

(3) 派生类不能访问基类的私有成员，例如不能在 Student 类中直接输出基类的 name 和 Age，只能访问基类的 public 或 protected 成员。

4. 继承时的构造函数

基类的构造函数不被继承，派生类中需要声明自己的构造函数。派生类声明构造函数时，只需要对本类中新增成员进行初始化，对继承来的基类成员的初始化必须调用基类构造函数完成。派生类构造函数的声明形式如下：

```
派生类名::派生类名(基类1形参,基类2形参,…,基类n形参,本类形参)
    :基类名1(参数),基类名2(参数),…,基类名n(参数){
        本类成员初始化赋值语句;
    };
```

说明：

(1) 派生类的形参列表包括初始化基类和派生类的成员变量所需的数据。冒号后列举的部分为初始化列表，是对基类构造函数的调用。

(2) 当初始化成员列表中某个基类的构造函数的实参列表为空时，可以将该构造函数从初始化列表中删除。

【例 9-11】　在派生类的构造函数中调用基类的构造函数的示例。

修改 People 类，增加构造函数如下：

```
class People{
public:
    People(string name="",int age=0);   //带默认参数的构造函数
    //其他成员省略
};
People::People(string name,int age)
    :name(name),age(age) {
}                                       //初始化参数列表初始 2 个数据成员
```

修改 Student 类，增加构造函数如下：

```
class Student: public People{
public:
    Student(string name="",int age=0, float score=0); //带默认参数的构造函数
    //其他成员省略
};
Student::Student(string name,int age, float score)
    :People(name,age),score(score){
}   //初始化参数列表初始基类的 2 个数据成员,以及当前类的 1 个数据成员
```

定义运算符重载实现输出：

```
ostream& operator << (ostream&os, Student& stu){
    os << stu.getName() << "的年龄:" << stu.getAge()
       << ",成绩:" << stu.getScore() << endl;
}
```

调用示例：

```
Student stu;  cout << stu << endl;
Student stu2("刘洋", 16, 95); cout << stu2 << endl;
```

创建对象 stu 时,执行派生类的带默认参数的构造函数,同样调用了基类的带默认参数。输出姓名为空的年龄:0,成绩:0。

创建对象 stu2 时,执行派生类的构造函数 Student::Student(string name, int age, float score),它指明了基类的构造函数。输出值为刘洋的年龄:16,成绩:95。

C++ 规定,在创建派生类对象时,必须首先调用基类构造函数,然后再调用派生类构造函数。当撤销派生类对象时,析构函数的调用次序与构造函数的调用次序相反。

调用基类构造函数时,遵循以下规则。

(1) 若基类中未声明构造函数,派生类中也可以不声明,全部采用默认构造函数。

(2) 当基类声明有带形参的构造函数时,派生类也应声明带形参的构造函数,并将参数传递给基类构造函数。

(3) 基类构造函数的调用顺序只与派生类继承的基类的顺序有关,而与初始化列表中构造函数的顺序无关。

(4) 构造函数的调用顺序是按照继承的层次自顶向下、从基类再到派生类的。

5. 继承时的析构函数

和构造函数类似,析构函数也是不能被继承的。创建派生类对象时,构造函数的调用顺序和继承顺序相同,先执行基类构造函数,然后再执行派生类的构造函数。但是对于析构函数,调用顺序恰好相反,即先执行派生类的析构函数,然后再执行基类的析构函数。注意,一个类只能有一个析构函数:~类名(),析构函数由系统自动调用。

【例 9-12】 派生类析构函数举例。

执行例 9-11 的语句:

```
Student stu;  cout << stu << endl;
Student stu2("刘洋", 16, 95); cout << stu2 << endl;
```

stu 与 stu2 对象的构造函数与析构函数的执行顺序为:

(1) 创建 stu 对象:People 构造函数→Student 构造函数。

(2) 创建 stu2 对象:People 构造函数→Student 构造函数。

(3) 释放 stu2 对象:Student 析构函数→People 析构函数。

(4) 释放 stu 对象:Student 析构函数→People 析构函数。

9.2.2 C++ 类的多态性

面向对象的 3 个基本特征是封装、继承、多态。其中,封装可以隐藏实现细节,使得代码模块化;继承可以扩展已存在的代码模块(类);它们的目的都是实现代码重用。而多态则是为了实现另一个目的——接口重用,接口是声明了规则,但不包括规则的实现。

1. 多态的概念

在现实生活中可以看到许多多态性的例子。例如,学校校长向社会发布一个消息:9 月 1 日新学年开学。不同的对象会作出不同的响应:学生要准备好课本,准时到校上课;教师要备好课;学校后勤部门要准备好教室、宿舍和食堂……由于事先对各种人的任务已作了规定，因此，在得到同一个消息时，各种人都知道自己应当怎么做，这就是多态性。

有了多态性机制，校长在发布消息时，就不必分别给学生、教师、后勤部门等不同的对象分别发通知，具体规定不同类型人员如何执行。校长只需不断发布各种消息，各种人员就会按预定方案有条不紊地工作。而各类人员在接到消息后应做什么并不是临时决定的，而是学校的工作机制事先安排决定好的。

在 C++ 程序设计中，多态是指具有不同功能的函数可以用一个函数名，这样可以用一个函数名调用不同内容的函数。在面向对象方法中一般是这样表述多态性的：向不同的对象发送同一个消息，不同的对象在接收时会产生不同的行为（即方法）。也就是说，每个对象可以用自己的方式去响应共同的消息（如开学）。所谓消息，就是调用函数，不同的行为就是指不同的实现，即执行不同的函数内容。

从系统实现的角度看，多态性分为两类：静态多态性和动态多态性。

（1）静态多态性是通过函数的重载实现的，在程序编译时，系统就能决定调用的是哪个函数。因此静态多态性又称编译时的多态性。函数重载和运算符重载（运算符重载实质上也是函数重载）实现的多态性属于静态多态性。

（2）动态多态性是在程序运行过程中才动态地确定操作所针对的对象，它又称运行时的多态性。动态多态性是通过虚函数（Virtual Function）实现的。

2. 赋值兼容性规则

每一个派生类的对象都是基类的一个对象。赋值兼容规则是指在公有派生情况下，一个公有派生类的对象可以当作基类的对象使用，反之则不可以。通过基类对象名、指针和引用只能使用从基类继承的成员变量和成员函数。

【例 9-13】 派生类与基类的兼容性规则的示例。

阅读主要代码：

```
class Point{                        //基类
public:
    Point(int newX, int newY):x(newX),y(newY) {}
    double getLength() const{ return 0.0;}
protected:
    int x, y;
};
class Line: public Point {     //派生类
public:
    Line(int newX1, int newY1, int newX2, int newY2)
          : Point(newX1,newY1),x2(newX2),y2(newY2) { }
    double getLength()const {return sqrt((x2-x) * (x2-x)+(y2-y) * (y2-y));}
protected:
    int x2, y2;
};
void test(Point &tmp) {        //普通函数
    cout << tmp.getLength() << endl;
}
int main() {
    Point p1(2,2);
    Line l1(3,4,5,6);
```

```
22        p1 = l1;
23        cout << p1.getLength() << '\t' << l1.getLength() << endl;
24        Point &r1 = l1;
25        cout << r1.getLength() << endl;
26        Point * rp = &l1;
27        cout << rp->getLength() << endl;
28        test(p1);
29        test(r1);
30        return 0;
31    }
```

运行结果如下：

```
0        2.82843
0
0
0
0
```

第1～7行定义了基类Point,第8～15行定义了派生类Line。其中,派生类重写了基类的getLength方法。

本例代码中体现了以下3个赋值兼容性规则。

(1) 派生类的对象可以赋值给基类对象。

第20行定义了基类Point对象p1;第21行定义了派生类Line对象l1。允许派生类对象l1赋值给基类对象p1,所以第22行是合法的,但反之是不可行的,如图9-4所示。通过p1不能直接或间接访问派生类的x2和y2成员变量。第23行,p1.getLength()调用即调用Point∷getLength(),在屏幕上输出0.0;l1.getLength()即Line∷getLength(),屏幕上输出2.82843。

(2) 派生类对象可以初始化基类的引用。

第24行声明了一个基类Point的引用rl,并且初始化引用为派生类对象l1。反之是禁止的(即Line &rl=p1,基类对象初始化派生类的引用是禁止的)。

虽然rl是l1的引用,但只能访问基类的成员函数和成员方法,如图9-5所示。因此,执行第25行,rl.getLength实际调用Point∷getLength,在屏幕上输出0.0。

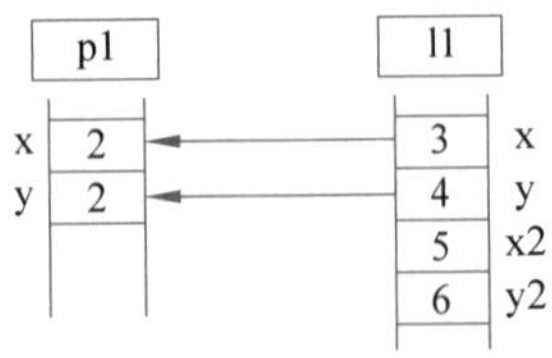

图9-4 派生类的对象赋值给基类对象

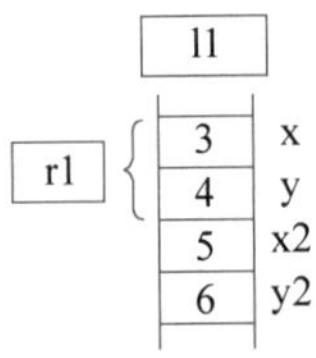

图9-5 派生类对象初始化基类的引用

(3) 派生类对象的地址可以赋值给基类的指针。

指向基类的指针也可以指向派生类。第26行声明了一个基类的指针rp,并且将其指向派生类对象l1。反之则禁止(即Line * rp=&p1,基类对象的地址赋值给派生类指针是禁止的)。

虽然rp指向l1,但只能访问基类的成员函数和成员方法,如图9-6所示。执行第27

行，rp→getLength()实际调用 Point∷getLength()，在屏幕上输出 0.0。

第 16～18 行的 test 函数的形式参数只是 Point 类的引用。按照类继承的特点，系统把 Line 类对象看作一个 Point 类对象，因为 Line 类的覆盖范围包含 Point 类，所以 test 函数的定义并没有错误。

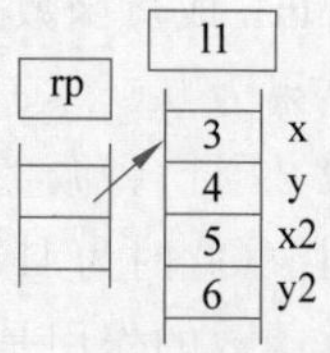

图 9-6　派生类对象的地址赋值给基类的指针

对象 p1 与 l1 分辨是基类 Point 和派生类 Line 的对象，在第 28～29 行，我们想利用 test 函数达到以下目的：传递不同类对象的引用，分别调用不同类的 getLength 成员函数。但是程序的运行结果却出乎人们的意料：输出结果均为 0.0。无论是基类对象还是派生类对象调用的都是基类的 getLength 成员函数。

由赋值兼容性规则的(2)和(3)可知，尽管定义的基类引用和基类指针是指向派生类对象的，但由于是编译时进行的函数绑定，只能调用基类的成员函数。

为了能够统一处理不同的对象，调用实际传递对象的 getLength 方法，实现多态，需要用到虚函数。

3. 虚函数

虚函数是一种成员函数。一个成员函数被声明或定义为虚函数后，说明它在派生类中可能有多种不同的实现。

虚函数定义的一般格式为：

```
virtual 函数返回类型 类类型名::成员函数名(参数列表){
    函数体;
}
```

其中：(1) 虚函数一定是某个类的成员函数。virtual 为关键字，表明该成员函数为虚函数，会引入多态效果。

(2) 构造函数不能声明为虚函数。

(3) 应将析构函数声明为虚函数，以便自动释放由指针或引用所表示的对象。

将例 9-13 第 4 行的 double getLength() const 修改为如下格式：

```
virtual double getLength() const
```

再次运行程序，结果如下：

```
0       2.82843
2.82843
2.82843
0
2.82843
```

基类 Point 中的成员函数 getLength 定义为虚函数。在其派生类 Line 中，重写的成员函数 getLength 默认也是虚函数。于是，程序运行时根据实际对象临时决策绑定方法，实现多态。

第 25 行的 rl 是派生类 Line 对象的引用，rlgetLength 调用 Line∷getLength，在屏幕上输出 2.82843。

第 27 行的 rp 是指向派生类 Line 的指针，rp->getLength 根据 rp 实际指向的对象地址，调用 Line∷getLength，在屏幕上输出 2.82843。

第28行,将基类对象p1传递给test函数的参数tmp。执行tmp.getLength时,由于getLength成员函数是虚函数,将根据实际对象(此时为p1)调用Point::getLength函数,输出结果为0.0。

第29行,将派生类对象l1传递给test函数的参数temp。执行tmp.getLength时,根据实际对象(此时为l1)调用Line::getLength函数,输出结果为2.82843。

虚函数的作用是允许在派生类中重新定义与基类同名的函数,并且可以通过基类指针或引用来访问基类和派生类中的同名函数。也就是说,不论传递过来的究竟是哪个类的对象,都能够通过同一个接口getLength调用到适用于各自对象的实现方法。此时,使用基类指针或引用调用方法,不用关心实际所指向的对象,是一种运行时多态,编译器编译时不绑定方法,而是在运行时根据实际对象临时决定。

9.2.3 命名空间

C++的命名空间(namespace)提供了一种组织和管理代码以避免命名冲突的方式。自定义命名空间的语法如下:

```
namespace 命名空间标识符{
    //定义在此命名空间中的变量、函数、类等
}
```

例如:

```
namespace MySpace{
    int val
    int fun(int a);
    class MyClass {…};            //类定义代码省略
```

要访问命名空间中的元素,主要有两种方法。

(1) 使用作用域运算符::。例如:

```
MySpace::val = 10;
MySpace::fun(val);
MySpace::MyClass obj;
```

(2) 在程序头部使用using namespace后直接使用。例如:

```
using namespace MySpace;
val = 10;
fun(val);
MyClass obj;
```

如果程序中多次使用MySpace命名空间中的元素,使用using方法可以让代码简洁,例如本书中对于std命名空间使用using方法。但是using方法降低了代码可读性,例如val很难直接知道来自MySpace命名空间,也容易与程序本身的变量混淆。因此良好的编程风格建议使用MySpace::方式来访问命名空间中的元素。

*9.3 typedef类型与using

在C和C++中,有两种常见的方式来定义类型别名,分别是typedef和using。

9.3.1　typedef

typedef 是 C&C++ 中为现有的一个类型取别名，定义后的新名称像原始数据类型一样使用。格式为：

```
typedef 数据类型 别名;
```

例如：

```
typedef int INT;
typedef unsigned char BYTE;
```

为数据类型取别名有两种情况：一种是对复杂数据类型取精简的别名，以方便在程序中书写，例如在进行结构体变量定义时，可以直接使用 Date 而不是 struct Date；另一种是为了代码的可兼容性和扩展性，例如程序中使用 INT 表示 int，以后如果需要将 int 型改为 long 型时，只需要修改 typedef 语句即可，程序中无须修改。

9.3.2　using

using 是 C++ 引入的用于定义类型别名的语法，可以为任何类型定义别名，用来取代 typedef。格式为：

```
using 别名 = 数据类型;
```

例如：

```
using INT = int;
using BYTE = unsigned char;
using STU = class Student;
```

using 和 typedef 在功能上是等价的，但 C++ 中 using 的语法更加直观和易读，而且 using 适用于模板、函数对象等复杂数据类型取别名。

9.4　结　构　体

结构体(struct)类型将若干类型相同或不同且相互关联的数据组成一个集合，形成一个自定义的复合数据类型。这些数据成员可以是基本数据类型也可以其他自定义的类型，这样可以很好地描述复杂的对象。

C 语言中的结构体只能描述数据成员，不支持成员函数。C++ 结构体的成员既包括数据成员也可以包括成员函数。但默认访问权限是 public，因此结构体缺少封装性等面向对象的特性。

9.4.1　结构体类型的定义

定义一个结构体类型，关键字是 struct，后面加上自定义的结构体名称，习惯上，遵循首字母大写的命名。然后使用一对花括号包围结构体的各个成员变量，最后以分号结束。

结构体类型定义格式为：

```
struct  类型名称{
    结构体数据成员定义
```

```
};
```

例如,下面的代码定义了日期结构体类型,包括3个数据成员(年、月、日):

```
struct Date{
    int year;
    int month;
    int day;
};
```

注意:上面定义的结构体类型是 struct Date,而不是 Date。

为了方便使用,通常会为结构体类型取别名。例如:

```
typedef struct Date Data;
using Data = struct Date;
```

结构体类型内的数据成员可以是基本数据类型,也可以是数组,还可以是已定义的其他类型。例如,下面定义的是学生结构体类型,包含4个数据成员(学号、姓名、性别、出生日期):

```
struct Student{
    int ID;
    char name[21];
    char sex;
    Date birth;              //已定义 Date
};
```

定义结构体类型后,只是定义了一种数据类型的结构,系统不会为结构体类型分配内存。当定义结构体类型的变量时,系统会根据结构体定义时的数据成员的顺序和数据类型,依次为各数据成员分配连续的内存单元,如图9-7所示。通常,结构体类型变量的内存大小是数据成员的内存大小之和。但实际中往往略大一些,因为编译器会对结构体进行内存对齐,以提高访问效率。不同平台的编译器都有自己默认的对齐系数,可以通过预编译命令#gragma pack(n)修改。

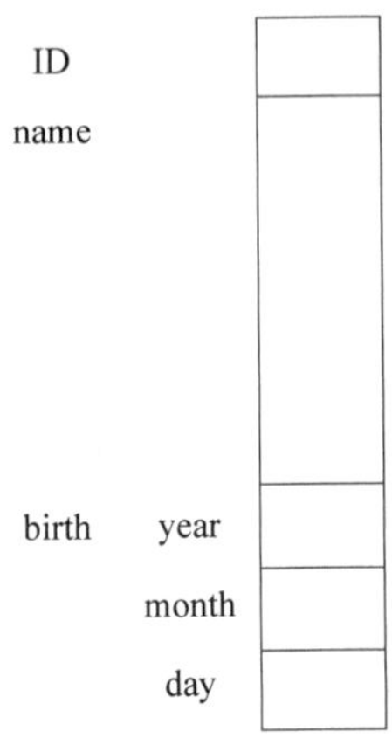

图9-7 结构体变量分配的内存空间示意

为了方便程序中各函数都能使用结构体类型,结构体的声明一般放在文件的头部,或者是单独保存成头文件(.h),各源程序中使用#include 包含头文件。

9.4.2 结构体类型变量

1. 结构体变量的定义

定义结构体类型的变量有3种方式。

(1) 先声明结构体类型,再定义变量,这是最常使用的定义形式。其定义方法与系统提供的基本数据类型一样。例如,前面已经声明了 struct Student 类型,则:

```
struct Student stu1,stu2;          //定义两个 struct Student 型变量 stu1,stu2
```

(2) 在定义结构体类型的同时定义变量。在结构体定义尾部的分号前面书写变量名。例如:

```
struct Date{
    int year;
    int month;
    int day;
} birth;
```

(3) 定义无名的结构体类型,直接定义结构体类型变量。由于没有结构体类型名称,因此不能在其他地方再次定义这种类型的变量,这种方式较少使用。例如:

```
struct Student{
    int num;
    char name[21];
    char sex;
    struct{int year, month,day;} birth;
};
```

结构体类型的变量也可以在定义时进行初始化。初始值是一个集合,用一对花括号括起来,按照结构体类型定义时的数据成员顺序及数据类型书写初始值。例如:

```
struct Date date1={2016,2,10};
struct Student stu1={1001,"zhang san",'F', {1995,3,8}};
struct Student stu2 = {1002,"li si",'M',date1};
```

2. 结构体类型变量的使用

结构体类型变量的使用(输入、输出、运算)一般是通过结构体变量的数据成员来实现的。结构体变量的数据成员使用形式为:

变量名.数据成员名

点(.)是结构体类型成员运算符。

以输出为例,要输出日期型变量 date1 的值,“cout << date1;”是错误的,要改为:

```
cout << date1.year << date1.month << date1.day;
```

结构体成员也可以单独使用,可以像普通的同类型变量一样进行各种运算。例如:

```
date1.year = 2000;
stu1.name = "lisi";
```

如果结构体成员仍然是结构体类型,继续使用点(.)访问结构体成员。例如:

```
stu1.birth.year = 1998;              //stu1.birth 是 struct Date 类型
```

具有相同成员类型的结构体变量可以整体相互赋值。例如:

```
struct Student stu3 = stu1;
```

等价于:

```
struct Student stu3;
stu3 = stu1;
```

当函数的形参变量是结构体类型或引用时,调用函数时可以直接传递同类型的结构体变量。例如下面的函数定义:

```
void Print1(struct Student stu){语句}
```

或

```
void Print2(struct Student &stu){语句}
```

则函数调用语句“Print1(stu1);”和“Print2(stu1);”都是正确的。

如果形参变量是指向结构体的指针变量,实参就是同类型指针(地址)。例如:

```
void Print3(struct Student * stu)
{语句}
```

函数调用语句“Print3(&stu1);”。

【例 9-14】 定义学生结构体类型,包括学生的学号、姓名、性别、出生日期。自定义函数实现输出功能,自定义 Age 函数计算年龄。主函数测试。

完整代码如下:

```
#include<iostream>
#include<ctime>
using namespace std;
struct Date{
    int year, month, day;
};
struct Student{
    int ID;
    char name[21];
    char sex;
    struct Date birth;
};
void Output(struct Date * d);                  //输出日期,形参为指针型
void Output(struct Student &s);                //输出学生,形参为引用型
int Age(Date& d);                              //计算当前年份与日期年份的差
int main(){
    struct Student stu1 = {1001,"zhang san",'F', {1995,3,8}};
    struct Date date1 = {2006,2,10};
    struct Student stu2 = {1002,"li si",'M',date1};
    Output(stu1); cout << endl;
    Output(stu2); cout << endl;
    return 0;
}
void Output(struct Date * d) {
    cout << d->year << "-" << d->month << "-" << d->day;
}
void Output(struct Student &s) {
    cout << s.ID<< "," << s.name << "," << s.sex << ",";
    Output(&s.birth);
    cout << "," << Age(s.birth);
}
int Age(Date &d){
    time_t now = time(NULL);                   //返回系统当前日历时间,长整型
    tm* local = localtime(&now);
    int currYear = local->tm_year + 1900;  //转换本地时间的年份
    int currMonth = local->tm->mon + 1;
```

```
    int currDay = local->tm->mday;
    int age = localYear - d.year;              //计算年龄
    if (currMonth <d.birth || (currMonth == d.birth && currDay < d.day))
         age--;
    return age;
}
```

运行结果如下：

```
1001,zhang san,F,2005-3-8,19
1002,li si,M,2006-10-10,17
```

说明：

(1) 两个 Output 函数重载了输出功能，一个函数的形参为指针变量，通过->访问其指向变量空间的数据成员，另一个函数的形参为引用型变量，是实参的别名，通过点(.)访问实参空间的数据成员，两个函数都无须复制实参变量。

(2) Age 函数体中调用了 C 语言中 time.h 中的函数，C++ 中在 std 命名空间 ctime。time(NULL)用于获取系统当前日历时间，返回的 time_t 类型实际是长整型，指从 1900 年至今的秒数。localtime 函数时将日历时间转换为本地时间。函数声明原型是：

```
struct tm * localtime(const time_t * timer);
```

注意：C++ 在 std 命名空间中的 chrono 库提供了更强大、更安全的日期时间处理机制。chrono∷system_clock 是 chrono 中的一个时钟类型，它有一个静态成员函数 now 表示当前系统的时间戳，返回的是 1970 年至今的纳秒，相比 time(NULL)的秒级别更精准。

Age 函数体中 val 语句也可以改为：

```
time_t val = chrono::system_clock::to_time_t(chrono::system_clock::now());
```

显然，如果只需要获取当前年、月、日等时间信息，使用 time(NULL)更简单高效。如果需要更精确的时间数据或者时间差计算，适合使用 chrono∷system_clock 方法。

9.4.3 结构体类型的数组

与其他数据类型类似，可以定义元素是结构体类型的数组。例如，保存一个班级的学生信息，可以定义一个数组，每个元素按照学生结构体类型定义的结构存放数据，利用结构体成员实现各种操作。

以前面定义的 struct Student 为例，定义一个学生信息的数组的语法是：

```
struct Student stu[30];
```

结构体数组的初始化是对每个元素的初始化，每个元素的初始值用一对花括号括起来，值之间用逗号分隔，为方便阅读，一般每个元素的初始值占一行。例如：

```
struct Student stu[3]={{1001,"Zhang San",'F',{2000,1,5}},
                       {1002,"Li Ming",'M',{1998,12,15}},
                       {1003,"Zhao Ying",'F',{1999,5,12}}
                      };
```

【例 9-15】 在已定义的 Student 结构体类型基础上，自定义 Output 函数输出数组 stu

中的学生信息。

主要代码如下：

```
void Output(struct Student s[],int n){
    cout<<"\n序号,学号,姓名,性别,出生日期,年龄";
    cout<<"\n-----------------------------------\n";
    for(int i=0; i<n; i++){
        Output(s[i]);
        cout << endl;
    }
}
```

调用 Output 函数输出 stu：

```
Output(stu,3);
```

运行结果如下：

```
序号,学号,姓名,性别,出生日期,年龄
-----------------------------------
1001,Zhang San,F,2000-1-5,24
1002,Li Ming,M,1998-12-15,26
1003,Zhao Ying,F,1999-5-12,25
```

*9.5 联 合 体

联合体(union)也被称为联合或共用体，是一种特殊的复合数据类型。它的所有成员共享相同的首地址，当一个成员被更新时，其他成员的值将被覆盖。这种特性使得联合体变量在嵌入式系统开发、底层编程和数据格式转换等特定应用场景下非常有用。

9.5.1 联合体的定义与应用

联合类型的定义语法如下：

```
union 类型名称{
    结构体数据成员定义
}[变量定义列表];
```

例如联合体 ID，角色不同 ID 类型不同，学生为 7 位学号，教师为 4 位工号：

```
union ID{
    char stuID[8];
    char teaID[5];
};
type struct Person{
    union ID sID;
    int type;              //1:教师,2:学生
}Person;
Person p;
p.type = 2;
strcpy(p.sID , "1011001");
```

联合体具有以下几个特点。

(1) 所有成员共享同一块内存空间,大小取决于最大成员的大小。例如,union ID 类型最大占 8 字节,程序中根据人的身份选择使用 stuID 或 teaID 成员。

(2) 一次只能使用一个成员。因为每个成员的起始地址相同,因此为成员赋值时修改了起始地址开始的 n 字节的内存。

(3) 节省内存,在需要存储不同类型数据的场景中很有用。例如,网络通信中的数据包可能包含不同类型的负载数据,嵌入式系统中定义一个字节的不同位的状态等。

【例 9-16】　自定义 IsBigEndian 函数,判断系统字节序是大端还是小端存储格式。

大端序(Big-Endian)和小端序(Little-Endian)是计算机中表示多字节数据在内存中的存储顺序,存储差异会影响到跨平台的数据交换和处理。通常情况下,x86 架构的 CPU 采用小端序,即数据的低位字节存储在内存的低地址处,而高位字节存储在高地址处。例如,整数 0x12345678 在小端序中的存储顺序为 0x78 0x56 0x34 0x12。大端序则相反,数据的高位字节存储在内存的低地址处。因此,设计一个联合类型,包括两个成员：int a 和 char b。为 int 成员 a 赋值为 0x12345678,其在大端序与小端序中的存储如图 9-8 所示。由于成员 a 与 b 的首地址相同,因此判断其 a 是否等于 b 的最低字节,若是则说明小端序,否则是大端序。

大端序		小端序
12	0X62FDE0	78
34	0X62FDE1	56
56	0X62FDE2	34
78	0X62FDE3	12

图 9-8　大端序与小端序存储整数

函数代码如下：

```
bool IsBigEndian(){
    union NUM {
        int a;
        char b;
    }num;
    num.a = 0x12345678;
    return num.b == 0x12;
}
```

9.5.2　位段的定义与应用

联合体中可以定义位段(bit field)来实现更灵活的内存布局和数据访问。

【例 9-17】　位段示例。

```
union Data {
    struct {
        unsigned int a : 2;          //2 位
        unsigned int b : 4;          //4 位
        unsigned int c : 3;          //3 位
    } bits;
    unsigned int whole;              //整个联合体占用 4 bytes
};
union Data data;
```

```
data.bits.a = 2;
data.bits.b = 5;
data.bits.c = 1;
printf("Whole value: %u\n", data.whole);  //输出 86
printf("a = %u, b = %u, c = %u\n", data.bits.a, data.bits.b, data.bits.c);
```

定义了一个联合体 Data,它包含一个匿名的位段结构体 bits。在 bits 结构体中定义了 3 个位段成员：a 占 2 位、b 占 3 位、c 占 4 位。此外,定义了一个 whole 成员代表整个联合体占用的 4 字节内存空间,最低 8 位为 01010110 即 86。

利用联合体对象 data 设置了 bits 结构体的各位段成员的值,并通过 whole 成员访问整个联合体的值。这样做,可以更精细地控制内存布局,节省内存空间;也可以方便地访问和修改单个位段,而不必重新构建整个数据结构。适用于底层硬件编程,如访问寄存器的各比特位。需要注意的是,位段的具体实现可能会在不同编译器与平台上有差异。

*9.6 枚举类型

写程序时,常常会遇到某个变量只有几种可能的值的情况,例如,学生的成绩分 A、B、C、D 等,天气分 sunny、cloudy、rainy 等,那么就可以将此变量定义为枚举类型。

所谓"枚举"(enumeration),就是将变量可能存在的情况或可能的值一一列举出来,变量的值只能在列举出来的值的范围内。

9.6.1 枚举类型的定义与使用

1. 枚举类型的声明

声明枚举类型用关键字 enum,一般形式为：

enum 枚举类型名{枚举常量列表};

例如：

```
enum Weekday {Monday,Tuesday,Wednesday,Thursday,Friday,Saturday,Sunday};
```

上面声明了一个枚举类型 Weekday,花括号中 Monday,Tuesday,…,Sunday 等称为枚举元素或枚举常量,它们是用户自己定义的标识符,其值默认分别为 0~6(后面会介绍怎样显式的初始化枚举常量的值)。这个类型的变量的值只能是以上 7 个值之一。

2. 枚举变量的定义及赋值

声明了枚举类型之后,可以用它来定义变量,就像使用基本变量类型一样,例如：

```
Weekday workday,week_end;
```

这样,workday 和 week_end 被定义为枚举类型 Weekday 的变量。

然而,与基本变量类型不同的地方是,在不进行强制转换的前提下,只能将定义的枚举类型的常量赋值给该种枚举类型的变量,例如：

```
workday = Monday;
week_end = Sunday;
```

注意：不能将其他值赋给枚举变量。例如：

```
workday = 10;            //错误,因为 10 不是枚举常量
```

如果要将一个整数赋值给枚举型变量,要通过数据类型强制转换来实现。例如:

```
workday = (Weekday)5;
```

5 强制转换为 Weekday 类型,是 Weekday 中枚举的第 6 个元素 Saturday。也可以在声明枚举类型时直接定义枚举类型的变量,例如:

```
enum{Monday,Tuesday,Wednesday,Thursday,Friday,Saturday,Sunday}workday;
```

枚举型变量的值输出的是整数。如果要显示字符串,需要自定义输出。

3. 自定义枚举量的值

前面讲到通过定义,枚举元素 Monday、Tuesday 等的值默认分别为 0～6。此外,还可以显式的设置枚举元素的值:

```
enum Week {Monday=1,Tuesday=2,Wednesday=3,Thursday,Friday,Saturday,Sunday};
```

注意:指定的值必须是整数。

可以只显式定义一部分枚举元素的值,未被初始化的枚举元素的值默认将依次加 1。

【例 9-18】 口袋中有红、黄、蓝、白、黑 5 种颜色的球若干。每次从口袋中任意取出 3 个球,问得到 3 种不同颜色的球的可能取法,输出每种排列的情况。

算法分析:定义字符串数组 s 保存要输出的 5 种颜色字符串。定义枚举型 Color 枚举 5 种颜色。3 重循环穷举出所有可能的组合,输出并计数统计。注意循环变量 i 是 Color 类型,C 语言允许 i++,而 C++ 中必须显式类型转换如 i=Color(i+1)。

主要代码段如下:

```
char s[5][10]={"red", "yellow", "blue", "white", "black"}; //颜色
typedef enum color {red,yellow,blue,white,black}Color;     //声明枚举类型 Color
int cnt = 0;                                              //定义 cnt 统计不同颜色的组合数
for (Color i = red; i <= black; i=Color(i+1))             //当 i 为某一颜色时
    for (Color j = red; j <= black; j=Color(j+1))         //当 j 为某一颜色时
        if (i !=j) {                                      //若前两个球的颜色不同
            for(Color k=red; k<=black; k=Color(k+1))             //检查第 3 个球颜色
                if ((k!=i) && (k!=j)) {                   //3 个球的颜色都不同
                    cnt++;                                //找到 1 个,使累计值 cnt 加 1
                    cout << setw(3) << cnt;               //输出 n 的值
                    cout << setw(8) << s[i];              //输出颜色 i
                    cout << setw(8) << s[j];              //输出颜色 j
                    cout << setw(8) << s[k];              //输出颜色 k
                    cout<<endl;
                }                                         //if((k!=i) && (k!=j))结束
        }                                                 //if(i!=j)结束
cout << "total:" << cnt << endl;                          //输出符合条件的组合的个数
```

如果不用枚举常量,而用常数 0 代表红色,1 代表黄色……也可以。但显然用枚举常量更直观,因为枚举常量都选用了令人见名知义的标识符,而且枚举变量的取值被限制在定义时规定的几个枚举常量(枚举元素)范围,如果赋予枚举变量一个其他的值,就会出现出错信息,便于检查。

9.6.2 C++的枚举类

C++中新增枚举类 enum class。与 C 的枚举类型 enum 相比,enum class 可以拥有类的构造函数、成员函数等类的功能,具有更好的类型安全性和类的作用域等特点。

【例 9-19】 枚举类的应用示例。

```
#include<iostream>
#include<iomanip>
using namespace std;
enum class Color { Red = 0xFF0000,Green = 0x00FF00,Blue = 0x0000FF,
                   White = 0xFFFFFF, Black = 0x000000 };
int main() {
    Color c1 = Color::Red, c2 = Color::Green;
    cout << "Red: " << hex <<  static_cast<int>(c1) << endl;
    cout << "Green: " << static_cast<int>(c2) << endl;
    return 0;
}
```

这个示例中定义了一个名为 Color 的枚举类,它包含了 5 种颜色。每种颜色都被赋予了一个十六进制的整数值,这样可以更直观地表示颜色。程序中声明 Color 型的变量 c1 与 c2,并分别赋值为 Red 与 Green。输出时,使用 static_cast<int>将枚举值转换为整数,并以十六进制输出颜色值。

9.7 实用知识:C++的 string 类

前面介绍的字符数组是 C 语言的处理方法,操作过程中要注意存储细节,如数组下标越界等。C++定义了标准 string 类,提供了成员函数实现字符串处理。因此,C++中可以将使用 string 类的成员函数实现字符处理,而无须关心其内部的实现细节。

要使用 string 类,必须先包含 std 命名空间的头文件 string:

```
#include<string>
using namespace std;
```

9.7.1 string 类对象的定义

string 类的对象在定义的同时可以初始化。例如:

```
string s1;                                  //默认构造函数创建空字符串 s1
string s2("hhh");                           //从 C 风格字符串 str 创建 s2
string s3 = "hhh";                          //从 C 风格字符串 str 创建 s3
char str[] = "hhh";  string s4(str);        //从 C 风格字符串 str 创建 s4
string s5 = s4;                             //利用已知的 string 对象 s4 创建 s5
string s6(3,'h');                           //创建有 3 字符 h 组成的字符串 s6
```

以上例子中定义了 6 个 string 对象,其中 s1 是空字符串,s2~s6 初始值均为"hhh"。

9.7.2　string 类成员函数

例如定义“string s1＝"hello",s2＝"lo";”则 string 类的常用的成员函数应用如下。

(1) s1.size()：返回 s1 中字符的个数 5。

(2) s1.length()：等同于 size()。

(3) s1.empty()：返回 true 或 false,检查字符串是否为空,非空为 false 即 0。

(4) s1.substr(3,2)：返回从 s1 的第 3 个字符开始的 2 个字符串"lo"。

(5) s1.at(0)：返回 string 类对象中下标为 0 的字符'h',如果 index 越界则程序会非正常中断。等同于 s1[0]。例如 s1.at(10)会出现运行错误：'std::out_of_range' what()：basic_string::at：__n(which is 10) >= this->size() (which is 5)。

(6) s1.insert(0,s2)：在 s1 的下标为 0 处插入 s2,执行后 s1 的值从"hello"变为"lohello"。

(7) s1.append(s2)：在 s1 的末尾添加 s2,执行后 s1 的值从"lohello"变为"lohellolo"。append 方法有多个重载,可以只添加子串,如 s1.append(s2,0,1)、s1.append(s2,1)、s1.append(5,s2[1])等。

(8) s1.erase(1,2)：将 s1 中从下标 1 开始的两个字符移除,返回移除后的字符串本身。执行后 s1 的值从"lohellolo"变为"lellolo"。第 2 个参数默认为字符串末尾。

(9) s1.find(s2)或 s1.rfind(s2)：返回 s1 中第一次出现或最后一次出现 s2 的位置,例如"lo"在"lellolo"首次出现的位置是 3,最后出现的位置是 5。如果没有找到,返回一个特别的标记 npos,它是 string 类中的静态成员常量,值为 size_t 的最大值。

判断是否找到子串可以使用如下语句：

```
size_t pos = s1.find(s2);
if(pos != string::npos)                  //string::npos 表示 string 类的成员 npos
    cout << pos;
else
    cout << "not found";
```

(10) s1.find_first_of(s2)/s1.find_last_of(s2)：查找 s1 首次找到或最后找到 s2 中任意字符的位置。如果没有找到,返回 npos。例如,"lellolo"的第一个字符'l'是 s2 中的字符,下标为 0,最后一个字符'o'是 s2 中的字符,下标为 6。

此外,还有 s1.find_first_not_of(s2) / s1.find_last_not_of(s2)的作用是查找第一次出现或最后一次出现的不属于 s2 的位置。例如,"lellolo"第一次不出现'l'和'o'的字符是'e',下标为 1;最后一次不出现'l'和'o'的字符是也'e',下标为 1。

【例 9-20】 删除字符串首尾的空格。

算法分析：使用 find_first_not_of(" ")找到字符串头部第一次非空格的位置 first,使用 erase(0,first)删除头部全部空格。类似地,使用 find_last_not_of(" ")找到字符串尾部第一次非空格的位置 last,使用 erase(last+1)删除尾部全部空格。

主要代码段如下：

```
string str = "   hello world   ";
str.erase(0, str.find_first_not_of(" "));
str.erase(str.find_last_not_of(" ")+1);
cout << str << ",size=" << str.size();          //输出 hello world,size=11
```

【例 9-21】 使用计算机进行文本编辑时常见的功能是剪切和粘贴。请模拟实现将文本"Keep on going never give up."第 1 个字符开始的 14 个字符剪切,然后粘贴到文本的末尾。粘贴后的文本为:"never give up.Keep on going"。

算法分析:首先保存要剪切的子串,然后将这些字符从字符串 s 中移除,再将保存的子串插入到字符串 s 的末尾,也就是 s.size()或 s.length()的返回值。需要注意的是,string 字符串的下标从 0 开始,因此要对题干中的第 1 个字符改为下标 0 开始。

主要代码段如下:

```
string s = "Keep on going never give up.";
string s_tmp = s.substr(0,14);
s.erase(0,14);
s.insert(s.size(), s_tmp);
```

9.7.3 string 类的运算符

string 类中重载了常用的赋值运算符(=、+=)、比较大小运算符(==、!=、>、<等)、连接运算符(+),使用 string 类型的对象可以像基本数据类型一样。

【例 9-22】 string 类操作符举例。

```
#include<iostream>
#include<string>
using namespace std;
int main(){
    string s1 = "hello";
    string s2("hi");
    if(s1 == s2)
        cout << "s1=s2\n";
    else{
        s1 += "," + s2;                  //等价于 s1=s1.append(",").append(s2);
        cout << "s1=" << s1 << endl;
        cout << "s2=" << s2 << endl;
        cout << (s1<s2?"s1 小于 s2":"s1 大于 s2") << endl;
    }
    return 0;
}
```

运行结果如下:

```
s1=hello,hi
s2=hi
s1 小于 s2
```

9.7.4 string 类对象的输入与输出

string 类对象的输入与输出类似于字符数组。可以使用>>运算符输入一个字符串,以空格或回车结束;使用<<运算符输出一个字符串。

如果要输入一行包含空格的字符串,要使用 getline 函数。函数声明为:

```
istream& getline(istream& is,string& str [,char delim]);
```

与 cin.getline 不同，getline 函数没有读取字符数量限制。其中，参数 is 的实参一般是标准输入设备 cin，参数 delim 指分隔符，默认是换行符'\n'。函数将接收的字符串忽略分隔符后写入参数 str 中后返回 is 对象，可以继续进行下一个输入。

【例 9-23】　string 类对象的输入与输出示例。

阅读下面的代码段：

```
string s1, s2;
cin >> s1;
getline(cin,s2);
cout << "s1=" << s1 << endl;
cout << "s2=" << s2 << endl;
```

运行结果如下：

```
how are you↙
s1=how
s2=are you
```

s1 接收了第一个空格之前的字符"how"，s2 接收了空格直到换行符的其余字符。

9.7.5　string 与其他类型转换

1. 其他值转换为 string

(1) 字符串或字符数组可以直接赋值或初始化给 string 对象。例如：

```
char a[]="how are you";
string s1 = a;   或   string s1(a);
```

(2) 数值可以用 string 类的 to_string 方法转换为 string。例如：

```
double n = 5.23;
string s2 = to_string(n);
```

2. string 转换为其他值

(1) string 类的 c_str 方法返回一个指向正规 C 语言字符串的指针。例如，“string s="hello";”，则 s.c_str()就是 char * 类型，可以复制给字符数组。

【例 9-24】　将一个 string 类字符串复制到一个字符数组中。

算法分析：C 语言的标准库 string.h 中的字符串处理函数 strcpy()允许将一个字符串复制到另一个字符数组中，而 strncpy()允许将一个字符串的若干字符复制到另一个字符数组中。

代码段如下：

```
string s="hello";
char a[10];
strcpy (a, s.c_str());                  //将字符串 s 全部复制到字符数组 a 中
cout << a <<endl;                       //输出结果是 hello
strncpy (a, s.c_str(), 3);              //将字符串 s 的前 3 个字符复制到字符数组 a 中
```

(2) string 提供一系列函数实现转换为相应数值类型，例如 stoi(转换为 int)、stol(转换为 long)、stroll(转换为 long long)、stod(转换为 double)等。例如：

```
string s2 = "5.23";
double n = stod(s2);
```

注意：C++标准库提供了 stringstream 类，它相比 string 在字符串与基本数据类型之间的转换、格式化输出以及字符串操作等方面更灵活且简化代码，请读者自学。

*9.7.6 C++ 正则表达式

1. 正则表达式简介

正则表达式(regular expression,re)是一种文本模式，使用单个字符或字符组合组成一个特殊的字符串，具有强大的搜索、替换、提取等文本处理功能，被广泛应用于各种计算机语言，例如 C++、Python、Java、JavaScript、C#等语言；在文本编辑器、日志解析、表单验证、网络爬虫等方面都有广泛引用。

正则表达式包括普通字符和一些元字符。普通字符指字母、数字和符号等字符，它们按字面意义匹配；元字符具有特殊的含义，表 9-2 列出一些基本的元字符和简短描述。

表 9-2 正则表达式的部分元字符和描述

元字符	描 述	元字符	描 述
.	匹配除\n\r 之外的任意单个字符	[]	匹配方括号内的任何字符
^	匹配输入字符串的开始位置	()	将多个表达式组合成一个子表达式
$	匹配输入字符串的结束位置	|	匹配两种模式中的任意一个
{n}	匹配确定的 n 次	*	匹配零次或多次
{n,}	至少匹配 n 次	+	匹配一次或多次
{n,m}	最少匹配 n 次且最多 m 次	?	匹配零次或一次

例如：

(1) [A-Za-z_][[A-Za-z0-9_]*。表示标识符模式，第一个字符可以是大小写字母或下画线，后面有 0 或多个字符，字符允许是大小写字母、数字和下画线。

(2) ^[0-9]{17}[0-9Xx]$。表示 18 位的身份证号码模式，前 17 位是数字字符 0-9，第 18 位可以是 0-9 或大小写 x。

(3) ^[0-9]{3}-[0-9]{4}-[0-9]{4}$。表示这样的电话号码模式，由 3 组数字字符组成，使用连字符-连接。数字字符长度分别为 3、4、4，例如 010-8232-1234 正确。

C++11 通过 std 命名空间的标准库<regex>头文件支持正则表达式，使用 std::regex 类进行初始化一个正则表达式对象，用于匹配文本操作。下面介绍几个常见的应用。

注意：C 语言标准库中没有内置正则表达式支持，但是可以通过使用第三方库来实现。例如，POSIX 标准在<regex.h>头文件中提供了 regcomp、regexec、regfree 等函数进行正则表达式的编译、匹配和销毁等功能；GNU 项目在<regex.h>头文件中也提供了更丰富的正则表达式语法支持和功能，比 POSIX 标准更加强大和灵活；PCRE 在<pcre.h>头文件提供性能更好、功能更加丰富的正则表达式语法。

2. regex 匹配

C++ 使用 regex 头文件中的 regex_match 函数匹配字符串是否与正则表达式完全匹配。函数主要有两个重载函数，声明如下：

```
bool regex_match(const string& s, const regex& e);
bool regex_match(const string& s, smatch& m, const regex& e);
```

参数 s 是要进行匹配的输入 string，regex 对象 e 代表正则表达式，两者之间可以增加一个 smatch 对象 m，用于存储匹配或查找的结果。函数返回一个布尔值，指示是否找到匹配，如果字符串完全匹配则返回 true。例如：

```
string text = "_my_var_2";
regex pattern("^[A-Za-z_][[A-Za-z0-9_]*");        //定义了正则表达式
bool result = regex_match(text,pattern);          //text 匹配 pattern，值为 true
```

3. regex 搜索

如果想要在字符串中搜索正则表达式的一部分，要使用搜索功能。C++ 使用 regex 头文件中的 reg_search 实现，搜索的结果保存到 smatch 对象中。函数原型声明与 regex_match 相同，函数返回布尔值，只要找到任何匹配的子串，就会返回 true。

例如：

```
#include<iostream>
#include<regex>
#include<string>                                   //C++的字符串类
using namespace std;
int main() {
    string text = "abc123def456ghi";
    regex pattern("[^0-9]");                       //正则表达式"非数字"
    smatch match;                                  //创建 smatch 对象接收结果
    if(regex_search(text,match,pattern)) {         //text 中包括正则表达式
        cout << "Match found: " << match.str();    //输出匹配的第一个字符
    } else {
        cout << "No match found.";
    }
    return 0;
}
```

运行结果如下：

```
Match found: a
```

说明：正则表达式"[^0-9]"表示匹配任何不是数字的字符，其中^是元字符，表示"非"。regex_search 在字符串中搜索匹配的部分，找到了就返回 true。第一个匹配结果是字符'a'，match 对象存储了匹配结果，使用 match.str()将其输出到控制台。

如果要输出所有匹配的内容，可以使用迭代器 sregex_iterator 来遍历所有的匹配 string 结果(迭代器概念见第 10 章)。例如下面的代码段：

```
sregex_iterator iter(text.begin(), text.end(), pattern);
sregex_iterator end;
while (iter != end) {
```

```
    cout << "Match found: " << iter->str() << ",";
    ++iter;
}
```

4. regex 替换

C++ 使用 regex 头文件中的 regex_replace 实现替换，它将所有匹配正则表达式的子串都替换为指定的替换字符串。函数主要包括 3 个参数：字符串、正则表达式、替换子串，返回替换后的字符串。例如：

```
string text = "hello world!";
regex pattern("a|e|i|o|u");
string result = std::regex_replace(text, pattern, "*");
cout << text << "," << result;
```

输出结果为 hello world!,h*ll* w*rld!。regex_replace 并没有修改 text 字符串，而是生成一个新的字符串，新串中将 text 所有的元音字母都替换为 *，保存到 result。

9.8 自定义类型的综合应用

9.8.1 自定义日期类

【例 9-25】 自定义日期类，实现日期的基本功能。

日期类型需要保存年月日，输出格式为 YYYY-MM-DD。该类实现的功能包括：利用构造函数实现日期的初始化、设置年月日、返回年月日等基本的输入与输出功能，以及判断是否是合法日期、是否是闰年、计算两个日期差等日期功能。

1. 一个简单的日期类的定义

```
class Date{
public:                                           //公有成员
    Date(int year = STARTYEAR, int month = 1, int day = 1);          //构造函数
    void SetDate(int year = STARTYEAR, int month = 1, int day = 1);  //设置年月日
    void SetCurrDate();                           //将 Date 对象设置为当前系统日期
    char* GetString();                            //返回 Date 输出字符串"YYYY-MM-DD"
    int GetYear() const {return year;}            //返回年
    int GetMonth() const {return month;}          //返回月
    int GetDay() const {return day;}              //返回日
    bool IsValid() const;                         //当前 Date 对象是否是合法日期
    bool IsLeap() const;                          //当前 Date 对象是否是闰年
    int GetDaysOfCurrYear() const;                //返回到当前年份的天数(从 1 月 1 日开始)
    int Date::GetDaysOfStartYear() const          //返回 STARTYEAR 到当前对象的天数
    int GetDiffDays(Date& D) const;               //返回当前对象到 Date 对象 D 的天数之差
    const static int STARTYEAR = 1900;            //静态成员,属于类,所有对象共享
private:                                          //私有成员
    int getMonthDays(int month) const;            //获得该年度某个月的最大天数
    int year;
    int month;
    int day;
    char str[12];                                 //日期 YYYY-MM-DD
};
```

在类的外部定义每个方法的具体实现，与函数定义类似，但是需要在每个函数名前面加上 Date::，表示它是 Date 类中定义的方法。每个方法的函数体内部都可以直接访问类中所有的成员，包括公有成员和私有成员。每个方法被 Date 对象调用时，操作的是该对象的成员所在的内存空间。例如：

```
Date D;                          //调用构造函数初始化 Date 对象 D,值为 1900-01-01
cout<< D.GetYear();              //返回 D 的 year 成员值,输出 1900
```

因此，定义类中每个方法时，允许直接使用 Date 的属性 year、month 等名字，也可以用 this->year 明确表示是当前调用方法的对象的属性。

2. 日期类的方法实现参考代码

日期类的方法中涉及获取当前系统日期的功能，要包含 ctime 库文件：

```
#include<ctime>
using namespace std;
```

(1) Date 类的对象初始化及赋值相关的方法实现参考代码如下。

```
Date::Date(int y , int m, int d) {              //构造函数初始化 Date 对象
    SetDate(y,m,d);                             //调用 SetDate()方法完成对象的初始化
}
void Date::SetDate(int y, int m, int d):year(y),month(m),day(d){      //设置年月日
    GetString();
}
void Date::SetCurrDate(){                       //将 Date 对象设置为当前系统日期
    time_t now = time(0);                       //以 C 语言的 time_t 类型变量 now 保存当前
                                                //系统时间
    struct tm * tt = localtime(&now);           //定义结构体指针变量 tt 保存系统时间
    year = 1900 + tt->tm_year;                  //当前系统的年份
    month = 1 + tt->tm_mon;                     //当前系统的月份
    day = tt->tm_mday;                          //当前系统的日期
    GetString();
}
```

(2) Date 类的对象输出相关的方法实现参考代码：

GetYear、GetMonth、GetDay 的代码过于简单，只有一条 return 语句，可以直接写在类的声明中，也可以写在外部。

GetString 函数返回 Date 的字符串 YYYY-MM-DD 常量形式，因此返回类型是 char *，返回字符数组 str 的首地址，使用 C 语言的 sprintf 库函数生成格式字符串，输出到 str 数组中。参考代码如下：

```
char* Date::GetString(){             //日期格式为 YYYY-MM-DD,不足位数填充 0
    sprintf(str,"%04d-%02d-%02d",year,month,day);
    return str;
}
```

(3) 定义运算符重载函数输出 Date 值：

```
ostream& operator<< (ostream &os, const Data * d) {
    os << GetString << endl;
}
```

3. 测试日期类

设计 main 函数,实现 Date 类的对象创建、Date 类的对象的公有成员的调用及输出。参考代码如下:

```
int main(){
    Date D1;
    D1.SetCurrDate();
    cout << D1.GetString() << endl;
    Date D2;
    cout << "初始: " << D2;
    D2.SetDate(2025,3,31);
    cout << ",更新为: " << D2 << endl;
    cout << "日期有效(1有效,0无效): " << D2.IsValid() << endl;
    cout << D1.GetYear() << "年已过" << D1.GetDaysOfCurrYear() << "天"<< endl;
    cout << "与" << D2 << "相差" << D1.GetDiffDays(D2) << "天";return 0;
}
```

运行结果如下:

```
2024-08-05
初始: 1900-01-01,更新为: 2025-03-31
日期有效(1有效,0无效): 1
2024年已过218天
与2025年3月31日相差238天
```

9.8.2 自定义类型数据的文件读写

结构体或类等自定义类型的数据一般使用二进制模式读写文件读写。

【例9-26】 实现一组 Student 结构体数据的读写。

(1) 自定义 writeToFile 函数,形参包括文件名 filename、结构体数组 stu、数组个数 n。函数功能是将数组 stu 前 n 个元素值,利用 ofstream 流对象的 write 方法写入 filename 文件中。参考代码如下:

```
void writeToFile(const char* filename, Student stu[], int cnt) {
    ofstream file(filename, ios::binary);        //二进制模式打开 filename
    if (file.is_open()) {
      file.write(reinterpret_cast<const char*>(stu),sizeof(Student) * cnt);
      file.close();
      cout << "Write successfully." << endl;
    } else {
       cout << "Unable to open file." << endl;
    }
}
```

(2) 自定义 readFromFile 函数,形参包括文件名 filename、结构体数组 stu、数组个数 n。函数功能是将文件中的数据按 Student 字节大小读到数组 stu 中,n 是读到的元素个数,因此定义为引用型。参考代码如下:

```
void readFromFile(const char* filename, Student stu[], int& cnt) {
    ifstream file(filename, ios::binary);
```

```
    if (!file.is_open()) {
        cout << "Unable to open file." << endl;
        cnt = 0;
        return;
    }
    cnt = 0;
    while(file.read(reinterpret_cast<char * >(&stu[cnt]),sizeof(Student))){
        cnt++;
}
    file.close();
    cout << "Read successfully." << endl;
}
```

(3) 数组示例。

```
const char * filename = "students.bin";
struct Student stu[3]={{1001,"Zhang San",'F',{2000,1,5}},
                       {1002,"Li Ming",'M',{1998,12,15}},
                       {1003,"Zhao Ying",'F',{1999,5,12}}};
writeToFile(filename, stu, 3);
Student readStu[10];
int n;
readFromFile(filename, readStu, n);
Output(readStu, n);
```

运行结果如下：

```
序号,学号,姓名,性别,出生日期,年龄
-----------------------------------
1001,Zhang San,F,2000-1-5,24
1002,Li Ming,M,1998-12-15,26
1003,Zhao Ying,F,1999-5-12,25
```

9.9 练习与思考

9-1 构造一个 Point 类，保存两个点的坐标值，实现点的坐标设置、显示、移动、计算两点间距离等功能以及必要的构造函数。

9-2 构造一个分数类 Fraction，保存分子(int)、分母(int)、值(double)、标记位(bool)。分母必须是正整数，如果分母是负数要调整分子和值的符号，如果分母为 0 则分数标记为 false。要求定义必要的构造函数、设置分数、输出分数、分数的四则运算等成员函数。

9-3 构造一个矩形类 Rectangle，保存左上角和右下角的点坐标，成员函数包括求出矩形的长、宽、面积等功能，还要有必要的构造函数、输出等功能。定义一个正方形类 Square，实现同样的功能。正方形是特殊的矩形，长和宽相同。

9-4 使用 string 实现一个简单的文本处理工具，包括子串的查找、替换、剪切、复制、统计等功能。

9-5 下列关于类和对象的叙述中，错误的是(　　)。

A. 一个类只能有一个对象

B. 类是对某一类对象的抽象

C. 对象是类的具体实例

D. 类和对象的关系是一种数据类型和变量的关系

9-6 当创建一个类对象时,系统自动调用(　　)并给予对象的数据成员进行初始化。

A. 构造函数　　B. 析构函数　　C. 静态函数　　D. 友元函数

9-7 A 是一个类,下面语句执行时会调用(　　)次 A 类的构造函数。

```
A a1[2];
A &pa = a1;
```

A. 0　　B. 1　　C. 2　　D. 3

9-8 C++ 中,系统自动为一个类生成默认构造函数的条件是该类没有定义任何(　　)。

A. 构造函数　　B. 成员函数

C. 有参构造函数　　D. 无参构造函数

9-9 已知类声明:"classA{ int a;};",则类 A 的数据成员 a 的访问权限是(　　)。

A. public　　B. protected　　C. private　　D. 不确定

9-10 已知类定义如下:

```
class Test{
public:
    void Set(double val);
private:
    double value;
};
```

则在类外对 Set 成员函数的正确定义是(　　)。

A. void Test::Set(double val) {value=val;}

B. void Set(double val) {value=val;}

C. void Test.Set(double val) {value=val;}

D. Test::void Set(double val) {value=val;}

9-11 赋值运算符重载的函数名是(　　)。

A. =　　B. =operator　　C. operator=　　D. operator(=)

9-12 已知枚举常量定义如下:

```
enum Calc{ plus, minus, multiply = 5, divide, square = 10 };
```

则下列叙述中,(　　)是错误的。

A. plus 的值是 1　　B. minus 的值是 1

C. divide 的值是 6　　D. multiply 的值是 5

9-13 "typedef double real;"的含义是(　　)。

A. 定义 double 类型变量 real

B. 定义 real 类型的变量 double

C. 将 real 声明为 double 类型的别名,real 的使用和 double 一致

D. 将 double 声明为 real 类型的别名,double 的使用和 real 一致

9-14　定义一个结构体变量时,系统为它分配的内存空间是(　　)。

A. 结构体类型定义时的各成员所需内存容量之和(每个成员对齐的容量之和)

B. 结构体类型定义时的各成员所需内存的最大值

C. 结构体类型定义时的第一个成员所需内存大小

D. 结构体类型定义时的最后一个成员所需内存大小

9-15　根据下面的结构体数组定义：

```
struct Stu{
    char name[9];
    int age;
} p[5]={"John",18,"Iris",19,"Mary",17,"Jack",16};
```

能输出 Mary 的语句是(　　)。

A. printf("%s\n",p[1].name);　　B. printf("%s\n",p[3].name);

C. printf("%s\n",p[2].name);　　D. printf("%s\n",p[0].name);

第10章 指针进阶应用

在之前的章节中已介绍了指针的基本操作。本章进一步介绍更多的内存管理与算法的高级编程实践，包括函数指针和函数对象、动态内存分配、智能指针，以及指针在链式数据结构的应用，并介绍了 C++ 标准算法库中的一些通用函数，学习更多高效的操作。

10.1 void * 指针

void * 指针是一种通用指针类型，可以指向任何类型的对象。void 表示没有类型，void * 指针没有具体的数据类型，因此它不能直接解引用来访问数据，但可以被转换为任何类型的指针。例如：

```
int a = 5;
void * p;
p = &a;
int * p2 = (int * )p; //类型转换
cout << * p;          //[Error] 'void * ' is not a pointer-to-object type
cout << * p2;         //输出 5
```

void * 指针经常被应用在函数参数和返回类型，以允许函数接收或返回不同类型的数据。此外，在动态内存分配、文件读写、通用数据结构与算法等场景中都有广泛的应用。

(1) void * 参数传参。当一个函数需要接受不同类型的指针时，可以将参数类型定义为 void * 。函数体中要显式转换指针类型，调用者传参时传递相应的指针类型。

(2) 返回 void * 指针。当一个函数需要返回任意类型的数据时，返回 void * 类型的指针。void 体现了一种抽象，调用者需要根据上下文显式转换 void * 指针为合适的类型。

【例 10-1】 void * 指针作为函数形参的示例——利用 bsearch 函数查找数组元素。

C 标准库的 bsearch 函数的作用是在数组中寻找某元素是否存在。函数原型声明为：

```
void * bsearch(const void * key, const void * base, size_t nmemb, size_t
size, int( * compar)(const void * , const void * ));
```

其中,key 指向要匹配的元素,base 指向要搜索的数组,两者都是 const void *,表示指向通用类型对象且只读,nmemb 表示数组 base 的元素个数,size 表示每个元素占的字节,compar 是一个指向函数的指针,该函数的形参为 const void *, const void *,与自定义的 cmp_int 与 cmp_char 函数的形参相同。这两个自定义函数可以作为实参传递给 compar。自定义函数如下:

```
int cmp_int(const void* a, const void* b){            //比较两个整数
    int *x = (int *)a;
    int *y = (int *)b;
    return *x - *y;
}
int cmp_char(const void* a, const void* b){           //比较两个字符
    char *x = (char *)a;
    char *y = (char *)b;
    return *x - *y;
}
```

利用 bsearch 函数查找并输出某值在数组中的下标。例如:

```
const int N = 5;
int arr[N] = { 5, 20, 30, 35, 50 },  key = 35;
int *loc = (int*) bsearch(&key, arr, N, sizeof (int),cmp_int);
cout << *loc << ",index = "  << loc-arr << endl;        //输出 35,index = 3
char arr2[] = "hello", key2 = 'o';
char *loc2 = (char *) bsearch (&key2, arr2, strlen (arr2), sizeof (char), cmp_
char);
cout << *loc2 << ",index = "  << loc2-arr2 << endl;   //输出 o,index = 4
```

调用 bsearch 函数时,要查找的是 int 型数组 arr 中是否有 key,匹配元素时调用 cmp_int 函数实现;而要查找的是 char 型数组 arr2 中是否有 key2 时,匹配元素时调用 cmp_char 函数实现。bsearch 函数中的形参和返回值通过 void * 实现了抽象的查找功能。

C++ 引入了 std::unique_ptr<void>和 std::shared_ptr<void>,这些智能指针类型提供了 void* 的功能,同时增加了自动内存管理的优势。使用智能指针可以避免手动管理内存,减少内存泄漏的风险。智能指针见 10.3.4 节。

10.2 函数指针与函数对象

函数指针与函数对象都可以将函数作为对象来使用,进而实现函数调用的功能。但它们的使用方式和特性有所不同。

10.2.1 函数指针

C&C++ 中都可以使用函数指针。它是指向函数的指针,可以存储函数的地址,并允许通过指针调用该函数。定义语法为:

类型名 (*指针变量名) (函数参数列表)

指针变量名只能指向与定义格式相符的函数,将函数名赋值给指针变量。例如:

```
int max(int a,int b) { return a > b ? a : b; }
int min(int a, int b) { return a < b ? a : b; }
int add(int a, int b) { return a + b; }
int (*p)(int a,int b);              //定义函数指针变量p,可指向int (int a,int b)的函数
p=max;                              //赋值,p指向max,max与p定义指向的函数格式相同
(*p)(3,5);                          //通过p调用max函数,等价于max(3,5);
p=min;                              //赋值,p修改为指向min
(*p)(3,5);                          //通过p调用min函数,等价于min(3,5);
```

函数指针的主要用途是将函数作为参数传递给其他函数,实现更灵活的编程。例如对于已定义的max和min函数,设计一个通用的函数calc:

```
int calc(int a, int b, int (*pm)(int a, int b)) {
    return(*pm)(a,b);
}
int a = calc(3,5,max);          //a的值为5
int b = calc(3,5,min);          //b的值为3
int x = calc(3,5,add);          //x的值为8
```

【例10-2】 依次执行自定义函数max、min、add并输出结果。设计一个菜单,根据用户选择执行结果。

算法分析:定义一个指针数组,每个元素都指向一个int (int,int)的函数。循环访问数组,依次输出了每个函数的调用结果。接下来定义一个菜单,用户输入菜单选项(是指针数组下标),然后根据菜单选项找到指针数组中的元素,即要执行的函数名,执行函数。参考代码如下:

```
int (*p[])(int a, int b) = {NULL,max,min,add};
for(int i=1; i<sizeof(p)/sizeof(int *); i++)
    cout << calc(3,5,p[i]) << " ";         //输出5 3 8
cout << " 1-较大值  2-较小值 3-和,输入要执行的选项(1~3):";
int key;
cin >> key;
cout << calc(3,5,p[key]);
```

10.2.2 函数对象

在C++中,函数对象(function object)是一个重载了函数调用运算符operator()的类。通过这种方式,函数对象可以像普通函数一样被调用。

下面是一个简单的函数对象示例:

```
class Add {             //定义一个加法函数对象
public:
    int operator()(int a, int b) {  return a + b;  }
};
```

调用示例:

```
Add add;
int result = add(3, 5);            //结果为8
```

在这个例子中,Add是一个函数对象类,它重载了operator()方法来实现加法运算。使用时,创建Add对象add,然后调用它就像调用一个普通函数一样。

函数对象可以携带数据成员，从而可以实现更复杂的逻辑。比普通函数更加灵活和强大。函数对象也可以作为其他算法的参数传递，从而实现更高级的功能组合。

C++ 标准库中，<functional>头文件定义了一系列常用的函数对象，包括常用的算术运算、关系运算、逻辑运算等类型，这些函数对象可以作为算法函数的参数，实现更灵活的定制化操作。

(1) 算术运算函数对象包括：plus 对应加法运算 x＋y、minus 对应减法运算 x－y、multiplies 对应乘法运算 x * y、divides 对应除法运算 x/y、modulus 对应取模运算 x％y、negate 对应取负运算－x。例如：

```
int a[5] = {1,5,2,3,4};
transform(a,a+5,a,negate<int>());
```

transoform 是<algorithm>中的函数，用于将容器[a,a＋5)范围的元素取负运算，并将转换结果写入 a 开头的位置。执行后的 a 为－1，－5，－2，－3，－4。

(2) 关系运算函数对象包括：greater 对应 x＞y 的比较运算、less 对应 x＜y、greater_equal 对应 x＞＝y、less_equal 对应 x＜＝y、equal_to 对应 x＝＝y、not_equal_to 对应 x!＝y。例如：

```
int a[5] = {1,5,2,3,4};
sort(a, a+5);                    //将 a 中 5 个元素升序排序，a 变为 1,2,3,4,5
sort(a,a+5,greater<int>());      //将 a 中 5 个元素降序排序，a 变为 5,4,3,2,1
```

sort 是<algorithm>中的函数，用于实现容器中的[a,a＋5)元素排序。对于容器中的元素，每个元素与其后面元素按第 3 个参数的比较运算，默认排序规则是运算符<，greater<int>()则将两个元素按>比较，实现降序排序。

更多的函数对象在<algorithm>头文件中的算法的应用示例，见 10.6 节。

10.3　动态内存分配与回收

动态内存分配(dynamic memory allocation)指在程序执行过程中动态地分配或者回收存储空间。系统允许程序在执行中根据需要分配内存，由程序决定何时回收内存。

10.3.1　栈内存与堆内存

1. 静态存储与内存的栈

变量大部分时候都默认保存在内存的栈(stack)中，由系统自动分配和释放。编译器在编译时可以根据该变量的类型知道所需内存空间的大小，从而由系统在适当的时候为它们分配确定的存储空间，这种内存分配称为静态存储分配。

2. 动态存储与内存的堆

有些操作对象只在程序运行时才能确定，这样编译时就无法为它们预定存储空间，只能在程序运行时，由系统根据运行时的要求进行内存分配，这种方法称为动态存储分配。所有动态存储分配都在堆(heap)中进行。

当程序运行到需要一个动态分配的变量或对象时，必须向系统申请取得堆中的一块相应大小的存储空间，用于存储该变量或对象；当不再使用该变量或对象时，也就是它的生命期结束时，要显式地释放它所占用的存储空间，这样系统就能对该堆空间进行再次分配，做到重复使用有限的资源。

堆和栈是内存用来存储不同性质用户数据的区域,具有不同的性质和用处。

C 语言中使用 stdlib.h 头文件中的 malloc 与 free 函数实现内存的动态分配内存与释放。在 C++ 中,可以使用 new 运算符动态地分配内存,用 delete 运算符释放这些内存空间。注意,new 和 delete 是运算符不是函数,执行效率高,而且相比 malloc 与 free 函数能提供更安全和方便的内存管理。

10.3.2 在 C++ 中动态分配内存

1. 用 new 动态分配内存

new 运算符返回的是一个指向指定类型变量的指针。动态创建的变量都是通过该指针来间接操作的,而且动态创建的变量或对象本身没有名字。

new 运算符使用的一般形式为:

```
指针变量名 = new  数据类型 (初始值);
指针变量名 = new  数据类型 [下标表达式];
```

其中:(1) 指针变量名是一个合法的标识符,其数据类型与 new 操作符后的数据类型一致。

(2) 数据类型可以是基本数据类型,也可以是自定义数据类型或类类型。

(3) 堆不会在分配时做自动初始化,所以可以用初始值来显式初始化该变量或对象。new 表达式的操作序列如下:从堆中分配一定的空间作为变量或对象,然后用括号中的初始值初始化该对象。

(4) [ ]用于动态分配数组,下标表达式不是常量表达式,即它的值不必在编译时确定。

new 运算符示例见表 10-1。

表 10-1 new 运算符举例

举　　例	说　　明
int *p_i=new int;	开辟一个存放整数的空间,返回一个指向该存储空间的地址(即指针),将返回的该空间的地址赋给指针变量 p_i
int *p_i=new int(100);	开辟一个存放整数的空间,并指定该整数的初值为 100,将返回的该空间的地址赋给指针变量 p_i
char *p_j=new char[10];	开辟一个存放字符数组(包括 10 个元素)的空间,返回首元素的地址,将该地址赋给指针变量 p_j
float *p_k=new float[5][4];	开辟一个存放二维单精度数组(大小为 5×4)的空间,返回首元素的地址,将该地址赋给指针变量 p_k

用 new 分配数组空间时不能指定初始值。如果由于内存不足等原因而无法正常分配空间,则 new 会返回一个空指针 NULL,用户可以根据该指针的值判断分配空间是否成功。

2. 用 delete 释放内存

要释放用 new 分配的空间,应该用 delete 运算符进行操作。

delete 运算符使用的一般格式为:

```
delete 指向变量(或对象)的指针变量名;
delete []指向数组的指针变量名;
```

其中：(1) 指向变量或对象的指针变量名和指向数组的指针变量名都是一个合法的标识符，且该指针变量名指向由 new 分配的变量、对象或数组的指针(地址)。

(2) 在指针变量名前面加[]，表示是对数组的操作。[]非常重要，如果 delete 语句中少了[]，编译器认为该指针是指向数组第一个元素的，会产生回收不彻底的问题(只回收了第一个元素所占空间)；加了[]后，就转化为指向数组的指针，回收的是整个数组所占空间。[]中不需要填数组元素个数，即使写了，编译器也会忽略它。

delete 运算符示例见表 10-2。

表 10-2　delete 运算符举例

举　例		说　明
new 运算符分配内存	delete 运算符释放内存	
int * p_i=new int;	delete p_i;	分配/释放一个整型数据的内存
char * p_i=new char[10];	delete []p_i;	分配/释放大小为 10 的字符数组的内存

执行 delete 操作后，只释放指针所指的内存，但并没有把指针本身释放，此时指针指向的就是"垃圾"内存(即已释放的堆内存)，该指针也就成了野指针。因此，释放后的指针应立即置为 NULL，防止产生野指针。

3. new 与 delete 的示例

【例 10-3】　动态增长数组长度示例。

虽然 C99 标准允许根据用户输入的长度定义数组，但是数组一旦定义以后，长度就是固定的，在运行中必须注意，当数组已满后不能再继续插入值。如果要实现运行中动态改变数组长度，要通过 new 动态分配内存，不用时要及时用 delete 回收内存。

源程序如下：

```
#include<iostream>
using namespace std;
int* ResizeArray(int p[], int size);
void Output(int p[], int size);
int main(){
    int size = 5;
    int *p = new int[size];           //定义指针变量 p 指向一个 size int 型数组
    int n = 0;                        //数组实际元素的个数
    while(1) {                        //不满,允许输入数据
        if(n >= size) {               //数组已满,扩充大小
            p = ResizeArray(p, size * 2);
            size = size * 2;
        }
        cin >> p[n];                  //输入一个整数
        if(cin.eof())
            break;
        n++;                          //长度加 1
    }
```

```
    cout << "数组的长度是: " << size << "\n";
    cout << "数组实际元素个数是: " << n << "\n";
    Output(p,n);
    delete[] p;
    return 0;
}
int* ResizeArray(int p[], int size){
    cout << "重新分配数组长度为" << size << "\n";
    int *q = new int[size];
    for(int i=0; i<size; i++)
        q[i] = p[i];
    delete[] p;
    return q;
}
void Output(int p[], int size){
    for(int i=0; i<size; i++)
        cout << p[i] << " ";
}
```

运行结果如下：

```
1 2 3 4 5
重新分配数组长度为 10
6 7 8 9 10
重新分配数组长度为 20
11 12 13 14 15 16
^Z
数组的长度是: 20
数组实际元素个数是: 16
1 2 3 4 5 6 7 8 9 10 11 12 13 14 15 16
```

10.3.3 含有动态内存分配成员的类

如果一个类的数据成员包括一个动态分配内存的指针变量,则在构造函数中要对该成员动态分配内存,析构函数中回收内存。例如,将第9章的Student类的name数据成员改为字符指针的定义,以及构造函数与析构函数：

```
class Student{
    char *name;
    …
};
Student::Student(int id, char *name,char sex,int age) {
    this->name = NULL;
    Set(id,name,sex,age);
}
void Student::Set(int i_ID,const char s_name[],char c_sex,int i_age)
    :ID(i_ID),sex(c_sex),age(i_age) {
    if(name != NULL) {                    //若指向堆则释放堆内存
        delete[] name;
        name = NULL;
```

```
    }else {
        name = new char[strlen(s_name)+1];
        strcpy(name, s_name);           //cstring 库函数: 字符串复制
    }
}
Student::~Student() {
    delete[] name;
}
```

构造函数的形参允许是同类对象的引用，称为拷贝构造函数。形式如：

```
Student(const Student &stu);
```

拷贝构造函数将形参 stu 的每个数据成员的值复制给 this 对象的数据成员，从而达到创建新对象时从源对象 stu 复制值。用户若未定义拷贝构造函数，系统会定义一个默认的拷贝构造函数。这样，“this->name = name;”的结果使得新对象与引用对象的 name 指向同一内存，被称为浅拷贝。一旦其中一个对象被释放，会调用该对象的析构函数释放内存，而另一个对象的 name 成为野指针。

因此，对于动态分配内存数据成员的类，必须要自定义拷贝构造函数，动态申请一块与形参源对象的动态内存相同大小的空间，然后再对空间的值依次复制，称为深拷贝构造函数。两个指针都指向自己对象动态分配的内存，结束后释放自己分配的空间。代码如下：

```
Student(const Student& other) {
    this->name = new char[strlen(other.name)+1];
    strcpy(this->name, other.name);
    …
}
```

注意：C++ 还提供了另外一种引用：&&，称为右值引用，即该引用仅作为右值被引用。利用右值引用的同类型对象作为形参的构造函数被称为移动构造函数，此时将形参的数据成员移动到当前对象的数据成员，这种移动不产生新的内存分配，而是直接将资源所有权转移到新对象，因此对于含有动态内存分配的成员的类，移动构造函数可以避免不必要的内存分配和复制操作，提高程序性能。如果类中的成员都是基本数据类型，使用任何一种形式没有区别。参考代码如下：

```
Student::Student(Student && other)  {
    name = move(other.name);
    …
}
```

move 函数是定义在 std 命名空间中 algorithm 文件的函数，表示将 other.name 的所有权转移给了当前对象的 name 成员。转移后，other.name 成为一个空指针。

10.3.4　malloc 与 free 函数

在 C 语言中只能使用 malloc 函数与 free 函数实现内存的动态分配与释放。

malloc 函数的原型声明是：

```
void *malloc(size_t size);
```

malloc 函数向系统申请分配 size 字节的内存空间。返回值类型是 void * 类型,void * 表示未确定类型的指针,可以强制转换为任何类型的指针。

例如:

```
int *p = NULL;
p = (int *) malloc(5 * sizeof(int));        //p指向一个包含5个int型内存空间的地址
```

使用 malloc 函数前,要包含 stdlib.h 文件。内存空间使用完毕后,要用 free 函数释放内存。free 函数的用法是:

```
free(p);                               //收回p指向的内存空间
```

C 语言中,也可以通过 realloc 函数重新分配新的内存,实现如例 10-3 的功能。

*10.4 C++的智能指针

智能指针是 C++中用于自动管理动态内存分配的一种机制,可以避免手动分配和释放内存的问题,从而减少内存泄漏等常见的内存管理错误。C++引入了更安全和更高级的智能指针,定义包含在<memory>头文件中,主要包括 3 种常用的智能指针类型。

注意:语言本身并没有内置智能指针的功能,有一些第三方库,如 stb_ds.h 和 ds.h,提供了 C 语言下的智能指针实现。

10.4.1 unique_ptr

unique_ptr 是 C++中最常见的独占式智能指针类型,即同一时间只能有一个 unique_ptr 对象指向某个动态分配的对象。当 unique_ptr 对象被销毁或重新分配时,它会自动释放所指向的内存,从而避免内存泄漏。unique_ptr 不能被复制,但可以被移动。

创建 unique_ptr 指针支持普通指针的 new 方法,C++ 14 开始支持使用 make_unique 方法。例如,定义一个智能指针 p,初始化时动态分配大小为 size 的内存,代码如下:

```
unique_ptr<int []> p(new int[size]);
unique_ptr<int []> p = make_unique<int[]>(size);
```

如果要重新动态分配 size * 2 的内存时,可以创建 tmp 智能指针,通过循环将 p 内存的所有元素值依次赋给 tmp,再利用 move 方法让 p 指向 tmp 指向的内存后 tmp 设为空指针。代码如下:

```
unique_ptr<int[]> tmp(new int[size * 2]);
for (size_t i = 0; i < size; i++)
    tmp[i] = p[i];
p = move(tmp);        //智能指针变量要用move转移所有权: p指向tmp,tmp设为空指针
size *= 2;
```

使用 unique_ptr 提高了安全性,能够自动管理内存,避免内存泄漏。此外代码简洁,避免了复杂的内存管理代码。符合现代 C++的编程范式。

10.4.2 shared_ptr

shared_ptr 是 C++中另一种常见的共享式智能指针类型,它允许多个 shared_ptr 对象

共享同一个动态分配的对象，并通过 use_count 成员函数返回的引用计数来自动管理内存，当最后一个 shared_ptr 对象被销毁时会自动释放所指向的内存。这种机制使得 shared_ptr 经常被用在并发编程中。语法上类似于 unique_ptr，但是支持复制。例如：

```
shared_ptr<int> ptr1(new int(5));  //创建 ptr1 指向 int
shared_ptr<int> ptr2 = ptr1;       //创建 ptr2 与 ptr1 共享一个对象
cout << ptr1.use_count() << "," << ptr2.use_count()<< endl;        //输出 2,2
ptr2.reset();                      //释放 ptr2 对对象的引用
cout << ptr1.use_count() << "," << ptr2.use_count();               //输出 1,0
```

10.4.3　weak_ptr

weak_ptr 是 C++ 中的弱引用智能指针，用于避免 shared_ptr 可能导致的循环引用问题。weak_ptr 与 shared_ptr 非常相似，但是 weak_ptr 不会增加引用计数，也不能直接访问所指向的对象，需要首先通过 lock 方法转换为 shared_ptr 才能访问。例如：

```
shared_ptr<int> sp1(new int);
weak_ptr<int> wp1 = sp1;
cout << sp1.use_count() << "," << wp1.use_count() << endl; //1,1
shared_ptr<int> sp2 = wp1.lock();
cout<<sp1.use_count()<<","<<sp2.use_count()<<endl;//2,2
sp1.reset();
cout<<sp1.use_count()<<","<<sp2.use_count()<<","<<wp1.use_count(); //0,1,1
```

首先，sp1 指向一个 new int 对象，wp1 与 sp1 关联但不增加对象的引用计数，因此两个对象的引用计数均为 1，第一个输出语句输出 1,1。

接下来，创建了 shared_ptr 对象 sp2，通过 wp1 关联到 sp1，与 sp1 共享同一个对象，因此 3 个对象的引用计数均为 2，第二个输出语句为 2,2。

最后，释放了 sp1 对对象的引用后，sp1.use_count()返回 0，表示 sp1 不再持有对 new int 对象的引用；sp2 变成了对对象的唯一引用，因此 sp2.use_count()返回 1；而 wp1.use_count()返回 1，表示 wp1 仍然保持对对象的弱引用。

*10.5　链式数据结构

数组是计算机根据定义的数据类型与长度，在栈中分配一组连续的存储单元，任何一个数组元素的地址都可以用一个简单的公式计算出来。这种结构方便对数组元素随机访问，但在插入和删除操作上会引起大量数据的移动，从而使简单的数据处理变得非常复杂和低效。

为了能有效地解决这些问题，一种称为链表的数据结构得到了广泛应用。链表(linked list)是一种重要的动态数据结构，它采用链式存储方式来存储数据，存储单元可以是连续的，也可以是不连续的。链表中的每一个元素称为结点(node)，每个结点都是由数据域和指针域组成的，每个结点中的指针域指向下一个结点。

链表包括为单链表、双向链表、循环链表等多种形式，可以用来实现栈、队列、字典等数据结构，在很多应用场景中扮演着重要的角色，是计算机科学中非常基础和重要的数据结构之一。本书仅介绍单链表。

10.5.1 单链表

链表中的每个结点可以有若干数据域和若干指针域。每个结点只有一个指针域的链表称为单链表,这是最简单的链表结构。本节只介绍单链表,因此在意义明确时将其简称为链表。

单链表结构的最简单形式如下:

```
struct Node{                        //结点定义
    int Data;                       //数据域
    Node *next;                     //指针域
};
```

上面用结构体类型定义了一个结点,包含两个成员。Data是一个整形变量,用来存放结点中的数据,next是指针域,用来指向该结点的下一个结点,保存下一个结点的地址。当然,Data可以是任何数据类型,包括结构体类型或类类型。为了代码的通用性,使用typedef对int取别名DataType,如果要修改Data的数据类型,只需要修改typedef语句即可。

```
using DataType = int;               //int型的别名为DataType
struct Node{                        //结点定义
    DataType Data;                  //数据域,数据类型为DataType
    Node *next;                     //指针域
};
```

定义头指针指向链表的开始,头指针的值为空地址(NULL或nullptr)的链表表示空链表。如果头指针为空,则将其指向第一个结点,然后通过结点的指针变量找到下一个结点的地址,然后再继续访问结点及下一个结点,直到最后一个结点。最后一个结点的指针域为空地址,表示链表的结束,如图10-1所示(0x开头的值为假定的内存地址),一个链表的指针变量head值为0(NULL或nullptr)时表示空链表。如果链表不为空,则head指针变量指向链表第一个结点(head值为0x1000,是第一个结点的内存地址);而第一个结点的Data值为10,next的值为0x1010,指向第二个结点(0x1010是第二个结点的内存地址);通过第二个结点的next找到了第三个结点,第三个结点的next值为空,链表结束。

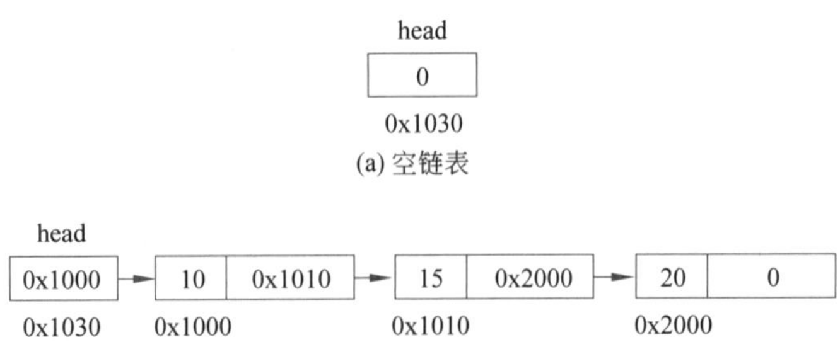

(b) 3个结点的链表

图10-1 链表在内存中的示意

【例10-4】 定义一个包含struct Node结点的链表类ListArray,数据成员是指向链表头的指针变量，成员函数包括空链表的创建、结点的插入和删除等。

以下是本例完整代码的第 1 部分。

```
using DataType = int;                       //int 型的别名为 DataType
typedef struct Node {                       //结点定义
    DataType Data;                          //数据域，数据类型为 DataType
    Node * next;                            //指针域，数据类型为指向结点类型的指针变量
}Node;
class ListArray {                           //链表类 ListArray
public:
    ListArray () { head = nullptr;}         //构造函数初始化一个空链表
    void insertList(DataType aDate, DataType bDate);       //链表结点的插入
    void deleteList(DataType aDate);        //链表结点的删除
    void outputList();                      //链表结点的输出
    Node * getHead() { return head; }       //返回链表的头结点
private:
    Node * head;                            //指向链表头结点的指针变量
    };
```

下面逐步实现类的成员函数。

10.5.2　单链表的访问

由于链表中的各结点是由指针链接在一起的，其存储单元不一定连续，因此，只能从链表的头指针(即 head)开始，用一个指针 p 先指向第一个结点，然后根据结点 p 找到下一个结点，以此类推，直至找到所要访问的结点或到最后一个结点(next 值为空)为止。以下为例 10-4 第 2 部分的代码。

```
#include<iostream>
using namespace std;
void ListArray::outputList(){                   //链表结点的遍历
    Node * current = head;
    while(current != nullptr){
        cout<<current->Data << " ";
        current = current->next;
    }
    cout <<endl;
}
```

10.5.3　单链表结点的插入

如果要在链表中的结点 p 之前插入结点 s，则需要考虑下面 4 种情况。

(1) 插入前链表是一个空表，这时插入的新结点 s 为首结点。如图 10-2 所示，将 s 的 next 指向 0，head 指向 s。

(a) 空链表插入前　　(b) 插入b后的链表

图 10-2　结点 s 插入空链表

(2) 若 p 是链表 head 指向的第一个结点,则插入后,结点 s 为第一个结点。如图 10-3 所示,将 s 的 next 指向 p,再将 head 指向 s。

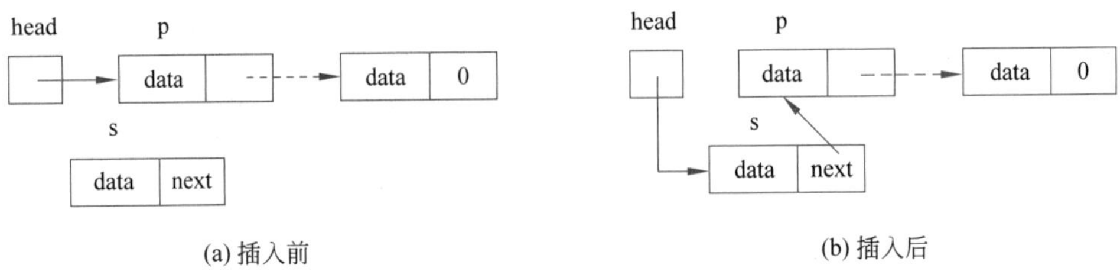

图 10-3 结点 s 插入链表第 1 个结点前

(3) 若 p 不是第一个结点,则首先要找出 p 的前一个结点 q。如图 10-4 所示,将 s 的 next 指向 p,再将 q 的 next 指向 s。

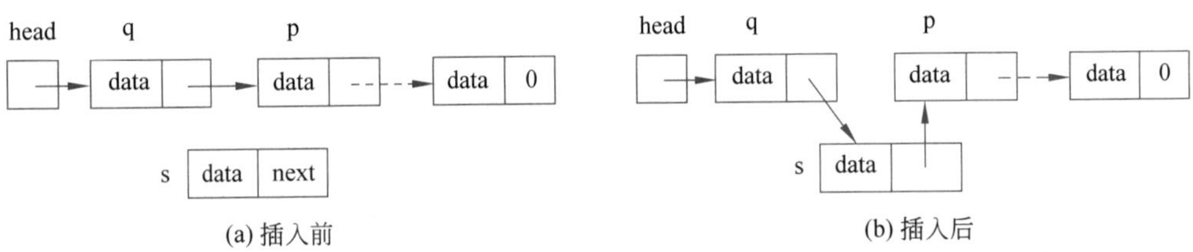

图 10-4 结点 s 插入链表中间

(4) 若将结点 s 插在链表最后。如图 10-5 所示,将 p 指向链表的最后一个结点,然后使 p 的指针域指向结点 s,而 s 指针的指针域为空。

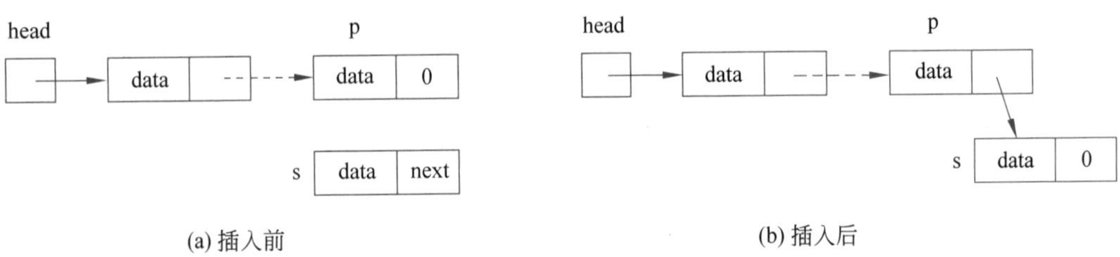

图 10-5 结点 s 插入链表末尾后

以下为例 10-4 第 3 部分的代码。

```
//在链表的 p 结点之前插入结点 s,设 aData 和 bData 是结点 p、s 中数据
void ListArray::insertList(DataType aData, DataType bData){
    Node *p, *q, *s;        //p 指向 aData 结点,q 指向 p 的前一个结点,s 指向要插入的结点
    s=(Node *)new(Node);               //s 指向动态分配一个结点的内存空间
    s->Data = bData;
    p = head;
    if(head == nullptr){               //按(1)若是空表,使 s 作为第一个结点
        s->next = nullptr;
        head = s;
    }else {                            //不是空表
        if(p->Data == aData){          //按(2)若 p 是第一个结点
            s->next = p;
```

```
            head = s;
        }else {                         //不是第一个结点
            while(p->Data != aData && p->next != nullptr) {        //查找结点 aData
                q = p;
                p = p->next;
            }
            if(p->Data == aData) { //找到结点 aData: 按(3)将 s 插入 q 与 p 中间
                q->next = s;
                s->next=p;
            }else {                     //若没有结点 a: 按(4)将 s 插入末尾 p 的后面
                p->next = s;
                s->next =nullptr;
            }
        }                               //不是第一个结点结束
    }                                   //不是空表结束
}                                       //插入结束
```

以上是链表类的结点插入函数，显然它也具有建立链表的功能。由于要用 if 处理不同分支，会给程序设计和维护带来困难。一种改进方法是定义带头结点的链表，即让 head 指向一个结点，这个结点不存储任何实际数据，真正存储数据的结点需要链接在这个空结点的后面，如图 10-6(c)～(d)所示。这样插入时就无须特殊处理第一个结点，而且头指针 head 保存的地址是固定的，不会因为插入或删除结点而发生改变。

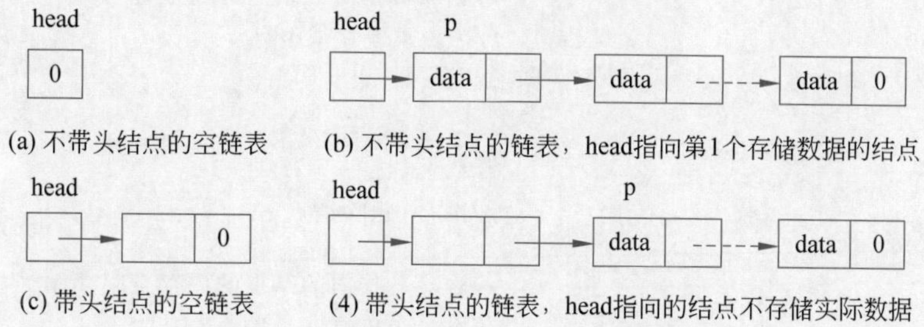

图 10-6　不带头结点与带头结点的链表示意

10.5.4　单链表结点的删除

如果要在链表中删除结点 p 并释放被删除的结点所占的存储空间，则需要考虑下列几种情况。

(1) 若要删除的结点 p 是第一个结点，则把 head 指向 p 的下一个结点，然后释放 p 指向的内存，如图 10-7 所示。

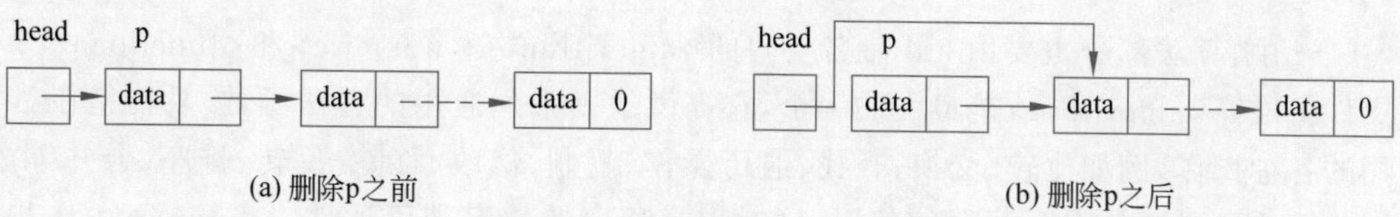

图 10-7　删除链表第 1 个结点

(2) 若要删除的结点 p 不是第一个结点，则应使 p 的前一个结点 q 的指针域指向 p 的下一个结点，如图 10-8 所示。

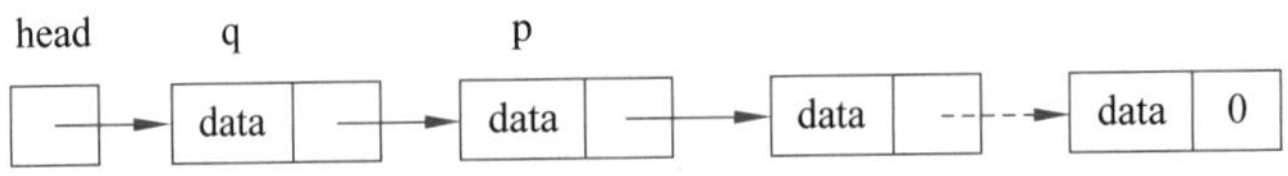

(a) 删除p之前

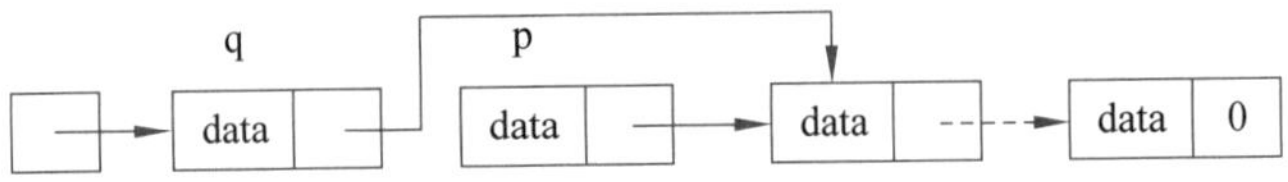

(b) 删除p之后

图 10-8　删除链表非第 1 个结点

(3) 若为空表或要删除的结点不存在,则不做任何改变。

以下是链表类的结点删除函数的示例(例 10-4 代码的第 4 部分)。

```
void ListArray::deleteList(DataType aData) {          //aData 是要删除结点 a 的数据
    if(head== nullptr)                                //若是空表
    { return; }                                       //返回空值,结束函数调用
    Node *p, *q;                                      //p 用于指向结点 a,q 用于指向 a 的前一个结点
    p = head;
    if(p->Data == aData) {                            //若 aData 是第一个结点,按(1)删除
        head = p->next;
        delete p;                                     //删除 p 指向的结点的内存空间
    }else {                                           //a 不是第一个结点
        while(p->Data != aData&& p->next !=nullptr){          //查找结点 a
            q = p;
            p = p->next;
        }
        if(p->Data == aData){                         //按(2)删除结点 p
            q->next=p->next;
            delete p;                                 //删除 p 指向的结点的内存空间
        }                                             //若有结点 a
    }
}
```

使用指针的优点是可以实现动态存储分配,提高程序效率。指针使用灵活,对熟练的程序人员来说,可以利用它编写出颇有特色的、质量优良的程序,实现许多用其他高级语言难以实现的功能;但指针也十分容易出错,而且这种错误往往难以发现。

10.6　实用知识:通用算法函数

C++ 中,算法部分主要由 std 命名空间的<algorithm>、<numeric>和<functional>3 个头文件组成。<algorithm>是最大的一个,它提供了一系列通用的算法函数,功能范围涉及常用的各种操作,例如比较、交换、查找、遍历操作、复制、修改、移除、反转、排序、合并等,使用这些算法可以避免编写重复的代码,同时提高程序的效率和可读性。<numeric>体积很小,只包括几个在序列上进行简单数学运算的模板函数,例如加法和乘法在序列上的一些操作。<functional>中则定义了一些模板类,用于声明函数对象。

下面分类介绍<algorithm>中的一些常用算法。

10.6.1　改变序列的算法

这类算法会改变容器中元素的顺序或内容，主要包括排序、复制、填充、变换、替换等操作。下面介绍一些常见算法函数的用法。

1. 排序

sort(first,last,comp)对容器中[firt,last)的元素排序。comp 是函数对象，指向比较函数，该函数有两个参数，当第 1 个参数小于第 2 个参数时返回 true。如果比较结果按大于返回则表示降序排序。例如：

```
int a[] = {1,3,2,5,4};
size_t n = sizeof(a)/sizeof(int);
sort(a, a+n);                       //默认升序
sort(a, a+n,greater<int>());        //降序排序
```

2. 复制

copy(first,last,d_first)复制容器中[first,last)元素到 d_first 开始的目标范围。

```
int a[5] = {1,3,2,5,4}, b[5], c[5];
copy(a, a+5, b);                       //将 a 中所有元素复制到 b
```

3. 填充

fill(first,last,val)将容器中[first,last)元素全部赋值为 val。例如：

```
fill(a, a+5, 1);                       //将 a 中所有元素赋值为 1
```

4. 变换

transform 函数对容器中的元素进行变换操作，并将结果存储到指定容器中。有 3 个或 4 个参数的重载方式。例如，有数组 a 与 b，将两个数组对应位置的元素求和后写入 b 中。代码如下：

```
int a[5] = {1,3,2,5,4}, b[5] = {11,12,13,14,15};
transform(a,a+5,b,b+5,plus<int>());        //b 的值为 12 15 15 19 19
```

将 a 的每个元素自增 1 后写入 b 中的代码如下：

```
transform(a, a+5, b,[](int x) { return x+1;});        //b 的值为 2,4,3,6,5
```

5. 替换

replace(first,last,old,new)将容器中[first,last)的 old 值替换为 new 值。replace_if 则将 old 改为要替换的条件函数，替换符合条件的元素为 new 值。例如：

```
char s[] = "hello";
replace(s,s+5,'l','L');                     //将所有的'l'替换为'L',a 为 heLLo
replace_if(s,s+5,[](char c){return c>'a';}, 'a');
//第 3 个参数时 Lambda 表示,功能是将所有大于'a'的字符替换为'a',替换后的 a 为 aaLLa
```

10.6.2　不修改序列的算法

这类算法不改变原始序列，而是生成新的序列或者生成某种结果。主要包括查找、计数、匹配等操作。下面介绍一些常见算法函数的用法。

1. 查找

主要包括 find、find_if、find_if_not、find_end、find_first_of、search、search_n、mismatch 等。本节介绍 find、find_if、search。

find(first,last,val)：搜索[first,last)区间中第一次出现 val 的位置。如果没有找到，则返回 last。例如：

```
int a[5] = {4, 3, 8, 6, 2};
auto result = find(a, a + 5, 3);
if (result != a + 5)
cout << "Found: " << result - a;          //3 的下标为 1,因此输出 Found:1
```

如果要查找第一个满足特定条件的值，例如数组 a 中大于 5 的第一个元素的位置，可以使用 find_if 函数，它的前两个参数与 find 相同，第 3 个参数可以用 Lambda 表达式或函数对象定义。例如：

```
auto val = find_if(a, a+5, [](int v){ return v>5;});
if(val != a + 5)
    cout << "Found: " << val - a;          //找到了 8,下标为 2,因此输出 Found:2
```

如果要查找的是子序列，使用 search 函数，它的前两个参数与 find 相同，后两个参数表示子序列的范围。例如：

```
int sub[] = {8, 6, 2};
auto it = search(a, a+5, sub, sub+3);
if (it != a + 5)
    cout << "Found the subrange." << it - a;
```

2. 计数

包括 count、count_if，语法类似于 find，返回找到的数量。例如：

```
int a[] = {1, 2, 3, 4, 4};
int cnt = count(a,a+5,4);                                  //找到了 2 个
int cnt_if = count_if(a,a+5,[](int v) { return v<=3;});    //找到了 3 个
```

3. 最大/小值

主要包括 min、min、minmax、min_element、max_element、minmax_element。前 3 个函数用于返回两个数的最小值、最大值、最大最小值；后 3 个函数用于返回容器范围[first,last)元素的最小值、最大值、最大最小值。例如：

```
int a[] = {1, 2, 3, 4, 4};
cout << "min=" << min(a[0],a[2]);                          //1 与 3 比 1 小
auto result = max_element(a,a+5);                          //指向第一个最大值 4
cout << "max=" << *result<< ",index=" << result-a;         //max=4,index=3
auto val = = minmax_element(a, a+5);
cout << "max=" << *val.first << ",min=" << *val.second;    //max=4,min=1
```

注意：最大最小值的返回类型是 std 中的通用工具 pair，它有两个成员：first 与 second，具体见 11.4 节介绍。使用 pair 接收函数返回值时，如果最小值有多个则返回第一次找到的最小值，如果最大值有多个则返回最后一次找到的最大值，如本例中最大值的下标为 4。C++ 17 新增 structured bindings 写法，但是返回的最小值和最大值均是第一次找到的值，返回[min, max]，取值 *max 为最大值，*min 为最小值。

10.6.3　有序范围的操作

对于有序的容器，可以快速执行查找、合并等功能。

1. 二分查找

binary_search(first,last,val)在已排序的[first,last)范围内执行二分查找，检查 val 元素是否存在，返回 bool 值。例如：

```
int a[5] = {1,3,5,7,9};                        //a 升序排序
bool flag = binary_search(a,a+5,7);            //true
```

2. 查找不小于/大于给定值的第一个元素

lower_bound(first,last,val)查找[first,last)范围内不小于 val 的第一个元素。upper_bound 函数的语法相同。例如：

```
int a[] = {3, 4, 6, 8, 9};
size_t n = sizeof(a)/sizeof(int);
auto it = lower_bound(a, vec+n, 6);            //第一个不小于 6 的值是 8,下标为 3
if (it != a +n)
cout << it - a<< endl;                         //输出 3
```

3. 合并两个已排序的序列

merge(first1,last1,first2,last2,result)合并区间 1 的[first1,last1)与区间 2 的[first2,last2)到 result 开始的区间中。result 不能与两个区间有重叠空间，如果两个区间中有等价元素时，区间 1 的元素位于区间 2 的元素前面。函数返回 result 区间。例如：

```
int first[] = { 1, 2, 3, 4, 5 };
int second[] = { 10, 20, 30, 40, 50 };
int results[10];
merge(first,first+5, second,second+5, results);
```

10.6.4　for_each 函数

for_each 函数也提供了一种遍历容器中元素并对其执行操作的方法。它接受 3 个参数：指向容器的起始位置 first、结束位置 last、一个用于对容器中[first,last)每个元素执行操作的函数对象或 Lambda 表达式。容器指数组，以及 STL 中可迭代的容器，如 Vector、List 等。

【例 10-5】　将数组中的每个元素自增 1。

```
class SelfIncrease{                                  //定义一个自增 1 的函数对象
public:
    void operator()(int &x) { x++; }                 //形参为引用型
};
int a[] = {1,3,5,2,6};
int n = sizeof(a)/sizeof(int);                       //数组元素个数
for_each(a,a+n,SelfIncrease());     //数组所有元素执行 SelfIncrease 函数实现自增 1
for_each(a,a+n,[](int v){cout<<v<<" ";});     //数组所有元素执行 Lambda 表达式输出
```

for_each 函数也可以改用 for 循环语句实现：

```
for(int v :a) {
    v++;
    cout << v << " ";
}
```

相比传统的 for 循环语句,for_each 的代码更简洁、易读,但是该函数只能遍历整个容器,函数调用开销较大可能会影响性能,因此很多情况下仍然要用传统的 for 语句。

10.7 链表与算法的应用

10.7.1 链表的应用

【10-6】 输入一组学生数据,每输入一个学生基本信息时,按学号插入合适位置。

算法分析:

(1) 学生类使用第 9 章的 Student 类定义,补充构造函数、重载运算符<判断两个学生按学号的大小,重载运算符=实现学生对象赋值。增加 Input 函数实现输入学生。

(2) 定义一个结点 Node,数据域是 Student 对象,指针域指向 Node。定义构造函数、输入、输出、重载运算符"<"。

(3) 定义一个带头结点的链表类 List,数据成员是指向 Node 的头结点指针,定义构造函数,实现插入结点、输出链表功能。

Node 与 List 的类定义如下:

```
class Node{          //定义结点
public:
    Node() { next = NULL; }
    void Output() { stu.Output(); }
    Node(Node &node);
    void Input();
    bool operator< (Node &node);
    Student stu;
    Node * next;
};
Node::Node(Node &node) {
    stu = node.stu;
    next = NULL;
}
void Node::Input() {
    stu.Input();
    next = NULL;
}
bool Node::operator< (Node &node) {
    return stu < node.stu;
}
int main() {
    Node ns;
    List list;
    int n;
    cin >> n;
    while(n--) {
        ns.Input();
        list.Insert(ns);
    }
    list.Output();
    return 0;
}
```

```
class List{          //定义带头结点的链表
public:
    List();
    void Insert(Node &node);
    void Output();
private:
    Node * head; //头结点
};
List::List() {    //创建空链表
    head = new Node;
    head->next = NULL;
}
void List::Insert(Node &node) {
    Node * p = head, * q = head;
    Node * s = new Node(node);
    if(p->next!=NULL) {   //结点有值
        q = p->next;
        while(q!=NULL && * q < * s) {
            p = q;
            q = q->next;
        }
    }
    s->next = p->next;
                                  //s 插入到 p 后面
    p->next = s;
}
void List::Output() {          //输出链表
    Node * p = head->next;
    while(p!=NULL) {
        p->Output();
        p = p->next;
    }
}
```

注意：实际工程应用中，通常直接使用 C++ 标准模板库(STL)中的 list 容器，而无须自定义链表类。list 提供了丰富的链表操作接口，满足大部分链表需求，见第 11 章。

10.7.2　算法的应用

【例 10-7】　补充完善 Student 类，姓名 name 使用动态内存分配，利用算法库函数实现对 Student 数组的排序、复制、查找等功能。

算法分析：

(1) 要使用 sort、copy、find 函数，难点是对自定义类 Student 的对象要设计成员函数实现判断是否相等(例如学号相同则认为相同)、同类型对象赋值等功能，定义普通函数、函数对象或 Lambda 表达式来实现用于 sort 函数参数中的比较大小(例如按学号大小)。

(2) 数据成员由 char name[21]改为 char ＊name，创建对象或给对象赋值时，要用新增及修改 Student 类的成员如下：

```
class Student {
public:                        //仅描述新增数据成员
    Student(const Student& other) {name=NULL; Set(other);}
    ~Student() { delete[] name;}
    void Set(const Student &s) {Set(s.ID,s.name,s.sex,s.age);}
    int GetID()const {return ID;}
    bool operator==(const Student &stu) {return ID==stu.ID; }     //重载==
    Student &operator=(const Student &stu);                       //重载=
private:                       //仅描述修改成员
    char * name;               //姓名,堆内存指针
};
Student &operator=(const Student &stu) {
    if (this != &stu)          //this 未指向形参引用的对象,则赋值
        Set(stu);
    return * this;             //返回当前对象
}
```

新增自定义函数及主函数如下：

```
bool cmp_stu(const Student &stu1,const Student &stu2) {   //比较大于
    return stu1.GetID() > stu2.GetID();
}
struct CompareStudents {                                  //比较小于
    bool operator()(const Student& stu1, const Student& stu2) {
        return stu1.GetID() < stu2.GetID();
    }
};
int main() {
    int n = 3;
    Student stu[3] ={{1001,"Zhang San",'F',18},{1002,"Li Ming",'M',20},
                     {1003,"Zhao Ying",'F',19}}, stu_bak[3];
    copy(stu, stu+n, stu_bak);                    //将 stu 数组所有元素复制给 stu_bak
    sort(stu, stu+n, CompareStudents());          //stu 由小到大升序排序
    Output(stu,n);                                //自定义函数 Output 输出数组
    sort(stu_bak, stu_bak+n ,cmp_stu);            //stu_bak 由大到小降序排序
```

```
    Output(stu_bak,n);
    Student key(1002);                  //要查找的学生学号
    auto val = find(stu, stu+n, key);
    if(val != stu+n) {                  //找到了,输出下标及学生信息
        cout << "Found:" << val - stu << endl;
        val->Output();
    }else
        cout << "Not Found.";           //没找到
    return 0;
}
```

10.8 练习与思考

10-1 求一组整数的众数。众数(mode)代表数据的一般水平,也是一组数据中出现次数最多的数值。设计一个程序,用户在第一行输入一个 n,然后输入 n 个 int 值,输出众数及次数,众数如果有多个,输出第一个。例如,数据{4,3,-1,4,1,3}中,4 与 3 都出现了两次,输出第一个众数 4 和次数 2。

10-2 修改和完善第 9 章自定义的 Point 类,完成对一组点的创建、复制、排序(按 x 大小,相同则按 y 大小)、求最大值等功能。

10-3 自定义一个 int 型数组类 MyArray,数据成员包括指向动态分配堆内存首元素的指针与数组长度。数组功能包括创建一个数组,设计构造函数允许是空数组、n 个元素的数组,指定初始值的数组,析构函数释放动态分配的数组空间。数组的功能包括输出数组中的元素、求最大值、查找、排序等。

10-4 已知下面语句声明,则通过 p 调用 max 函数的语句为(　　)。

```
int max(int a, int b);          //自定义 max 函数声明
int min(int a, int b);          //自定义 min 函数声明
int (*p)() = max;               //定义指向函数的指针变量 p
int k;                          //保存函数调用结果的变量
```

A. k = (*p)(a,b);　　　　B. k = *p(a,b);

C. k = (*p)max(a,b);　　　　D. k = *p(max(a,b));

10-5 使用 new 运算符动态分配一个包含 10 个 int 型的连续内存单元的正确写法是(　　)。

A. int *p= new int(10);　　　　B. int *p=new(int)[10];

C. int *p= new int{10};　　　　D. int *p= new int[10];

10-6 已知 float *p = new float[10];下面对应的 delete 用法正确的是(　　)。

A. delete float;　　　　B. delete p[10];

C. delete[] p;　　　　D. delete p;

10-7 使用 malloc 函数动态分配一个整型空间的语句是(　　)。

A. int *p =(int *)malloc(int);

B. int *p=(int *)malloc(sizeof(int));

C. int *p = int *malloc(int);

D. int ＊p ＝int ＊malloc(sizeof(int))；

10-8　带表头附加结点的单链表与不带头结点的单链表相比的主要优点是(　　)。

A. 提高存取数据的速度　　B. 节省存储空间

C. 提高单链表的遍历可靠性　　D. 空表与非空表的处理统一化

10-9　带头结点的单链表 head 为空的判定条件是(　　)。

A. head != NULL　　B. head->next ＝＝ head

C. head->next ＝＝ NULL　　D. head ＝＝ NULL

10-10　已知 head 指向单链表头结点，q 指向单链表中间的结点。若要将指针 p 所指结点插入到 q 指向结点的后面，成为单链表的一个结点，则执行(　　)。

A. q->next＝p->next；p＝q->next；

B. p->next＝q->next；q->next ＝ p；

C. p＝q->next；q->next＝p->next；

D. q->next＝p；p->next＝q->next；

第11章* 泛型编程与 C++ 标准模板库

泛型编程关注的是算法，旨在编写独立于数据类型的通用代码。C++ 的标准模板库(Standard Template Library，STL)是 C++ 标准库中最广泛使用的组成部分，它包括三大组件：算法、容器和迭代器。STL 提供的大量通用模板类和函数，能够快速实现各种常见的数据结构和算法，从而减少编写底层代码的工作量，提高代码的重用性和可靠性。前面我们学习了通用算法，本章通过示例简单介绍模板与泛型编程机制以及 STL 中的容器、迭代器，这些都是 C++ 高级编程的必备技能。

11.1 模板与泛型编程机制

泛型编程机制是现代程序设计中非常高效的一种编程范式(programming paradigm)，它侧重于编写不依赖于具体数据类型的算法和数据结构，帮助程序员编写出具有高度可重用性和灵活性的高质量代码。泛型编程的主要优点如下。

(1) 提高代码复用性。通过编写一次代码，可以适用于多种不同的数据类型，避免了针对每种数据类型重复编写相同逻辑的代码。

(2) 增强代码的抽象性和通用性。泛型代码更加抽象，能够处理不同数据类型的通用操作，使得代码结构更加清晰，易于理解和维护。

(3) 支持面向对象设计模式。泛型编程与面向对象编程相结合，能够更好地实现设计模式，提高软件设计的灵活性和可扩展性。

C++ 提供了函数重载、默认参数、函数模板、类模板等多种机制来实现泛型编程，C 语言没有直接支持泛型编程，但是 C11 通过泛型宏和可变长参数列表等来模拟泛型编程。

11.1.1 C++ 的函数模板

C++ 的函数模板是泛型编程的核心工具之一，允许定义一种能处理多种数据类型的函数。函数模板在定义时使用通用类型参数，在被调用时，编译器根据实参的具体数据类型自动生成该数据类型的函数实例。

函数模板的定义通常包括 template 关键字和类型参数声明，定义在函数定义前面。例如：

```
template <typename T>
```

其中,T 是自定义的一个类型参数名称,表示任何数据类型。在函数定义中,可以在返回类型、形参列表和函数体中使用类型 T。

调用函数模板时,在函数名后面指定<具体的数据类型>,编译器就会将 T 替换为该类型,然后调用相应的函数实例。C++ 编译器具有类型推断能力,能根据函数调用的实参类型自动推断模板参数 T 的类型,因此调用时可以省略<具体的数据类型>。

【例 11-1】 定义 add 函数模板,用于计算并返回两个参数的和。参数可以是任何类型,如整数、浮点数、复数等。

源代码如下:

```
#include<iostream>
#include<complex>
using namespace std;
template<typename T>
T add(T a, T b) {
    return a + b;
}
int main() {
    cout << add<int>(5, 3) << endl;              //输出 8
    cout << add(5.5, 3.3) << endl;               //输出 8.8
    cout << add(complex(2,3),complex(1,2));  //输出(3,5)
    return 0;
}
```

这个例子中,调用了 3 次 add 函数,调用 add<int>(5,3)时明确参数类型为 int,然后计算并返回两个 int 和为 8;调用 add(5.5,3.3)时 T 被推断为 double,然后计算并返回两个 double 和为 8.8;调用 add(complex(2,3),complex(1,2))时 T 被推断为 std 命名空间中 complex 库文件中的 complex 类型,然后计算并返回两个复数的和为(3,5)。

11.1.2　C++ 中的类模板

类模板与函数模板类似,都允许使用抽象的数据类型定义数据成员。不同的是,函数模板在调用时可以实现参数类型的隐式推导,编译器能够根据传入的参数类型自动实例化对应的函数;而类模板在创建对象时,必须显式指定类型参数,编译器才能实例化具体的类类型。

【例 11-2】 定义一个通用数组类。

```
template<class T>        //也可以用 template<typename T>
class Array{
public:
    Array(int n = 0);
    ~Array();
    //其他成员函数
private:
    T * arr;             //指向动态分配空间首地址
    int n;               //数组实际长度
};
```

类模板中用关键字 class 或 typename 定义通用类型 T,然后各成员对通用 T 的数据的存储与操作。需要注意的是,类的外部完成成员函数实现时,每个成员函数前面都要加上 template<class T>限定。例如:

```
template<class T>
Array::Array(int n) {
    arr = NULL;
    this->n = 0;
    if (n>0) {
        arr  = new T[n];
        this->n = n;
  }
}
template <class T>
Array::~Array() {
    if (arr != NULL)
        delete[] arr;
}
```

定义 Array 类对象时实例化对象的具体类型。例如:

```
Array<int> arr1;
Array<string> arr2(5);
```

11.1.3 C++的可变参数模板

C++ 11 引入了可变参数模板(variadic templates),这是模板参数的一种特殊形式,允许函数或类接受任意数量和类型的参数,编译时根据传入参数进行类型推导和操作,适合处理不确定数量的参数,例如在打印函数或数学运算中。

观察下面的程序示例。

```
#include<iostream>
template<typename... Args>
void print(Args... args) {
    (std::cout << ... << args) << std::endl;          //C++17 折叠表达式
}
int main() {
    print(1, 2.5, "Hello");                          //输出: 12.5Hello
    return 0;
}
```

这段代码第 2～3 行定义了一个可变参数模板函数 print。其中,typename...Args 表示接受任意数量和类型的参数,Args...args 表示将这些参数包装成一个参数包。

第 4 行是 C++ 17 开始支持的一个折叠表达式,它会将参数包中的所有参数依次传递给 std::cout 进行输出。对于实参中的 3 个参数,折叠表达式的计算过程为:

```
第一步: std::cout << 1
第二步: (std::cout << 1) << 2.5
第三步: ((std::cout << 1) << 2.5) << "Hello"
```

最终结果是将所有参数都输出到 std::cout 中。

11.1.4　C11 的泛型宏

C11 标准引入了_Generic 关键字，这是在 C 语言中实现泛型编程技术的方法，类似于函数重载和模板的泛型编程特性。编译时，通过_Generic 关键字来判断传入参数的类型，选择相应的处理方式。其语法如下：

_Generic(表达式, 类型 1: 操作 1, 类型 2: 操作 2, …, 默认类型: 默认操作)

下面是一个简单的示例。

```
#include<stdio.h>
#define SUM(a,b) _Generic((a,b), int:(a+b), float:(a+b), default:(a+b))
```

本例中，#define 预处理命令定义了一个宏 SUM，其值使用_Generic 关键字。表达式代表宏 SUM 的两个参数。接下来是多个类型和对应结果的定义，本例中 int 与 float 都执行 a+b 操作。这是一个可变参数列表，支持写多个参数，最后一个参数可以用 default 来处理所有未声明类型，类似于 switch 语句中的 default。

如果需要执行多条语句，可以用函数名替代操作，并在后面依次定义这些函数。例如：

```
#define SUM(a,b) _Generic((a,b),int:SUM_I(a,b),float:SUM_F(a,b),default:SUM_D
(a,b))
int SUM_I(int a, int b) { return a + b; }
float SUM_F(float a, float b) { return a + b; }
double SUM_D(double a, double b) { return a + b; }
```

这样，编译器在编译时能够明确调用适当的函数，从而实现函数重载的效果。

下面是应用示例代码段，无论数据类型是整型、浮点型或者双精度浮点型，SUM 宏都能根据参数类型进行适当的处理并返回正确的结果。

```
int n = 2, k = 3;
float a = 2.5f, b = 3.5f;
double x = 3.8, y = 4.6;
printf("%d\n",SUM(n,k));          //输出 5
printf("%.1f\n",SUM(a,b));        //输出 6.0
printf("%.1f\n",SUM(x,y));        //输出 8.4
```

11.2　C++ 模板类 pair 与 tuple

pair 和 tuple 是两种常用的模板类，用于存储和操作成对的或多个元素的集合。

11.2.1　pair

pair 用于存储两个元素，通常用于存储键值对。它包含两个公有数据成员：first、second，定义 pair 对象时实例化成员的数据类型可以相同也可以不同，也可以通过普通函数 make_pair 创建 pair 对象。pair 包含在<utility>文件中，很多编译器中 iostream 已经包含了 utility 库文件，因此可以直接使用。为了代码可移植性和清晰性，建议显式包含。

【例 11-3】　定义 pair 对象实现两个数的存储，并生成新数和比较大小。

```
template<typename T1,typename T2>
pair<T1,T2> plus_minus(const T1 a,const T2 b) {      //生成新数<和,差>
    return pair<T1,T2>(a+b, a-b);
}
template<typename TP1, typename TP2>
int compare(const TP1 p1, const TP2 p2) {            //返回 p1 比较 p2: >,<,相同
    if(p1.first!= p2.first) return p1.first - p2.first;
    else return p1.second - p2.second;
}
template<typename T1,typename T2>
void Output(pair<T1,T2>&val) {
   cout << "First: " << val.first << ", Second: " << val.second << endl;
}
pair<int, double> p(1, 3.14);   Output(p);           //First: 1, Second: 3.14
pair<int, int> p2 = plus_minus(2,3); Output(p2);     //First: 5, Second: -1
auto p3 = make_pair(2.3, 3);   Output(p3);           //First: 2.3, Second: 3
int val = compare(p,p3);                             //小于 0
```

本例中,定义了两个模板函数,分别将 pair 类型用于函数返回值和函数形参。pair 中的两个数据成员的数据类型分别为通用类型 T1 与 T2,在调用函数时给予实例化类型或推到类型。使用 pair 可以解决函数需要返回两个值的场景,此外经常被用在标准容器例如 map 中作为键值对。

11.2.2 tuple

元组(tuple)包含在 std 命名空间的<tuple>头文件中,支持 0 到任意个元素,类似于一个固定大小的数组,但与数组不同的是,元组可以存储不同类型的值。主要特点如下。

(1) 适合临时聚集多种类型数据。

(2) 适合用于函数返回多个值。

(3) 元素可以通过类型访问,也可以通过位置访问。

【例 11-4】 tuple 使用示例。

```
#include<tuple>
#include<iostream>
using namespace std;
int main() {
    tuple<int, double, string> t(1, 3.14, "pi");
    cout <<get<int>(t)<<","<<get<double>(t)<<","<<get<string>(t)<<endl;
    auto t2 = std::make_tuple(2, 2.71, "e");
    cout << get<0>(t2) << "," << get<1>(t2) << ","<<get<2>(t2)<< endl;
    return 0;
}
```

本例中,定义 tuple 对象时实例化了 3 个元素,类型分别为 int、double、string。<tuple>中提供了 get 函数,用于访问 tuple 中的元素,get 函数可以利用类型访问元素,如 get<int>(t),也可以利用元素的顺序访问你元素,如 get<0>(t2)。

注意:使用 tuple 时,注意元素的类型和顺序,因为它们是访问元素的关键;get 函数在访问不存在的元素时会抛出异常,要确保使用正确的索引或类型。此外,get 函数也可以访

问 pair 中的元素，例如上例中 val.first 可以改为 get<0>(val)，val.second 可以改为 get<1>(val)。

11.2.3　比较 pair 与 tuple

pair 与 tuple 都是 C++ 中用于表示一组或多组数据的容器类型，可以将多个数据封装在一起构成一个复合数据类型，可以利用 get 函数按照位置访问元素。两者区别如下。

(1) 元素数量。pair 只能存储两个元素，而 tuple 可以存储任意数量的元素。

(2) 访问方式。pair 通常通过.first 和.second 成员访问元素，而 tuple 只能通过get<index>(tuple 对象)来访问元素。

因此，pair 更适用于需要存储和操作成对的数据，特别是存储关联数据、函数返回两个值。而 tuple 更灵活，适用于存储多个不同类型的数据、函数返回多个值。

11.3　C++ STL 组件

STL 是一个泛型程序库，提供了 6 大组件，包括容器、算法、迭代器、函数对象、容器适配器、空间配置器。STL 容器和容器适配器实现了常用的数据结构，如数组、链表、树、集合、栈、队列等类型，可提高代码的可靠性和高效性；迭代器为各类容器提供了统一的接口，使得算法能够利用迭代器访问和操作容器；函数对象增强了算法的运算通用性；空间配置器实现内存空间的分配和回收。各组件之间的关系如图 11-1 所示。

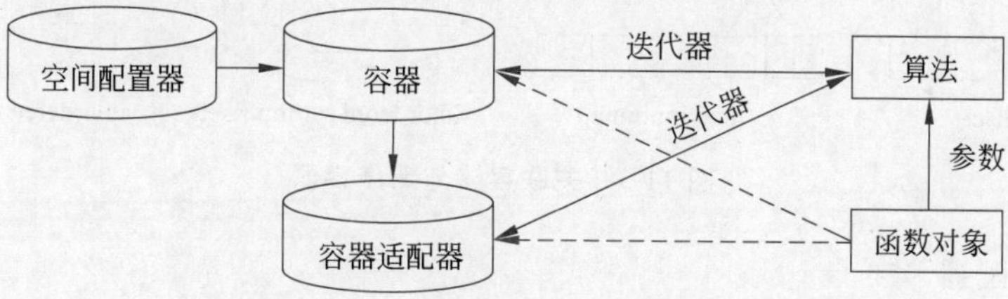

图 11-1　STL 组件之间的关系

11.3.1　容器类型

STL 容器对最常用的数据结构提供了支持。使用容器时，将容器类模板实例化为容器类，指明容器中存放的元素是什么类型。为了适应不同需要，STL 提供了以下几类容器，每个容器包含的头文件名称与容器名称相同。

1. 顺序容器

容器内的元素均有明确的位置，可以按照位置访问元素，适合不同场景。主要包括 array、vector、deque、list、forward_list。这类容器采用线性结构存储元素，如图 11-2 所示。

2. 关联容器

关联容器指容器内的元素有序，元素位置取决于某个排序准则，与插入次序无关。主要包括 set、multiset、map、multimap。其中，map 的元素是 key/value pair，按 key 排序且不能重复，set 可以看成只有 key 的 map，multimap 与 multiset 可以看成允许重复的 map 与 set。关联容器使用二叉排序树实现，对于二叉树中的每个结点，其左子树的所有结点的 key 都小

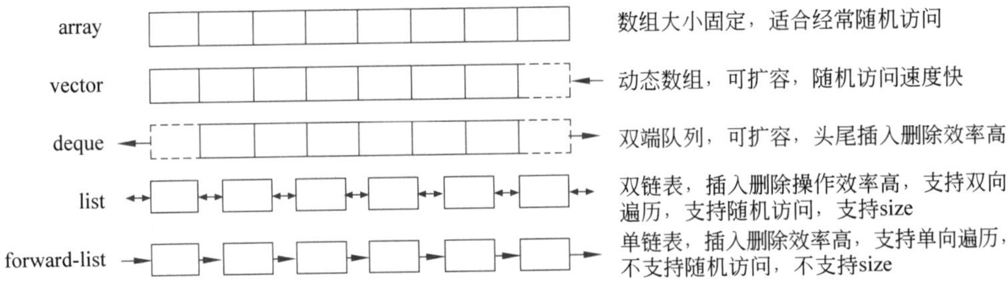

图 11-2 顺序容器及主要特点

于该结点，右子树的所有结点的 key 都大于该结点，这种结构的查找时间复杂度为 $O(\log n)$，适合使用二分查找法搜索。

3. 无序容器

无序容器指容器不关心元素的位置，只关心元素是否存在于容器中，遍历时不能保证显示次序。主要包括 unordered_set、unordered_multiset、unordered_map、unordered_multimap。无序容器通常以哈希表的形式存储元素，通过某个 hash 函数运算确定元素位置，查找效率通常更高。

关联容器与无序容器的结构如图 11-3 所示。

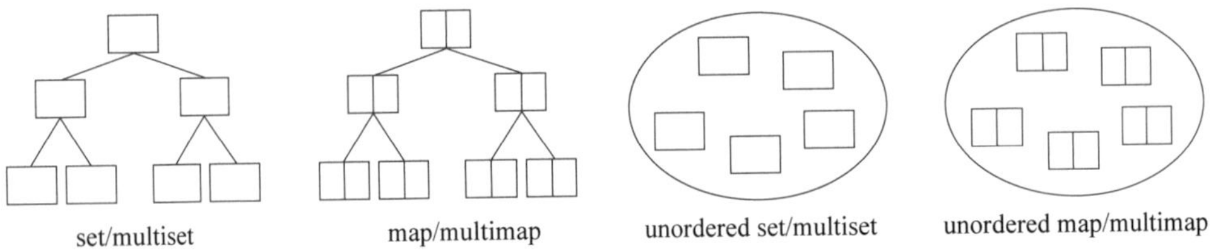

图 11-3 关联容器与无序容器

4. 容器适配器

基于其他容器实现支持特定数据结构的接口。包括 stack(栈)、queue(队列)、priority_queue(优先队列)。stack 容器内的元素采用 LIFO(后进先出)管理策略；queue 容器内的元素采用 FIFO(先进先出)管理策略；priority_queue 指具有优先权的队列容器。

11.3.2 迭代器

迭代器(iterator)是一个可以遍历容器元素的对象，可以将迭代器视为一个指向容器中元素的指针，能够以统一方式处理不同的数据结构。迭代器为不同的容器提供了统一的访问接口，使得对容器的遍历和操作更加一致和简单，并且提供了很好的封装性、安全性和灵活性，STL 的所有算法几乎都是通过迭代器访问容器中的元素。

例如，对于“string s = "Hello, World!";”，可以使用迭代器输出字符串：

```
for(auto it = s.begin(); it!=s.end(); it++)
    cout << *it;
```

这里的 begin 与 end 是容器通用的成员函数，begin 返回指向容器首元素的迭代器即'H'，end 返回指向容器终点，终点位于最末字符的下一个位置即'\0'。因此遍历元素范围是容器[begin,end)的半开区间。

[begin,end)是访问范围最常用的迭代器，用于正向遍历容器并且可以修改容器元素的值。此外，还有 3 种迭代器。[cbegin,cend)类似于[begin,end)，区别是 const 迭代器，只能读取元素；[rbegin,rend)是反向迭代器，用于逆向遍历容器；[crbegin,crend)用于逆向读取容器元素。各迭代器在容器中的指向位置如图 11-4 所示。

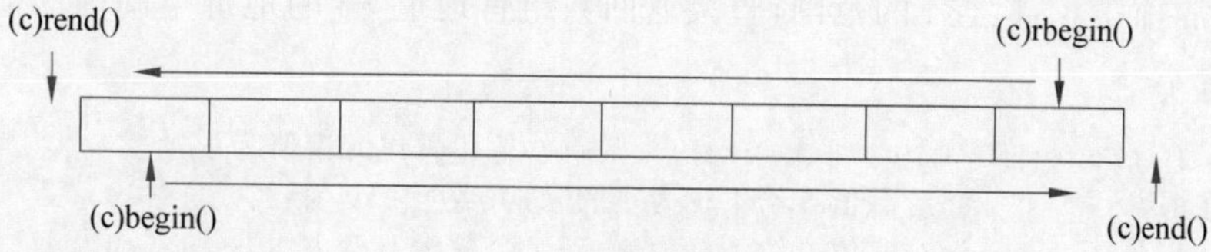

图 11-4　容器的迭代器

每种容器都有自己的迭代器类型，例如 string 类的迭代器类型为 string::iterator，为了代码简洁，一般使用 auto 类型。C++ 的迭代器有以几个关键特性。

(1) 迭代器可以被解引用，以访问它所指向的元素，如 * it。

(2) 迭代器可以自增或自减，以移动到下一个或上一个元素，如 it++。

(3) 迭代器可以进行相等和不等比较，如 it!=s.end()，不要用 it<s.end()。

C++ 标准库为迭代器提供了一些辅助函数，例如，advance(pos,3)可将迭代器的位置从 pos 向容器尾部前进 3 个元素，advance(pos,-3)则后退 3 个元素；distance(pos2,pos)返回指向同一容器的 pos 和 pos2 之间的距离。

11.4　C++ 顺序容器

顺序容器采用数据结构的线性结构实现，因此提供基于位置的访问和操作。

11.4.1　array 与 vector

C++ 除了传统 C 数组之外，还包括 std 命名空间中的 array 和 vector 定义数组。

1. array

array 是在 C 数组基础上提供了 STL 容器接口，其提供一个固定大小的数组，可以使用标准库的算法(如 sort、copy 等)直接操作数组，常用的 begin、end 等迭代器使得遍历数组元素更方便，at 成员函数提供范围检查防止越界访问，实现了封装性、安全性和功能性。

array 支持大部分容器都共享的一些常见的成员函数和成员属性。

(1) 构造函数和赋值操作符。用于创建或复制容器，包括默认构造函数、拷贝构造函数、移动构造函数、赋值操作符等。例如：

```
array<int,10> a;                    //定义了 10 个 int 的数组 a
array<int,5> b = {1,3,2,5,4};       //定义了 5 个 int 的数组 b 并且初始化
array<int,5> x;
x = b;                              //支持相同容量的数组赋值，而 a=b 错
```

(2) 容量大小操作的成员函数。包括 size 返回容器中元素的个数，empty 检查容器是否为空等。例如：

```
bool flag = a.empty();                    //flag 为 false
for(size_t i=0; i<b.size(); i++)          //输出 b 的所有元素
    cout << b[i] <<" ";
```

(3) 访问和修改元素的成员函数。包括 front 返回第一个元素;back 返回最后一个元素;at(i)与[i]都会返回下标 i 的元素,区别是 at 函数检查 i 的范围,如果 i 不在数组范围时会若抛出异常,而[]不检查 i 的范围,直接返回数组首地址+i 的地址空间内的值,也就是随机值。例如:

```
cout << b.front()<<","<< b.back();      //输出首尾元素值为 1,4
b[1] =  8;                  //赋值 8 给下标为 1 的元素,数组 b 变为{1,8,2,5,4}
b.at(2) = 9;                //赋值 9 给下标为 2 的元素,数组 b 变为{1,8,9,5,4}
cout <<b[20];               //输出随机值
cout<<b.at(20);             //运行时中止,抛出警告异常如 outside array bounds
```

(4) 通用运算。

```
a.copy(b.begin(),b.end(),a.begin());    //复制 b 的元素到 a,a 后 5 个元素为随机值
sort(a.begin(),a.end());                //数组 a 排序
cout << (x==b);                         //长度相同的 a 与 b 的每个对应元素是否相等
b.fill(1);                              //b 的所有元素赋值给 1
x.swap(b);                              //交换 x 与 b,长度不同无法交换
```

【例 11-5】 定义通用模板函数,输出通用类型 T 与长度 N 的 array 数组,每个元素之间分隔符通过参数传递。

```
#include<iostream>
#include<array>
using namespace std;
template <typename T>
void Output(T a,string delm=" ") {          //此函数适用本章大部分容器的输出
    for(auto v:a) {
        cout << v << delm;
    }
    cout << endl;
}
int main() {
    array<int,5> b = {1,3,2,5,4};
    Output(b);                              //用空格分隔输出 5 个整数
    array<string, 3> arr = {"Discovering Modern C++","A Tour of C++"};
    Output(arr,"\n");                       //用换行符分隔输出 3 行字符串
    return 0;
}
```

运行结果如下:

```
1 3 2 5 4
Discovering Modern C++
A Tour of C++
```

2. vector

vector(向量)是动态的可变大小的数组,在堆空间分配内存存储元素,通常比 array 需

要更多的内存。vector 除了通用成员外，还包括以下方法。

(1) 修改操作的成员函数。包括 clear 清空容器，insert 插入元素在指定位置，erase 删除指定位置的元素，push_back 在容器末尾添加元素，pop_back 删除容器末尾的元素等。此外，vector 还提供了 emplace_back 添加元素到容器末尾，区别是直接在 vector 末尾构造元素，避免了额外的复制和移动操作。

(2) capacity 成员函数返回容器已分配空间可以容纳的最大元素数量。当添加元素时，当前存空间不足会自动扩展其存储空间，通常 capacity 会大于或等于 size 返回值。当删除元素或清空时不缩减内存，此时 size 减少，但 capacity 不变。

使用 vector 需要创建 vector 对象，并可以同时初始化。如：

```
vector<int> a;                //创建一个名为 a 的空 vector 对象,可以保存 int 型数据
vector<int>a(10);             //创建一个名为 a 的 vector 对象,保存 10 个 int 型数据
vector<int>a(10,1);           //创建一个名为 a 的空 vector 对象,保存 10 个 int 型的 1
```

【例 11-6】 vector 容器的定义及常用方法应用示例。

```
vector<int> a(10,1);          //创建并初始化一个有 10 个 int 型的 vector 对象
Output(a);                                //调用 Output 函数输出 1 1 1 1 1 1 1 1 1 1
cout << a.size() << "," << a.capacity()<<","<<a.empty()<<endl;  //输出 10,10,0
for(auto i=10; i>=5;i--)
   a.push_back(static_cast<int>(i));      //末尾插入 6 个整数
Output(a);                                //输出 1 1 1 1 1 1 1 1 1 1 10 9 8 7 6 5
a.insert(a.begin()+2,8);                  //将整数 8 插入到下标为 2 的位置
a.erase(a.end()-1);                       //删除末尾元素 5
Output(a);                                //输出 1 1 8 1 1 1 1 1 1 1 1 10 9 8 7 6
cout << a.size() << "," << a.capacity()<< ","<<a.empty()<<endl; //输出 16,20,0
a.clear();                                //删除向量中的所有元素
cout << a.size() << "," << a.capacity() << "," <<a.empty()<<endl; //输出 0,20,1
```

本例中，向量 a 有 10 个 int 型值，内存容量与元素个数都为 10。循环语句添加 6 个元素到向量末尾，然后插入一个元素、删除 1 个元素后，元素个数为 16，而内存容量为 20。清空后向量的元素个数为 0，而内存容量还是 20。说明 clear 只是将容器中的元素数量清零，但并不会释放底层分配的内存空间。vector 只有在 push_bak 或 insert 添加元素时，会重新分配一个更大的内存空间，然后释放之前的内存。

注意：vector 空间只动态增长不动态减少，capacity 值往往会大于 size 值。如果需要空间动态缩小，建议使用 deque。

11.4.2 list 与 forward_list

链式结构存取数组的特点时插入与删除效率高。STL 提供了单链表与双链表。

1. list

list 的数据结构是一个双链表，其有两个指针分别指向第一个和最末一个元素。每个结点同样有两个指针指向前一个或下一个元素。插入或删除元素时，修改相关结点的这两个指针。双链表结构如图 11-5 所示。

list 支持大多数容器的操作，包括构造函数、比较大小、复制与交换等操作。list 的每个结点有自己的内存且不一定连续，因此 list 不能够随机读取访问，不提供下标[]与 at，但是

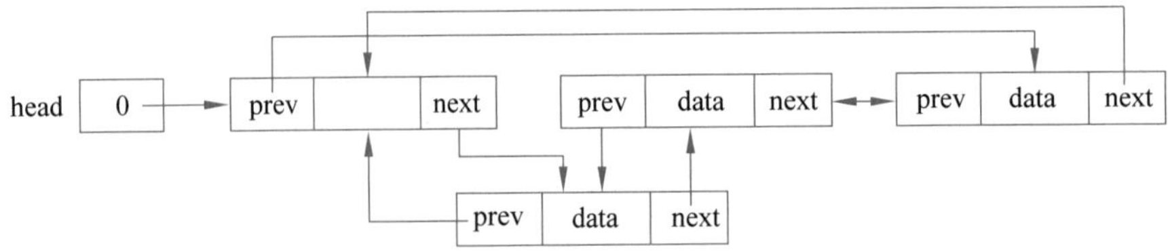

图 11-5　双链表

list 提供 push_front、pop_front、push_back、pop_back、remove 支持插入和删除元素，提供 splice 移动链表、merge 合并已排序链表。下面举例说明部分用法。

【例 11-7】 list 容器定义及常用方法应用示例。

```
list<string>L;
L.push_front("北京");                                //头部添加
L.push_back("你好");                                 //末尾添加
auto it = L.begin();                                 //it 指向第一个元素，即北京
it++;                                                //it 指向第二个元素，即你好
L.insert(it, "*");                                   //第 2 个元素位置插入
L.insert(L.end(), "!");                              //尾部迭代器位置插入
Output(L);                                           //调用 Output 输出所有元素
list<string> L2(L);                                  //创建与 L 一样的新链表 L2
cout<<"L2["<<L2.front()<<","<<L2.back()<<"]"<<endl; //输出 L2 第一与最末元素值
L2.pop_front();                                      //移除 L2 的第一个元素
L2.pop_back();                                       //移除 L2 的最末元素
L.splice(L.end(),L2, L2.begin(),L2.end());          //将 L2 的所有元素移动到 L
Output(L);
L.remove("你好");                                    //删除 L2 中所有值为"你好"的元素
Output(L);
cout << "size(L)=" << L.size() << ",size(L2)=" << L2.size();
```

运行结果如下：

```
北京 * 你好 !
L2[北京,!]
北京 * 你好 ! * 你好
北京 * ! *
size(L)=4,size(L2)=0
```

2. forward_list

forwar_list 提供了单向链表的接口，意味着仅支持单向遍历，不支持直接处理末尾函数如 back、pop_back，也不支持 size。但 forwar_list 的空间复杂度较低，在有些情况下的性能更高效，例如只需要单向遍历、主要在列表头部进行插入或删除的场景。

forwar_list 的代码应用类似于 list。

11.5　C++ 关联容器

工程项目中经常要处理和管理各种数据集合，例如数据去重、数据排序、数据筛选、数据集操作等工作，此时使用关联容器是非常合适的选择。关联容器提供了基于键或键值的访

问和操作,并且具有很好的性能。主要包括按键排序的 set / multiset,以及按键值排序的 map / multimap。

11.5.1　set 与 multiset 集合

set 和 multiset 都是有序元素的集合,采用数据结构的红黑树实现,在插入、删除、查找时都具有较好的性能,时间复杂度为 $O(\log n)$。set 和 multiset 提供相似的操作,例如,通过迭代器遍历容器支持 insert、erase、find、count 等方法和通用算法,具有自动排序的功能,默认按元素值 value 升序排序,也可以自定义排序规则修改为降序排序或者按元素值中的某个成员等规则排序。注意,set 与 multiset 元素不支持直接修改元素。要改变元素值,必须先删除旧元素后再插入新元素。

两者的主要区别在于 set 中的元素是唯一的,在插入元素时会自动去重,而 multiset 允许存储重复元素。

【例 11-8】　set 与 multiset 用法示例。

```
set<int,greater<int>> coll;                     //定义 set 对象时指定排序为降序
coll.insert({4,3,6,2});
coll.insert(5);
Output(coll);                                   //输出 6 5 4 3 2
set<int> coll2(coll.begin(),coll.end());        //利用 coll 创建 coll2,默认升序
Output(coll2);                                  //输出 2 3 4 5 6
if(coll2.find(5)!=coll2.end())                  //find 若未找到返回 end()
    coll2.erase(5);                             //删除 5
else
    coll2.insert(5);                            //插入 5
Output(coll2);                                  //输出 2 3 4 6
multiset<int> mcoll({1,1,2,2,3,3,4,4,4,5});
cout << "size=" << mcoll.size() << endl;        //输出 size=10
cout << "count(4)=" << mcoll.count(4) << endl;  //输出 count(4)=3
```

11.5.2　map 与 multimap 映射

map 与 set 类似,但是值为 pair 类型的键值对<key,value>,根据 key 值可以快速查找记录。可以修改实值 value,但不能修改键 key。multimap 的一个键可以对应多个值,但所有键仍然保持有序。map 容器可以像数组一样操作,也可以使用容器大多数成员函数完成操作。

【例 11-9】　map 应用示例。

```
map<int, string> m;
m[1] = "name1";           //若 m 中不存在 key 为 1 的元素,则插入;否则覆盖旧值
m[1] = "newname1";        //存在 key 为 1 的值,因此<1,"newname1">覆盖<1,"name1">
m.at[1] = "value";        //<1,"value">覆盖<1,"newname1">,若不存在 key 则抛出异常
m.insert(pair<int, string>(2, "s1"));        //插入<2,"s1">,若存在 2 则失败,不覆盖
auto v = m.find(2);       //v 是迭代器,指向 key 为 2,如果不存在则指向 end()
if(v!=m.end())            //找到了,输出 v 指向元素的 key 与 value
    cout << v->first << "," << v->second << endl;        //输出 2,s1
cout << m.size();                                        //输出 2
```

例如,创建一个学生 map 容器 mapStudent,key 是学生的 ID(int 型),value 是学生的姓名(string 型)。插入一组学生的基本信息,并输出。

11.6 C++容器适配器

容器适配器是基于其他容器实现的,提供了特殊的接口和行为,如栈、队列等。

11.6.1 stack

stack 实现了数据结构的栈结构,它的特点是只允许在容器的一端(称为栈顶,即最末尾)进行添加和移除操作,只能访问栈顶元素。这种后入栈的先出栈特性被称为 LIFO(后进先出)。栈在实际中具有广泛应用,例如函数调用、表达式求值、撤销/重做操作,在树或图结构中使用深度优先遍历(DFS)算法实现寻找路径或连通性等场景。

stack 自身特殊的主要成员函数如下。

(1) top。返回栈顶元素,也就是容器最后入栈的元素。如果栈为空则返回未知行为,因此使用前,应利用 size 或 empty 检验容器是否为空。

(2) pop。移除栈顶元素,无返回值。因此如果要保存移除的栈顶元素,应首先通过 top 获得栈顶元素,然后再用 pop 移除。

(3) push。将 val 入栈,无返回值。

【例 11-10】 stack 应用示例。

```
stack<int> s;
for(int i=1;i<=5;i++)
    s.push(i);                              //将 1,2,3,4,5 依次入栈
cout << "size=" << s.size() << endl;        //输出 size=5
s.pop();                                    //5 出栈
s.push(10);                                 //10 入栈
stack<int> tmp(s);                          //创建 tmp 栈值与 s 相同
while(!tmp.empty()) {
    cout << tmp.top() << " ";               //输出 10 4 3 2 1
    tmp.pop();
}                                           //循环结束后,tmp 栈空
```

11.6.2 queue 与 priority_queue

1. queue

queue 实现了的数据结构的队列。它允许在容器的一端(队尾)添加元素,在另一端(队首)移除元素。只能访问队首和队尾。这种结构使得先入队的元素先出队,称为 FIFO(先进先出)。queue 在实际应用中有广泛应用,例如任务调度、缓冲处理、客户服务等排队机制,以及求最短路径或层次遍历等广度优先搜索(BFS)算法应用场景,因要存储所有待访问的结点,所以可能会使用更多的内存。

queue 的特殊成员函数主要如下。

(1) push。在队尾添加一个元素。无返回值。

(2) pop。移除队首元素。无返回值。

(3) front 与 back。访问队首与队尾元素。

【例 11-11】　queue 应用示例。

```
string s[]={"C++ Prime Plus","Discovering Modern C++","A Tour of C++"};
queue<string> qe;
for(string v:s)                                    //将字符串数组写入队列
    qe.push(v);
cout << "size=" << qe.size()  << endl;            //输出 size=3
cout <<"front="<<qe.front()<<",back="<<qe.back()<< endl;      //输出首尾字符串
qe.pop();                                          //出队,移除队首字符串
queue<string> tmp(qe);                             //创建临时队列
while(!tmp.empty()) {                              //输出队列所有元素: 2 行字符串
    cout << tmp.front() << endl;
    tmp.pop();
}
```

2. priority_queue

priority_queue 实现了优先队列,元素按照优先级自动排序。因此主要的操作包括:top 得到最高优先级元素,push 插入新元素,pop 操作删除最高优先级元素。默认排序规则是降序排列,也可以自定义排序规则。

【例 11-12】　使用 priority_queue 实现任务调度按优先级执行的代码示例。

```
struct Task {                                      //定义任务结构体,包含任务描述和优先级
    int priority;                                  //优先级整数
    string description;                            //优先级说明
    bool operator<(const Task& other) const {     //重载运算符<
        return priority < other.priority;          //默认按最大值优先队列
    }
};
priority_queue<Task>pq_task;                       //创建优先队列
pq_task.push({1, "Low priority task"});            //添加任务到队列
pq_task.push({5, "High priority task"});
pq_task.push({3, "Medium priority task"});
while (!pq_task.empty()) {                         //按优先级顺序处理任务
    Task t = pq_task.top();                        //获取最高优先级任务
    pq_task.pop();                                 //处理并移除任务
    cout <<t.description  << ",priority " <<t.priority << endl;
}
```

运行结果如下:

```
High priority task,priority 5
Medium priority task,priority 3
Low priority task,priority 1
```

本例中,定义了结构体 Task 类描述了优先级的级别及说明,重载运算符<便于比较两个任务大小。主函数中,创建了一个 priority_queue 型 pq_task 来存储任务,并使用 push 函数添加了 3 个任务。然后,每次循环使用 top 查看当前最高优先级的任务,然后使用 pop 移除它,达到按优先级顺序处理任务列表的目的。

*11.7 实用知识：C++数值计算

数值计算在很多场景中发挥重要作用，广泛应用于科学计算、工程计算、设备控制、图形学、金融分析等含有复杂数值计算任务中。前面我们介绍了<cmath>数学函数库中的数学函数，<complex>中的复数类型，<cstdlib>中的 rand 随机数，本节介绍补充介绍数值计算中常用的头文件及应用。

11.7.1 数值界限

C++标准库的<limits>中提供了描述内置数值类型属性信息的 numeric_limits 类模板。它是一个非常有用的工具，特别是在需要处理数值界限或特定类型属性时。然而，它只适用于算术类型，包括整数和浮点类型，不适用于用户定义的类型。

下面介绍一些该类的常见属性与方法：

(1) 最大/最小值。max/min 方法返回该类型能表示的最大/最小值。

(2) 数值范围。lowest 方法返回该类型的最小值和无穷小，有些类型等于 min。

(3) 有效数字位数。digits10 属性表示的是十进制有效位数，浮点数会有误差。

(4) 舍入误差。radix 属性表示数值类型使用的基数，通常为 2，表示二进制。

(5) 精度。round_error 属性返回浮点数四舍五入时可能的最大误差。

(6) 浮点数的无穷大与 NaN。infinity/quiet_NaN 方法表示浮点型的无穷大/NaN 的数值表示。它们通常用于检查特殊情况，如除以零、求平方根的负数等。

代码示例：

```
cout << numeric_limits<int>::max() << endl;                  //输出 2147483647
cout << numeric_limits<int>::min() << endl;                  //输出-2147483648
cout << numeric_limits<int>::lowest() << endl;               //输出-2147483648
cout << numeric_limits<double>::digits10 << endl;            //输出 15
cout << numeric_limits<int>::radix << endl;                  //输出 2
cout << numeric_limits<int>::round_error << endl;            //输出 1
cout << numeric_limits<double>::infinity() << endl;          //输出 inf
cout << numeric_limits<double>::quiet_NaN() << endl;         //输出 nan
```

由运行结果可以得出，2147483647 与 −2147483648 是 int 型在大多数系统上的最大值与最小值，占 32 位(4 字节)，即 int 型值的范围为 $[-2^{32}, 2^{31}-1]$；double 型值的有效数字位数为 15 位；数值在计算机中以二进制表示；四舍五入时可能有一个尾数单位的误差；double 型的无穷大的数值为 inf，NaN 数值为 nan。

11.7.2 泛型数值计算算法

泛型数值计算算法包含在 C++标准库的<numeric>中。这些算法可以对容器中的元素执行各种数学运算，如累加、乘积计算等，使用这些算法可以提高效率，减少自定义的循环，减少代码中的冗余计算。这些算法可以用于任何可迭代的容器，包括数组、向量(vector)、列表(list)、双端队列(deque)等。

下面以“vector<int>v={1,2,3,4,5};”为例，介绍<numeric>中的一些主要算法函数：

(1) accumulate。对一个范围内的元素执行累加操作，可以提供一个可选的初始值。

```
int sum = accumulate(v.begin(), v.end(), 0);    //0 是初始值,运行后 sum=15
```

(2) partial_sum。计算序列中元素的累积和，并把结果存储在另一个序列中。

```
vector<int> partial_sums(v.size());
partial_sum(v.begin(), v.end(), partial_sums.begin());
for (int val : partial_sums)                          //循环后,输出 1 3 6 10 15
        std::cout << val << " ";
```

(3) inner_product。计算两个序列的内积，即对应元素乘积的和。

```
vector<int> v2 = {1,3,5,7,9};
int product = inner_product(v.begin(), v.end(), v2.begin(), 0);
cout << "Inner product:" << product << endl;    //输出 Inner product:95
```

(4) adjacent_difference。计算序列中每对相邻元素的差，并把结果存储在另一个序列中。

```
vector<int> vdiff(v.size() - 1);
adjacent_difference(v.begin(), v.end(), vdiff.begin());
for (int diff : vdiff)                               //循环后,输出 1 1 1 1
    cout << diff << " ";
```

(5) gcd(C++ 17 引入)。计算两个整数的最大公约数。

```
int g = gcd(12,18);                                  //g 的值为 6
```

(6) lcm(C++ 17 引入)。计算两个整数的最小公倍数。

```
int m = lcm(12,18);                                  //m 的值为 36
```

11.7.3 线性代数运算

线性代数是数学的一个分支，主要研究向量空间和线性方程组的理论，例如矩阵乘法、特征值分解、奇异值分解等，在机器学习和数据挖掘、模式学习、计算机视觉、信号处理、统计学、金融、结构工程等领域中都有广泛应用。

C++ 标准库本身并不直接提供专门的线性代数运算支持，但是可以利用第三方库来完成复杂的线性代数运算。例如 Armadillo、Eigen、BLAS 和 LAPACK、cuBLAS、MKL 等，著名的机器学习库 TensorFlow 就是使用 Eigen 库进行线性代数运算。

Armadillo 也是目前广泛用在线性代数和科学计算的 C++ 第三方库，支持 Linux、macOS、Windows 等多平台。Armadillo 的很多函数与 MATLAB 的矩阵操作函数相似，适合熟悉 MATLAB 的读者。由于它依赖于 BLAS(Basic Linear Algebra Subprograms)和 LAPACK(Linear Algebra Package)等数值计算库，因此从官网下载软件安装时要确保正确安装和配置这些库，然后在 IDE 中配置项目时要让编译器能够找到其头文件和库文件。

【例 11-13】 简单的程序示例，实现创建矩阵、执行矩阵乘法和计算特征值。

```
#include<iostream>
#include<armadillo>
```

```
#include<vector>
#include<complex>
int main() {
    arma::mat A = arma::randu<arma::mat>(3,3); //创建 3×3 的均匀分布随机矩阵 A
    arma::mat B = arma::eye<arma::mat>(3,3);   //创建 3×3 的单位矩阵 B
    std::cout << "矩阵 A:\n" << A << std::endl;
    std::cout << "矩阵 B:\n" << B << std::endl;
    arma::mat C = A * B;                        //矩阵乘法赋给 C
    std::cout << "矩阵 C (A * B):\n" << C << std::endl;
    std::vector<std::complex<double>> eigvals;
    arma::eig_gen(eigvals, A);                  //计算特征值
    std::cout << "矩阵 A 的特征值: ";
    for (size_t i = 0; i < eigvals.size(); ++i) {
        std::cout << eigvals[i] << " ";
    }
    return 0;
}
```

11.8 数据处理与统计分析

11.8.1 数据分类汇总及 Top n 排名

一组数据的分类汇总是常见的数据处理任务。利用 map 映射特点，将要汇总的字段作为 key，每读一个数据时按 key 值加 1，即可实现分类统计。由于 map 本身无序，因此，需要将其转换为 vector 对象，再通过算法库的 sort 函数实现有序输出。

【例 11-14】 统计学生文件中所有年龄的人数并逆序输出最多前 5。

算法分析：学生类使用第 9 章的 Student，学生基本信息文件以二进制形式保存为当前目录的 Student.bin，首先读取学生文件中的所有学生到 vector 中。然后通过 map 统计各年龄段的人数，再利用 map 生成新的 vector 对象，通过算法库的 sort 函数对其按频次降序排序后，输出最多前 5 个元素。完整代码如下：

```
#include<iostream>
#include<fstream>
#include<vector>
#include<map>
#include<algorithm>
using namespace std;
class Student{                                  //略};
template<class T>
vector<T> readFileData(const string& filename) { //从二进制文件读取数据
    vector<T> data;
    ifstream file(filename, ios::binary);
    if (!file.is_open()) {                      //略}
    T value;
    while (file.read(reinterpret_cast<char*>(&value), sizeof(value))) {
        if (file.gcount() == sizeof(value)) {   //gcount 返回字符串中的字符个数
            data.emplace_back(value);
```

```
        } else {cerr << "文件不完整" << endl; break;  }//cerr 输出错误流
    }
    file.close();
    return data;
}
bool cmp(const pair<int, int>&a, const pair<int, int>&b){
    if(a.second != b.second)
        return a.second > b.second;                          //按年龄人数降序
    else
        return a.first < b.first;                            //人数相同则按年龄升序
}
int main() {
    vector<Student> readData = readFileData<Student>("student.bin"); //读文件
    map<int,int> m;
    for (const auto& item : readData)
        m[item.GetAge()]++;                                  //年龄为 key,value++
    vector<pair<int,int>> sw(m.begin(),m.end());            //map 转为 vector
    sort(sw.begin(), sw.end(), cmp);                         //按 cmp 排序
    for (int i = 0; i < 5 && i < sw.size(); ++i)            //输出最多 5 个元素
        cout << sw[i].first << " : " << sw[i].second << endl;
    return 0;
}
```

注意：本例中包含了多个头文件，也可以使用万能头文件<bits/stdc++.h>替代。这个头文件通常编程比赛或快速原型开发中使用，优点是简洁方便，缺点是编译时间长，代码可维护性差，性能较差。实际开发中不推荐使用。

11.8.2　统计频次最高的前 n 个单词

【例 11-15】　统计文章中出现频次最高的前 10 个单词。

算法分析：与例 11-14 类似。读取文件中的所有单词，通过 map 实现单词频率统计。再利用该 map 对象生成新的 vector 对象，通过 sort 函数降序排序后输出。

参考代码如下：

```
#include<bits/stdc++.h>
using namespace std;
bool cmp(const pair<string, int>& a, const pair<string, int>& b){
    return a.second > b.second;                    //按频次降序
}
int main() {
    ifstream file("input.txt");
    if (!file) {cerr << "无法打开文件"<<endl;return -1; }        //无文件提示并停止
    string word;
    vector<string> words;                          //单词列表
    while (file >> word)                           //文件中读单词保存到单词列表
        words.push_back(word);
    file.close();
    map<string, int> wordCnt;                      //定义 map,key 为单词,value 为频次
    for (string word : words)                      //统计单词列表中的频次
```

```
        ++wordCnt[word];
    vector<pair<string,int>> sw(wordCnt.begin(),wordCnt.end());  //转为 vector
    sort(sw.begin(), sw.end(), cmp);                           //按 cmp 排序
    for (int i = 0; i < 10 && i < sw.size(); ++i)              //输出最多 10 个元素
        cout << sw[i].first << " : " << sw[i].second << endl;
    return 0;
}
```

11.9 练习与思考

11-1 编写一个函数模板 print_elements,它接受任何类型的容器作为参数,并打印出容器中的所有元素。

11-2 输入 n 个整数,输出每个整数及出现的次数。输出顺序按次数降序,相同次数的按整数大小升序。例如,输入 20 30 30 10 20 30 10,输出

```
30 3
10 2
20 2
```

11-3 使用 vector 实现一个自定义栈类,提供 push、pop、top 和 empty 成员函数。

11-4 编写一个函数模板 sort_list,形参为 list 的引用,使用 sort 对其进行排序。

11-5 设计一个音乐播放器。实现音乐列表的添加、删除、显示音乐列表。音乐信息包括音乐名称、演唱者。利用 list 容器存储音乐列表信息。

11-6 以下关于 vector 和 array 的描述,正确的是(　　)。

A. vector 可以改变大小,而 array 不可以

B. vector 通常比 array 更节省内存

C. array 可以在运行时指定大小

D. vector 和 array 都不允许随机访问

11-7 forward_list 最适合用于下面需要(　　)的情况。

A. 快速随机访问元素　　B. 单向遍历列表

C. 频繁在列表末尾添加或删除元素　　D. 存储大量大型对象

11-8 下面 set 和 map 的描述中,正确的是(　　)。

A. set 可存储键值对,而 map 只能存储键

B. set 和 map 都不允许存储重复的键

C. map 默认按值(value)排序

D. set 和 map 都有 push_back 成员函数

11-9 以下操作中,(　　)是 stack 支持而 queue 不支持。

A. empty()　　B. top()　　C. push()　　D. pop()

11-10 以下关于 list 的描述,错误的是(　　)。

A. list 允许在迭代器上执行快速插入和删除操作

B. list 的元素存储是连续的

C. list 提供了 push_front 和 pop_front 操作

D. list 的迭代器是双向迭代器

11-11　以下关于 priority_queue 的描述中，错误的是(　　)。

A. priority_queue 总是保持最大的元素在顶部

B. priority_queue 不允许使用自定义的比较函数

C. priority_queue 的元素是按照某种优先级顺序组织的

D. priority_queue 提供了 top 和 pop 操作

第12章* 软件工程项目开发应用技术

本章深入探讨软件工程项目开发中的一系列关键技术。首先介绍项目中的多文件结构管理，提高代码的可读性和可维护性。然后介绍静态链接库的概念，进一步探讨封装与共享机制，实现代码模块的高效复用。此外，介绍异常处理机制捕获和处理程序运行时的错误，增强程序的健壮性。最后，介绍GUI编程和可视化技术，学习图形用户界面，理解用户交互的原理和方法，从而提升用户体验。

12.1 程序设计的多文件结构

为了将函数方便地移植到多个程序应用中，可以将通用的函数和类制作成单独的文件。当在程序中需要使用这些通用的函数和类时，直接包含该文件，就可以方便地调用。

例如，要使用sqrt、sin等数学函数，在程序的开头利用include指令引入cmath库，然后就可以直接调用这些函数。

多文件结构是指由多个文件组成的工程文件，其中一个源程序文件中包含main函数。还要制作子文件，将自定义的函数封装为一个源程序文件(.cpp)，将函数声明封装为一个头文件(.h)。头文件中除了函数声明之外，还可以包括常量定义、类型声明、枚举等。

12.1.1 多文件工程

多文件工程的创建、编译、链接及调试的步骤如下。

(1) 创建一个控制台工程文件。

(2) 创建一个.h头文件，输入相应代码并保存；创建对应的.cpp文件(文件名一般与头文件相同)，输入相应代码，包含头文件的定义，输入头文件中的函数实现并保存。

(3) 编译，如果有错误，检查并修改代码。注意，不能对.h文件进行编译和链接。

(4) 如果有多个子文件，重复(2)和(3)。

(5) 创建一个包含main函数的.cpp文件，测试子文件中的各函数的功能。

【例12-1】 以第9章定义的Student学生类为例，修改程序为多文件结构。

新建一个项目(project),选择控制台程序(Console Application),依次添加 Student.h、Student.cpp、Test.cpp 文件。这 3 个文件的源代码框架如下,注意多文件结构的编译、编辑方法、头文件的包含关系。

(1) Student.h 文件。定义 Student 类,描述学生类的通用特征和功能的声明。代码框架如下:

```
class Student {
public:
    //公有成员定义代码
private:
    //私有成员定义代码
};
```

(2) Student.cpp 文件。定义 Student 类的成员函数,并包含 Student.h。由于 Student.h 与 Student.cpp 在相同的文件夹,因此用双引号。在程序的头部增加一行:

```
#include<iostream>
#include<cstring>
using namespace std;
#include "Student.h"                //增加一行,包含 Student.h 文件
//Student 类的成员函数实现,代码略
```

(3) Test.cpp 文件。包含 main 函数,定义 Student 对象,也要包含 Student.h 文件。由于 Student.h 与 Test.cpp 在相同的文件夹,因此用双引号。在第 2 行后面增加一行:

```
#include<iostream>
using namespace std;
#include "Student.h"               //增加一行,包含 Student.h 文件
//main 函数,代码略
```

运行结果如图 12-1 所示。

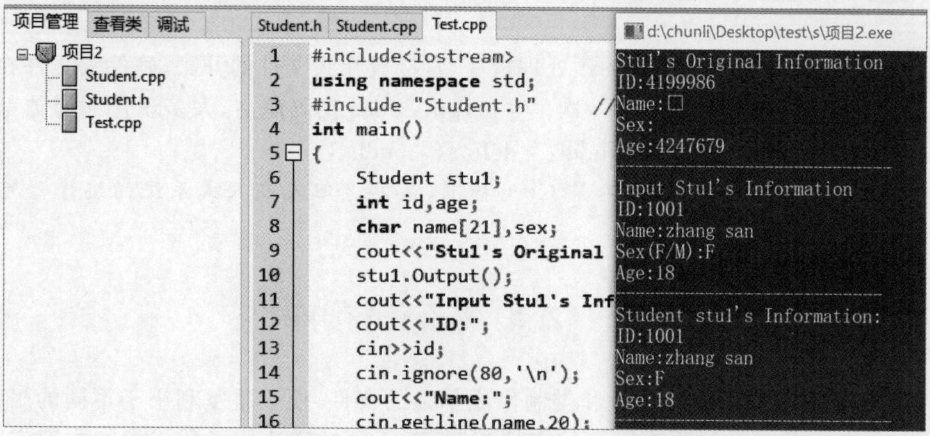

图 12-1　多文件结构程序运行示例

注意:源程序(.cpp)中都包含头文件(.h),即只能包含类的声明,而不能包含类的成员函数定义。如果 Test.cpp 包含 Student.cpp,会出现连接错误。

12.1.2 条件编译指令

一个项目中有多个源文件时,假如两个源文件中都包含相同的变量或函数定义等代码时,会出现连接错误。此时,使用条件编译指令,通过条件来决定哪些代码被编译,哪些不被编译。

1. #ifndef/#define/#endif

条件编译指令#ifndef 是 if not defined 的简写,是宏定义的一种。它可以根据是否已经定义了一个变量来进行分支选择,确保头文件只被包含一次。

条件编译的语法格式为:

```
#ifndef 名字              //判断是否存在宏定义名
#define 名字              //如果不存在,定义宏定义名
  代码                    //编译的代码
#else                     //如果存在
  代码                    //忽视的代码
#endif                    //终止
```

如果一个工程中有多个源文件,可能会包含相同的段代码,造成重复定义。可以在每个源文件上增加条件编译。这样,当第一个源文件被编译时,由于#ifndef 后面的名字不存在,则定义该名字,然后编译代码,其他源文件被编译时,由于#ifndef 后面的名字已存在,则不编译这些代码。

例如,项目中的 Test.cpp 和 Student.cpp 都要包含 Student.h 等文件,可以在每个源文件的头部加上条件编译指令:

```
#ifndef _Student
#define _Student                //定义宏名_Student
#include<iostream>
using namespace std;
#include "Student.h"            //包含 Student.h 文件
#endif
```

2. #pragma once

#pragma once 是一个单独的预处理指令,直接放在头文件的开头,确保头文件在单个编译单元(.cpp 文件)中只被包含一次。#pragma once 代码简洁,大多现代编译器都支持用#pragma once 指令来替换#ifndef/#define/#endif。

注意:#pragma once 指令不是 C++ 标准,某些老旧或嵌入式系统的编译器可能不支持。

12.2 静态链接库

12.1 节介绍了将通用的函数和类制作成单独的文件,便于重复利用于不同的工程中。如果在多文件结构中只需要看到.h 的文件声明,而无须知道这些函数或类的内部实现时,可以将实现函数或类的源文件生成为库文件(library)。

库是编译生成的目标文件(二进制),分为静态链接库(.a、.lib)和动态链接库(.so、.dll)。静态和动态是程序在链接阶段的两种方式。静态链接库是在链接时将库文件直接加入可执

行程序中，一般用在 linux 程序和控制台程序中，简化了部署过程，但会增加可执行文件的大小；动态链接库是在可执行文件执行时动态加载库文件，一般用在 windows 程序和图形界面程序中，允许多个程序共享同一份库代码，节省了内存和存储空间，并且使得库的更新更加方便。

下面简单介绍在 Dev-C++ 中创建和使用静态链接库的方法。以例 12-1 的多文件代码为例，用 Student.h 和 Student.cpp 生成静态链接库，然后执行 Test.cpp 文件。

12.2.1　创建静态链接库

在 Dev-C++ 中新建一个项目，选择项目类型是 Basic→Static Library（静态链接库），输入项目名称 StudentDll，如图 12-2 所示。

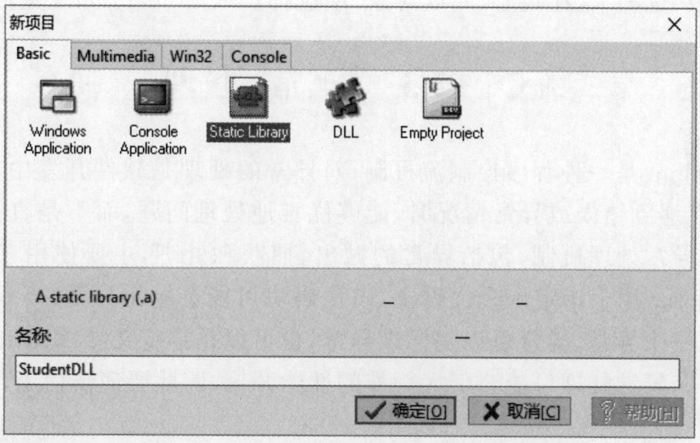

图 12-2　Dev-C++ 中新建一个静态链接库项目

在项目中添加 Student.h 和 Student.cpp 文件，然后编译生成静态链接库文件，如果成功，会生成与项目名相同的文件，如图 12-3 所示，本例是 StudentDll.a。

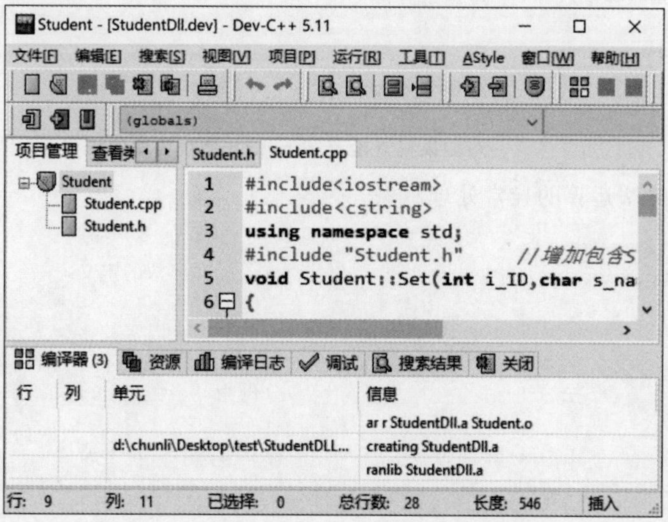

图 12-3　StudentDll 项目中的文件及编译信息

12.2.2 部署静态链接库

将静态链接库部署到 Dev-C++ 的库文件目录中，以方便程序引入静态链接库。

打开本例中的静态链接库项目目录，将生成的 StudentDll.a 文件复制到 Dev-C++ 的库文件目录，如 C:\Program Files (x86)\Dev-Cpp\MinGW64\lib。将头文件 Student.h 复制到 Dev-C++ 的 C++ 包含文件目录，如 C:\Program Files (x86)\Dev-Cpp\MinGW64\include。

如果不知道本机的 Dev-C++ 的库文件目录，可以在 Dev-C++ 菜单栏中选择“工具”→“编译选项”→“目录”命令，查看“库”“C 包含文件”和“C++ 包含文件”的目录。

项目中使用静态链接库时，在菜单中选择“项目”→“项目属性”命令，在“项目选项”对话框中切换到“参数”选项卡，在“加入库或对象”中选择加入 StudentDll.a 文件。

12.3 异常处理

异常(exception)是一种程序控制流机制，对异常的处理是软件开发中非常重要的一部分，它允许程序在遇到错误或异常情况时，能够优雅地处理问题，而不是直接崩溃。C++ 提供了一套完整的异常处理机制，包括异常的抛出、捕获和处理，主要使用三个关键字：try、throw 和 catch。try 用于指定一个代码块，该代码块可能会抛出异常；当程序遇到错误时，使用 throw 抛出一个异常，异常可以是标准异常，也可以是自定义异常；catch 用于捕获各种异常并处理异常。异常处理可能会引入额外的性能开销，因此要谨慎使用，以确保程序的健壮性和效率。

语法为：

```
try{
    可能出现异常的代码块,例如文件打开读写等
    if(条件)
        throw  异常;         //抛出异常
}catch(异常)
     处理语句
    ……                      //多个 catch
finally
    {}                      //如果异常没有被 catch 捕获要做的语句,可以没有
```

【例 12-2】 除法运算的异常处理示例。

```
#include<iostream>
#include<stdexcept>                        //包含标准异常的定义
int main() {
    try {                                  //模拟一个除以零的错误
        int a = 10, b = 0;
        int c = a / b;                     //分母为 0 会抛出 divide_by_zero 异常
    }
    catch(const std::exception& e) {       //捕获并处理标准异常
        std::cerr << "Standard exception: " << e.what() << std::endl;
    }
    return 0;
}
```

12.4　GUI 与可视化设计

可视化设计通常指应用程序采用图形用户界面(Graphic User Interface,GUI)设计,可以给用户良好的界面和交互体验。C 语言和 C++ 语言都是底层语言,自身并不具备可视化的能力,但是都可以通过第三方 GUI 库和框架,实现丰富的可视化界面。

在实现可视化程序时,要选择合适的 GUI 框架和工具,然后使用框架提供的可视化设计工具来设计窗体,添加控件如按钮或菜单等,绘制图形和文本等图形界面内容,并编写事件处理用户操作。

12.4.1　GUI 框架和工具

下面介绍几个 C++ 中流行的跨平台的 GUI 框架和开发工具。

(1) Qt Creater。一个具有可视化界面设计器、调试器等功能的 IDE,支持 C++ 和 Python 等多种编程语言。Qt 框架提供了丰富的 GUI 组件、网络通信、数据库等功能。

(2) wxWidgets GUI Application Wizard。一个图形界面创建向导工具,可以快速生成基本的 wxWidgets 应用程序模板。wxWidgets 库支持各种常见的 GUI 组件和图形绘制。与 Qt 相比,wxWidgets 入门更加简单,适合初学者。

(3) FLTK(Fast Light Toolkit)。一个轻量级且跨平台的 C++ GUI 工具箱,对系统资源的占用较小,适合嵌入式系统和低性能设备。

(4) Glade。一个含有 GTK+工具箱的图形界面设计工具,主要应用于 Linux 桌面环境。它的开发模式和风格与 Qt 有些不同,适合喜欢 GNOME 风格的开发者。

(5) 对于初学者,要快速学习和理解图形编程,可以使用 EasyX。EasyX 是一个基于 Visual C++ 的简单易用免费图形库,它提供了一套简单易用的 API,包含了大量的图形函数和工具函数,可以帮助开发者实现各种各样的图形界面和交互效果。

12.4.2　C++ 语言的 GUI 程序

C++ 语言使用跨平台的 GUI 库(例如 Qt、wxWidgets、FLTK 等)中提供了丰富的窗口控件、事件处理、资源管理等功能,使得程序功能更丰富,易于维护,适合开发复杂的 GUI 应用程序。

下面程序示例使用 Qt 框架实现了一个简单的应用程序,它创建了一个 640×480 像素大小的空白窗口,窗口标题为"My window",带有最小化、最大化、关闭按钮。

```
#include<QApplication>
#include<QMainWindow>
int main(int argc, char * argv[]) {
    QApplication app(argc, argv);
    QMainWindow window;
    window.setWindowTitle("My Window");
    window.resize(640, 480);
    window.show();
    return app.exec();
}
```

【例 12-3】 在窗口中接收用户输入姓名,单击按钮后输出欢迎该用户。

算法分析:这是一个简单的用户交互,当用户单击按钮时,通知标签对象修改标签值,利用文本框中用户输入的字符串组合成新的字符串。Qt 框架中,槽(slot)是一个响应对象之间信号的成员函数,当单击按钮时触发,实现对象之间的通信。

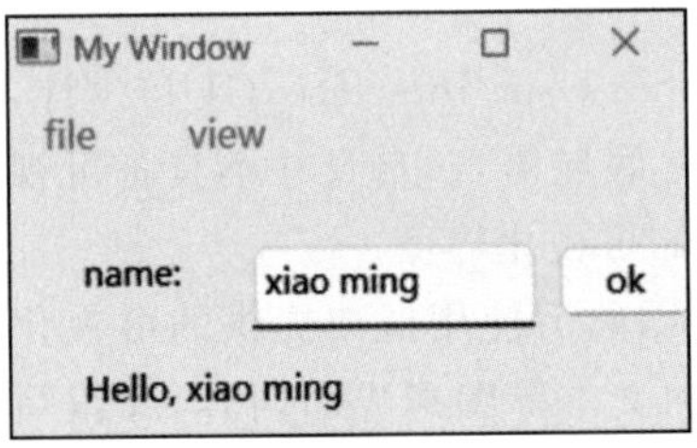

图 12-4 Qt 窗口交互示例

新建 Qt 项目时选择“Qt Widgets Application”,按默认设置生成后,双击 mainwidow.ui 文件开始界面设计,从控件盒子中拖动 Label(标签)、Text Edit(文本框)、Push Button(ok 按钮),分别设置其属性,包括姓名、大小等。

右击按钮类,弹出菜单中选择“转到槽”,弹出菜单中选择信号为 clicked。确定后进入到.cpp 中,代码如下:

```
void MainWindow::on_pushButton_clicked() {
    QString text = ui->txtName->toPlainText(); //获取文本框 txtName 的文本
    ui->txtMsg->setText("Hello, " + text);     //设置标签 txtMsg 的文本
}
```

12.4.3 EasyX 绘图实例

图形化编程通过像素来构建图像,每个像素具有独特的颜色值,并且由二维空间的 x 和 y 坐标来定位,其中左上角通常定义为坐标原点(0,0)。EasyX 是一个 C++ 图形库,它提供了一系列丰富的绘图函数,控制像素的颜色和位置,从而绘制图形、图像和动画。此外,还包含了 IMAGE 等类,实现对图像的加载、裁剪、旋转等处理。

EasyX 安装简单,解压缩后,将 easyx.h、graphics.h 头文件以及 libeasyx.a 链接库复制到 Dev-C++ 或 VC 2022 等 IDE 的 include 与 lib 目录后,增加连接选项-leasyx 即可使用,适合初学者快速了解图形编程。

1. 绘制折线图示例

【例 12-4】 绘制 5 个点的折线图。

参考代码如下,运行结果如图 12-5 所示。

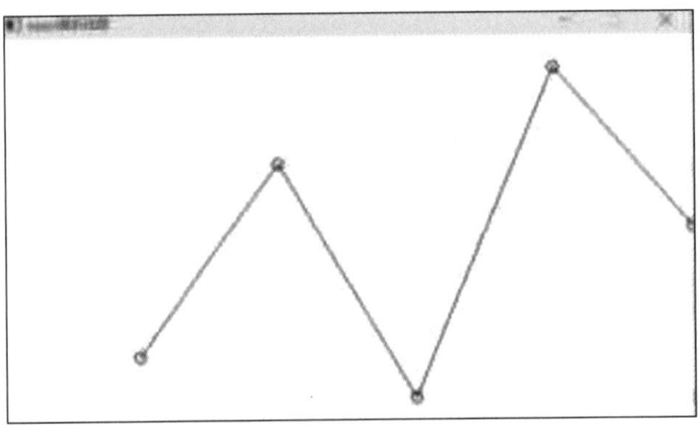
图 12-5 绘制折线图示例

```
#include<easyx.h>
#include<conio.h>
#include<graphics.h>
struct Point {                                          //定义数据点
    double x;
    double y;
};
int main() {
    initgraph(640, 480);                                //初始化 EasyX 图形模式
    setbkcolor(WHITE);                                  //设置背景颜色为白色
    cleardevice();                                      //清除屏幕
    Point a[] = {{1,2},{2,3.8},{3,1.6},{4,4.7},{5,3.2}};    //定义折线图的点
    int n = sizeof(a) / sizeof(a[0]);
    setlinecolor(0xFF0000);                             //设置线条颜色
    for (int i = 0; i < n; ++i) {                       //绘制折线图
        if (i == 0) {                                   //绘制第一个点
            circle(a[i].x * getmaxx()/5, getmaxy()-a[i].y * getmaxy()/5, 5);
        } else {                                        //绘制折线与圆点
            moveto(a[i-1].x * getmaxx()/5, getmaxy() - a[i-1].y * getmaxy()/5);
            lineto(a[i].x * getmaxx()/5, getmaxy() - a[i].y * getmaxy()/5);
            circle(a[i].x * getmaxx()/5, getmaxy() - a[i].y * getmaxy()/5, 5);
        }
    }
    getch();                                            //暂停查看结果,包含在 conio.h 中
    closegraph();                                       //关闭图形模式,包含在 easyx.h 中
    return 0;
}
```

2. 图像处理示例

【例 12-5】 加载图像,并旋转 45°。

版本不同,图形库的 API 也可能不同。

参考代码如下,运行效果如图 12-6 所示。

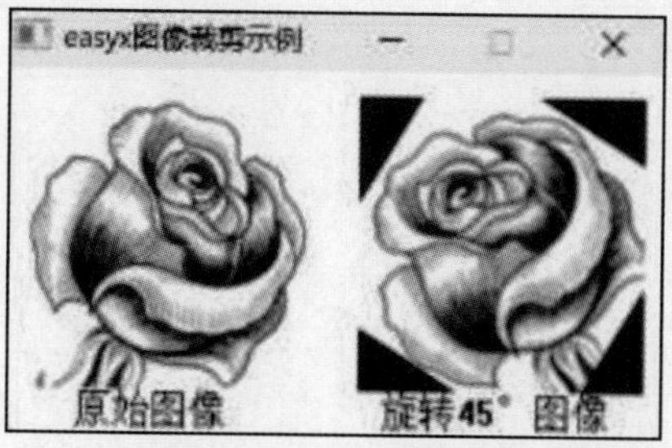

图 12-6　图像旋转处理示例

```
#include<easyx.h>
#include<conio.h>
#include<graphics.h>
int main() {
    initgraph(640, 480);                                //初始化 EasyX 图形模式
```

```
    setbkcolor(WHITE);                          //设置背景颜色为白色
    cleardevice();                              //清除屏幕
    IMAGE img;                                  //创建 IMAGE 对象
    loadimage(&img, "img/s.jpg", 300,260);      //加载图像为 300×260 像素
    putimage(10, 10,&img);                      //显示图像 img 在窗口 (10, 10)
    //旋转图像
    IMAGE rImg;                                 //创建旋转图像
    rotateimage(&rImg, &img, 45);               //img 图像中心点旋转 45°赋给 rImg
    putimage(350,10, &rImg);                    //显示图像 rImg 在窗口(350,10)
    //显示说明文字
    settextcolor(BLACK);                        //设置文字为黑色
    outtextxy(50,300,"原始图像");                //在(50,300)处输出文本
    outtextxy(400,300,"旋转 45°图像");           //在(400,300)处输出文本
    getch();                                    //暂停查看结果
    closegraph();                               //结束图形模式
    return 0;
}
```

12.5 练习与思考

12-1 完成一个多文件的控制台项目。自定义类分为.h 与.cpp 保存，然后在含有 main 函数的.cpp 中完成 main 函数定义。如果有更多的普通函数定义，将其同样分为.h 与.cpp 保存。

12-2 将上题中的自定义类生成静态链接库，并应用到项目中。

12-3 学习 EasyX 或 Qt 软件，绘制简单的折线图。